U0149465

地理信息系统基础原理与关键技术

马劲松 编

东南大学出版社
SOUTHEAST UNIVERSITY PRESS
·南京·

内 容 简 介

地理信息系统是地理学、地球科学、测绘科学、计算机科学等诸多学科交叉渗透的产物,20世纪60年代以来,随着信息技术的飞速发展,已经逐渐应用到社会生活的方方面面,成为国家建设和社会发展的重要支撑技术之一。本教材旨在较为系统全面地阐述地理信息系统的基本原理和实现技术。全书共分为十三章,论述了地理信息系统的起源、软硬件体系、地理空间数据模型、空间数据库、地理空间数据输入技术、空间数据处理与变换、空间叠加分析、连续空间数据生成、数字地形分析、空间距离计算与邻近分析、空间统计分析、制图建模以及地理信息系统可视化等内容。

本书可作为高等院校地理、测绘、地质、气象、环境、规划、生态、海洋、水利和农林等相关专业的本科生和研究生的参考教材,也可供地理信息系统相关软件设计和开发人员阅读参考。

图书在版编目(CIP)数据

地理信息系统基础原理与关键技术 / 马劲松编 . —
南京:东南大学出版社,2020.1(2024.10 重印)
(地理信息系统现代理论与技术系列丛书)
ISBN 978-7-5641-8533-6

Ⅰ.①地… Ⅱ.①马… Ⅲ.①地理信息系统—研究
Ⅳ.①P208.2

中国版本图书馆 CIP 数据核字(2019)第 188460 号

地理信息系统基础原理与关键技术

编　　者:马劲松
责任编辑:宋华莉
编辑邮箱:52145104@qq.com

出版发行:东南大学出版社
出 版 人:江建中
社　　址:南京市四牌楼 2 号(210096)
网　　址:http://www.seupress.com
印　　刷:广东虎彩云印刷有限公司
开　　本:787 mm×1 092 mm　1/16　印张:17.5　字数:432 千字
版 印 次:2020 年 1 月第 1 版　　2024 年 10 月第 2 次印刷
书　　号:ISBN 978-7-5641-8533-6
定　　价:58.00 元

经　　销:全国各地新华书店
发行热线:025-83790519　83791830

前　言

公元 2012 年,南京大学王腊春教授主持地理与海洋科学学院教学工作。越明年,政通人和,百废俱兴。有感于南京大学地理学的教学中尚缺高质量教材,尤其是面向未来研究型人才培养的教材更是不成体系,遂筹划资金,聚集同侪,联络东南大学出版社,共同编纂出版一套十数本面向地理学研究生培养的系列教材。一时金陵黉门群贤毕至,硕学鸿才荟萃一堂,实为盛举。王教授与我同为王颖院士门生,故嘱余作《地理信息系统基本原理与关键技术》一书,以为系列教材之一。因之,余亦得忝居此列,至今已七年矣。

在这七年之中,我一边写作,也一边思考,究竟什么样的地理信息系统教材适合面向研究生的培养。因为早在 1989 年,我的硕士生导师南京大学的黄杏元教授就已经在高等教育出版社出版过一本本科生教材《地理信息系统概论》,我也有幸参与了这本教材第二版到现在第四版的编写工作。所以,在这本新的针对研究生培养的教材中如何体现出根据学生的不同层次来规划内容的广度和深度,实在是一件困难的事情。写得太浅显可能会达不到启发学生今后深入探求的目的,写得太艰深又会让学生味同嚼蜡、兴味索然。故此一拖再拖,迁延岁月至今,虽然总算完稿了,但能否达到教材的目标,我是心有惴惴焉。个中滋味,只能留待读者去品味了。

虽然历经"七年之痒",好在本书的宗旨是介绍地理信息系统的基本原理和关键技术,尽管地理信息系统随着信息科技的发展日新月异,但其基本原理和关键技术却相对稳定,并非明日黄花。因此,我把全书内容分为 13 章,第 1 章概述地理信息系统的源流,第 2 章介绍地理信息系统软硬件复杂体系,第 3 章剖析地理空间数据模型的内涵,第 4 章论及空间数据库的本质,第 5 章表述地理空间数据输入的门道,第 6 章涉及空间数据处理与变换的奥妙,第 7 章探讨空间叠加分析的原理,第 8 章深究连续空间插值理论之根本,第 9 章阐述数字地形分析的表里,第 10 章探究空间距离计算与邻近分析的作用,第 11 章领略空间统计分析之纷繁,第 12 章探索制图建模的功效,第 13 章展现地理可视化之魅力。

本教材的论述主要从两个视角来审视地理信息系统,即书名中的基础原理和关键技术,也就是理论与实践的一体两面。理论主要涉及数学方面的诸多内容,读者最好具备微积分、线性代数、概率论、统计学和离散数学等基础知识。实践则主要落实在计算机的算法实现,读者至少应该拥有计算机语言、数据结构和数据库等方面的能力,如能通晓计算机图形学则更佳。希望通过研习基础原理,读者可对地理信息系统知其所以然;而通过领悟关键技术,读者可知其何以然。

地理信息系统由于处在多学科的交叉之中,知识体系枝叶繁茂,覆盖甚广,一本教材远不足以涵盖。因此,对某些读者而言,此书全篇也只算作管窥蠡测、东鳞西爪而已。另一些读者可能又会惋惜于书中知识点未能逐个深入触及,往往浮光掠影、浅尝辄止。这都是由于地理信息系统的学科特点造成的,其中每一方面都可以展开铺就鸿篇巨著。所以,希望读者可以进一步去阅读本书后面参考文献中列出的那些优秀的教材和专著。

当然,这本书的内容完全是出自我个人对地理信息系统的一己之见,由于自身才疏学浅,力有不逮。谬误之处在所难免,这也是无可奈何。书中的每一个字都是我自己敲击键盘输入的,绝大多数插图除了注明引用来源之外,亦皆为我在电脑上所绘,对此部分我负完全之责任。虽然本书碰巧也写成了十三个章节,但恳请读者千万不要拿孙武《孙子兵法》十三篇,抑或欧几里得《几何原本》十三卷那样的千古经典来以史为鉴地对照我的拙作。作为一本教材,能够不误人子弟,吾愿足矣。

马劲松

2019 年 1 月 18 日于南京大学

目　录

地理信息系统基础原理与关键技术

第 1 章　地理信息系统概述

　　这是本书开篇的第一章,这一章的内容是为了简单地讲解什么是地理信息系统,以便为后面的章节进行详细的介绍打下基础。为了说明什么是地理信息系统,我们先举一个现实生活中的例子。

　　假设到南京旅游,要从夫子庙出发,先去总统府,再去中山陵。游客自然想要找到几条快速便捷的道路把三个景点连接起来。通常的办法是首先去找一张南京交通旅游地图,在地图上找到这些地点,其次思考一下怎么走最方便快捷,最后找出一条路线来。当然,这种方法是过去的老办法。

　　我们现在处于一个信息时代,应该有新的办法来解决这样的问题,这时候就可以用地理信息系统为我们找出这样的路线。地理信息系统通常需要一台计算机,南京交通旅游地图上的各个旅游点和道路的分布信息都已经保存在计算机里。我们操作计算机把要去的三个景点设定好,计算机会使用软件进行运算,找出一条最好的路线来,还可以把路线显示在计算机屏幕上给我们看。图 1-1 就是运用 Google 地图软件实现的路径分析结果。

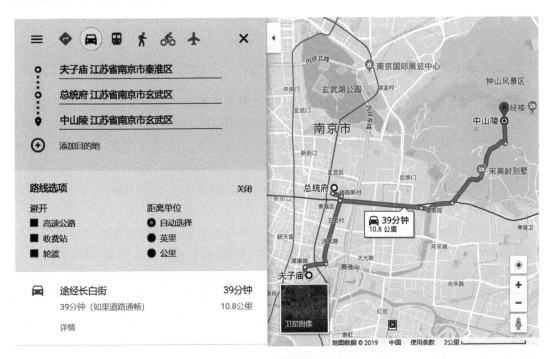

图 1-1　使用 Google 地图软件实现路径分析

　　由此可见,地理信息系统是一种计算机信息系统,它可以帮助人们解决某些和地理分布有关的问题。它存储人们需要的地理信息,分析计算这些地理信息,得出有关地理问题的解决方案,从而协助人们生活和工作。上面的例子中,南京各景点和道路的分布位置就是地理信息,计算机存储这些信息,并运用软件中的算法分析计算,最终找出最佳的旅游路线。这样的计算机信息系统就是一个最常见的地理信息系统的例子。

需要指出的是,这里所讲的地理和地理信息是广义的概念,不是通常地理学的狭义概念。它包含了地球上人类活动所接触到的所有自然与社会、物质与精神领域的现象,只要这个现象是发生在某个地点,而我们又需要这个地点信息的时候,它就是地理信息。比如,南京市最容易堵车的路段、各种蔬菜零售价格最便宜的农贸市场的位置等,都是人们日常生活中需要的地理信息。

读者应该明白,地理信息系统不仅能解决上述日常生活中的问题,它还能够帮助国家进行科学的宏观分析与决策,比如我国中西部开发战略;能够帮助各级政府行使管理职能,比如环境保护、土地管理、城市规划和防灾减灾等;能够帮助科技人员进行科研与开发活动,比如天气预报、地震监测、野生动植物保护和发射卫星等。总之,可以运用地理信息系统的地方有很多。希望读者在阅读这本书的时候,能够认真地思考如何将地理信息系统运用到自己所在的行业和工作中,或许会得到更大的收获,也必将会对国家和社会做出更大的贡献。

地理信息系统是在国外首先出现并逐步发展起来的,它的英文名称是 Geographic Information System,简称 GIS。本书后面的内容都直接使用 GIS 来表示地理信息系统。为了逐步加深对 GIS 的认识,这一章先从 GIS 的产生和发展历程来加以说明,进而介绍 GIS 的构成及其基本功能。

1.1 GIS 发展简史

1.1.1 GIS 的产生

GIS 的出现有三个方面的原因,首先是出于人类社会实践的迫切需要,其次是信息技术发展到一定阶段导致的必然结果。此外,GIS 的产生还和一个特定的人所经历的偶然事件有直接的关系。这三个因素叠加在一起,GIS 就应运而生了。下面我们就从这三个方面来说明。

首先来看人类实践的需要这一方面。20 世纪初期的时候,地理学者经常进行一种叫做**土地适宜性分析**(Land Suitability Analysis)的工作,举一个极简单的例子,比如要回答在什么地方适宜种植梅花之类的问题。不妨假设适合梅花生长的自然因素包括土壤类型和地形两个方面,例如在南京地区,黄棕壤和丘陵的南坡最适合种植梅花。因此,就需要有一种技术来找出土壤和植物类型的空间分布关系,从而确定适合种植梅花的具体区域。

最简单的办法就是用两张**专题地图**(Thematic Map)重叠放在一起来比较,一张地图的专题是南京土壤类型的分布,如图 1-2(a),另一张地图的专题是南京地形坡向类型的分布,如图 1-2(b),这里显示的是简化了的示意图。当然,这两张地图要画在透明的纸上,才可以叠放在一起做对比。这种技术叫做**地图叠加**(Map Overlay)。通过这种方法,就可以找到既是黄棕壤又是丘陵南坡的区域(地图的右下部),说明在这里种梅花最适宜。

但是,现实情况总是比我们想象的要复杂得多。首先,真实的土壤和坡向类型分布图上的图形都极其复杂;其次,在实际应用的时候,可能还不仅仅只考虑土壤和地形坡向两个要素,还要考虑地形坡度的大小(在太陡峭的山坡上种植梅花比较困难)、土地利用类型(农业用地比工业用地更适宜种植)、降雨量的分布(降雨量大、湿润的地区更适宜)和道路网的分布(交通便捷的地方更便于观赏)等要素。这就要把很多要素的地图叠加起来,使得人工

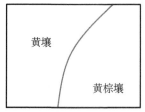
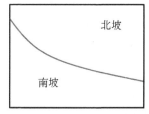
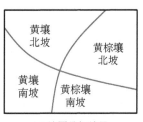

(a) 南京土壤类型分布专题地图 (b) 南京地形坡向类型分布专题地图 (c) 地图叠加结果

图 1-2 地图叠加技术示意图

处理变得非常困难。因此,人们自然希望采用计算机来帮助完成这种多要素的复杂的地图叠加分析。

要使用计算机处理地图叠加,就要把地图上的信息存储到计算机里面,并让计算机能够自动画出地图。这项工作依赖于一种技术叫做**计算机辅助制图**(Computer-Assisted Mapping 或 Computer-Aided Mapping,CAM)。我们知道,电子计算机是 20 世纪 40 年代在美国产生的,到 20 世纪 60 年代初,美国的计算机图形技术开始起步,在计算机屏幕上可以显示出图形,这就从理论和技术上为计算机绘制地图打下了基础。

当历史处于这个特殊时间点上的时候,一个掌握了计算机绘制地图技术的人可谓生逢其时,他让 GIS 走上了历史舞台,这个关键人物就是后来被国际上誉为"GIS 之父"的罗杰·汤姆林森(Roger F. Tomlinson,1933—2014)。

汤姆林森(图 1-3)20 世纪 30 年代出生在英国剑桥,年轻的时候曾在英国皇家空军服役,做过飞行员。退役后先后进入英国诺丁汉大学和加拿大阿卡迪亚(Acadia)大学学习地理学和地质学。1957 年汤姆林森在加拿大麦吉尔(McGill)大学读完研究生后,凭借飞行员的经验,在加拿大渥太华的一家航空摄影测量公司担任项目经理。在工作中通过和 IBM 公司的业务合作,他逐步掌握了当时最先进的计算机制图技术,并尝试使用计算机实现地图叠加。历史的机遇终于出现在 1962 年,汤姆林森去多伦多,在飞机上他有幸认识了和他坐在一起的一个年轻人李·普拉特(Lee Pratt),此人是加拿大政府土地存量清查项目的负责人。

图 1-3 汤姆林森与加拿大地理信息系统(CGIS)及其专著

当时,普拉特正在为他主管的项目烦恼,这个项目要清查加拿大超过 250 万 km² 的土地覆盖和利用情况,并通过地图叠加进行土地适宜性分析,最后制作地图。普拉特测算需要 536 个地理学家工作整整三年,花费八百万美元。而那个时候整个加拿大也只有 60 个训练有素的地理学家。

于是,汤姆林森告诉普拉特,他可以采用计算机代替人来制图,并做地图叠加等空间分析,这样只要三百万美元就够了。普拉特通过对项目技术和经济上的可行性分析,采纳了汤姆林森的方案。从 1963 年起,汤姆林森就开始为加拿大政府部门工作,并把他设计实现的计算机系统命名为**加拿大地理信息系统**(CGIS),世界上第一个 GIS 就这样诞生了。

汤姆林森在 CGIS 里有很多创新,包括上面提到的地图叠加的计算机实现。此外,还有用**弧段**(Arc)组织的多边形拓扑结构(后续章节将详细描述),以及将位置数据和属性数据分别存储在不同数据文件里的数据组织方法等。由于汤姆林森在 GIS 领域的开创性工作,以及由此给整个地理学带来的革命性转变,使得他后来被选为国际地理联合会(IGU)GIS 委员会的主席,任期长达 12 年之久。

1.1.2　GIS 软件的发展

1964 年,在福特基金会的资助下,霍华德·费舍尔(Howard Fisher)在其母校美国哈佛大学建立了"计算机图形与空间分析哈佛实验室"。最多的时候有近 40 名学者进入实验室工作,这些人来自不同的学科领域,有规划师、地理学家、制图学家、数学家、计算机科学家,甚至还有艺术家,他们共同的兴趣在于重新思考**专题地图制图**(Thematic Mapping)和空间分析的作用和方法。由此,在 1966 年,产生了第一个基于**栅格**(Raster)的 GIS 软件原型系统 SYMAP(图 1-4)。

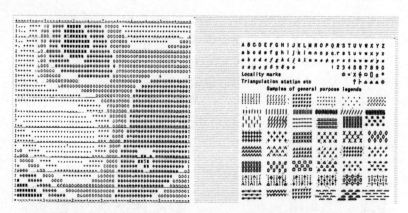

图 1-4　SYMAP 使用行式打印机输出的栅格地图及制图符号

SYMAP 及其后续的 GRID 和 ODYSSEY 软件产生的影响非常巨大,它在国际制图学界广为流传,成为一个通用型的地图制图和空间分析工具,对后来的计算机制图和 GIS 空间数据处理技术的发展起到了引领和启蒙作用。费舍尔经常在哈佛的一年级学生中开办研讨会,和学生们讨论 SYMAP 中的空间分析算法问题。现在 GIS 常用的一些空间分析算法,例如**反距离加权**(Inverse Distance Weighting)插值方法(在后面的章节中将会介绍),就是由当时的一年级新生唐纳德·谢泼德(Donald Shepard)在 1967 年提出的。

哈佛实验室最著名的学生恐怕要算杰克·丹哲梦(Jack Dangermond)了。丹哲梦 1969 年在哈佛念完风景园林专业的硕士以后,就和他的妻子劳拉(Laura)自主创业,在他的家乡加利福尼亚的雷德兰兹(Redlands)合伙成立了一家土地利用的咨询公司,发展到现在就是 GIS 业界著名的 ESRI(Environmental Systems Research Institute)有限公司。1982 年,丹哲梦用他从哈佛实验室学来的 SYMAP 软件技术开发出了 ARC/INFO 软件,迄今 30 年来版本不断更新,现在称为 ArcGIS,且成功地占据了大部分的 GIS 软件市场份额。丹哲梦因此成为 GIS 领域的比尔·盖茨。本书中很多插图的内容都是使用 ArcGIS 的相关功能来实现的。

丹哲梦的贡献是引领 GIS 从学术界进入 IT 领域,开创了 GIS 软件大发展的时代。他也因此收获颇丰,进入了 Forbes400 名大富豪的行列。在他之后产生了大量的 GIS 软件公司,例如,同样是在 1969 年建立的 Intergraph 公司,以及 1986 年成立的 MapInfo 公司等。非常著名的 GIS 软件提供者及产品列表如表 1-1 所示。

表 1-1　著名的 GIS 软件产品及其版本情况

GIS 软件提供者 GIS 软件	免费软件	开源软件	Windows 版本	Max OS X 版本	Linux 版本	WebGIS 解决方案
Autodesk Map	○	○	●	○	●	●
ERDAS IMAGINE	○	○	●	○	○	●
ESRI ArcGIS	○	○	●	●	○	●
GRASS	●	●	●	●	●	●
gvSIG	●	●	●	●	●	○
ClarkLabs TerrSet(IDRISI)	○	○	●	○	○	○
ITC ILWIS	●	●	●	○	○	○
Intergraph MGE	○	○	●	○	○	●
Pitney Bowes MapInfo	○	○	●	○	○	○
MapWindow GIS	●	●	●	○	○	●
Oracle Spatial	○	○	●	●	●	●
PostGIS	●	●	●	●	●	●
QGIS	●	●	●	●	●	●
Smallworld	○	●	●	○	●	●
SPRING	●	○	●	○	●	○

●表示软件支持该版本,○表示软件暂不支持该版本

1.1.3　GIS 教育与科研

谈到 GIS 的教育与科研,不得不提及几本著名的 GIS 著作和 GIS 学术期刊(图 1-5)。

1) 专著《GIS 原理运用于土地资源评价》

1986 年 Peter Burrough 的著作《GIS 原理运用于土地资源评价》(*Principles of Geographical Information Systems for Land Resources Assessment*)出版,它是 GIS 研究领域较早的一本。该书共分为 9 个章节。通过阅读这一本著作,读者可以较为系统地认识整个 GIS 早期发展的脉络。在 20 世纪 80 年代,GIS 对于大多数的地学工作者而言,还是一个较为陌生的新技术。由于 GIS 本身特点在于它的综合性、跨学科性,所以 GIS 的知识跨越了地图学、地理学、测绘科学、计算机科学等众多的学科和门类。从而造成广大的地学工作者在短时间内难以全面地学习和了解 GIS 的知识,更遑论将 GIS 这门新的技术应用于地学领域的科研和

生产实践中。在这个时候，Burrough 撰写了这本书，正好解决了那些急于了解地理信息系统知识，又希望在自身的领域有所应用的广大地学工作者的燃眉之急，可谓是正当其时。

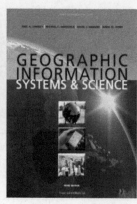

图 1-5　著名的 GIS 专著和学术期刊

该书是从原理讲述与理论联系实际应用的角度来阐述 GIS 的。首先描述了计算机辅助地图制图技术在当代的发展历程，说明了 GIS 的产生和计算机辅助地图制图的密切关系，以及今后可能发展的趋势。其次，作者从地学工作者的应用角度出发，讨论了各地学专业普遍关注的专题地图在 GIS 中进行表达所需要了解的空间数据结构的知识，重点论述了矢量和栅格这两种极其重要的空间数据结构在计算机内部的表达和存储方法。这一部分有较多的技术细节，使得读者可以深入细致地洞察 GIS 内部的技术实现，有助于建立扎实的 GIS 空间数据基础。

再次，作者又用了整整一章的篇幅详细讲述了数字高程模型方面的知识，涉及数字地形的建立方法和基于数字地形的分析方法，技术细节较为详细，使得读者可以通过编写计算机程序来实现和验证这些数字地形分析的有效性。这些技术方法直到今天仍然是 GIS 中主要采用的经典方法。

然后，作者讲述了 GIS 的数据输入、验证、存储和输出相关的技术，还涉及应用遥感数据作为 GIS 的数据源进行数据输入的技术方法。最后，作者使用了本书一大半的篇幅，来讨论应用 GIS 进行空间分析的方法，包括经典的**叠加分析**（Overlay）、**多变量分析和分类**（Multivariate Analysis and Classification）以及各种**空间插值**（Spatial Interpolation）的技术方法。甚至还花了一定的篇幅来讨论当时较为流行的**专家系统**（Expert System）在 GIS 中的应用。此外，作者还较为系统地讨论了 GIS 中空间分析过程产生的数据误差问题，对后续 GIS 的研究具有一定的指导作用。

总之，该书是最早的一本将 GIS 所涉及的方方面面的内容综合在一起加以论述的著作。在今天这个时代，对于希望了解和回顾 GIS 的起源和基础技术细节的读者，该书具有非常重要的参考价值，也是那些进行 GIS 研究和开发的技术发烧友值得一看的作品。对于广大 GIS 专业、测绘学专业以及相关专业的研究生同样是一本难得的技术参考书。

2）专著《地理信息系统与科学》

GIS 领域另一本杰出的著作就是《地理信息系统与科学》（*Geographic Information Systems and Science*），在整个 GIS 学界相当于法定的人人必读的教科书。它的四个作者是如此著名，以至于大家习惯性地尊称他们为"GIS 四人帮"。他们分别是英国伦敦大学学院的 Paul A. Longley,美国加州大学圣巴巴拉分校的 Michael F. Goodchild,英国伯明翰城市大学的 David J. Maguire 和英国伦敦城市大学的 David W. Rhind。这四个人因为该书在世界范围内的一版再版而名利双收。不过,他们的书确实值得作为地理信息系统与科学的教材来传播,从历史的角度来看,该教材为地理信息系统的发展做出了一定的历史贡献。

目前该书的最新版本是第 3 版,体系架构相当完备,可谓面面俱到地讲述了当今地理信息科学发展的方方面面,受众也相当广泛。该书被组织成 5 大单元,分别是概述、理论、技术、分析以及管理和政策,让读者能够立刻从自身感兴趣的方向选取相应的内容进行研读,十分方便。在这 5 大单元内部,该书又进一步细分成 20 个独立的章节,详细讨论地理信息系统与科学的各方面内容。在此,总结其内容提要,如表 1-2 所示。

表 1-2 《地理信息系统与科学》内容提要

单元	内容提要
1. 概述	论述了系统、科学与研究在地理信息科学中的关系;GIS 应用的种类等
2. 理论	讲述了空间数据模型、数据结构的知识;空间自相关与尺度、空间采样等对形成空间数据的影响;地理参照系统与坐标系;不确定性的表达等
3. 技术	论述了 GIS 的软件、地理数据模型、GIS 数据采集方法、地理数据库的创建和管理技术、地理网络(GeoWeb)实现技术等
4. 分析	首先介绍了地图制图学和 GIS 的地图产品,其次论述了当前最为流行的地理可视化(Geovisualization)方面的内容,再次讲述了经典的空间数据分析方法,然后是空间分析和推理,最后讨论了 GIS 的空间建模方法
5. 管理和政策	该书的一大特色是,它从管理科学的角度来论述如何运作和管理好一个 GIS,讨论 GIS 运行中的安全问题,以及如何利用空间数据基础设施(Spatial Data Infrastructure)为 GIS 提供相应的共享数据,最后在结束语的这一章中,作者站在地理信息系统与科学为人类服务的高度审视如何充分运用该科学与新技术

该书的每一部分,作者在论述到相关的专业代表性人物的时候,会附上该风云人物的小照和简介,让这些为地理信息系统和科学做出过突出贡献的专家学者在这本书里名垂青史,流芳百世,这也许是西方学者人本主义思想的光辉写照。尤其是该书作者在开篇部分宣称,要将该书奉献给已故的我国 GIS 学科的创始人陈述彭院士,以旌表和怀念陈院士为这一学科在中国和世界的发展所做出的杰出贡献。

该书的作者之一,顾恰得(Goodchild)是当今国际 GIS 教育界的名流,他于 1944 年出生在英国,1965 年获得了剑桥大学物理学学士学位。剑桥也是前面介绍过的“GIS 之父”汤姆林森的家乡。不知道是否是冥冥之中受到了“GIS 之父”的感召,顾恰得后来也去了加拿大求学,并在 1969 年获得加拿大麦克马斯特大学(McMaster University)地理学博士学位。1969 年也是前面介绍的丹哲梦从哈佛大学硕士毕业,创立 ESRI 的重要年份。

毕业后,顾恰得在加拿大西安大略大学(University of Western Ontario)从教 19 年,随后应聘去了美国加州大学圣巴巴拉分校地理系任教,直到现在。圣巴巴拉是顾恰得的风水宝地,他于 1988 年在此一手创立了著名的美国国家地理信息与分析中心(NCGIA),最早于 1992 年提出“地理信息科学”的概念。

地理信息科学与地理信息系统相比,更加侧重于将地理信息视作为一门科学,而不仅仅是技术。地理信息科学主要研究在使用计算机对地理信息进行处理、存储、管理和分析过程中涉及的一系列基本问题。顾恰得于 2002 年当选为美国科学院院士和加拿大皇家学会外籍院士,2006 年当选为美国艺术与科学院院士,并于 2007 年获得有地理学诺贝尔奖之称的"瓦特林·路德国际地理学奖"(Prix Vautrin Lud)。

3) 学术期刊《国际地理信息科学杂志》

除了上述的 2 本 GIS 专著外,GIS 领域内最著名的学术期刊非 IJGIS 莫属。IJGIS 从 1987 年创刊开始,一直到 1996 年,其全称为:*International Journal of Geographical Information Systems*,即《国际地理信息系统杂志》,简称 IJGIS;而从 1997 年开始,便更名为:*International Journal of Geographical Information Science*,即《国际地理信息科学杂志》,简称不变,仍然是 IJGIS。

IJGIS 的主题涉及非常广泛的内容,包括地图学、计算科学、计算机科学、地球科学、GIS、遥感、地理学、人文地理学、**基于位置的服务**(Location-Based Services,LBS)、导航、网络、数据库、地形、交通地理学等众多方面。

作为交叉学科的国际期刊,其目标是为快速发展中的地理信息科学提供一个交换原创思想、方法和经验的论坛,以此来吸引那些对地理信息基础研究和计算感兴趣的人,以及那些设计、实现和运用地理信息来监控、预测和决策的人员。其发表的文章注重在自然资源、社会系统、环境以及计算机科学、地图学、测量学、地理学和工程学领域涉及 GIS 的理论、技术和应用创新。IJGIS 通常是从事 GIS 学术研究的人员关注 GIS 学科发展动态的首选刊物。

1.2 GIS 的构成与功能

1.2.1 GIS 的五个组成部分

当我们从事 GIS 工作的时候,首先要了解 GIS 的基本组成。作为一个复杂的系统,认识其组成也是进一步研究它的起点。这有助于我们把复杂的东西分解开来,逐个加以研究。也就是把复杂的问题化简为简单问题的一种主要办法。学习 GIS 也是一样,把 GIS 分解为几个组成部分,可以让我们知道后面所学的所有内容都分别属于 GIS 的哪一个部分,从而形成一个清晰的 GIS 知识体系。

一般认为一个完整意义上的 GIS 应该包含五个组成部分,即硬件系统、软件系统、地理空间数据、空间分析应用模型以及 GIS 应用人员(如图 1-6)。这五个部分的重要性是各不相同的,其中,硬件系统是最不重要的一个部分,然后,软件系统、地理空间数据、空间分析应用模型的重要性逐个递增,GIS 应用人员无疑是其中最重要的一环。

GIS 应用人员就是使用 GIS 来解决与空间有关问题的人的统称。一个 GIS 无论硬件系统和软件系统多么昂贵高级,如果其应用人员专业水平

图 1-6　地理信息系统的基本构成示意图

不高,则没有办法发挥这些 GIS 软硬件的作用,实现的 GIS 作用也就不大。所以,后续的章节会分别着重介绍 GIS 的硬件系统、软件系统、地理空间数据以及空间分析应用模型。但是读者一定要明确这样一个概念,即虽然我们没有专门介绍应用人员的内容,但应用人员才是 GIS 中最最重要的因素。这也促进我们更好地学习 GIS,努力提高 GIS 的专业水平。

1) GIS 硬件系统

GIS 硬件系统是 GIS 运行的基础设施,包括一系列相互配合才能完成 GIS 工作的硬件设备。这些设备大体上可以分成三个系列,一是完成 GIS 特殊数据输入工作的输入设备,二是 GIS 的地理空间数据分析处理设备,三是 GIS 地理空间数据的输出设备(如图 1-7)。

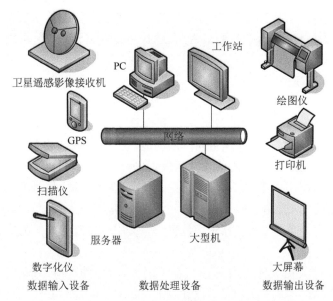

图 1-7　地理信息系统的硬件配置

整个 GIS 硬件设备形成一个完整的硬件系统,其中的输入设备负责把地球表面的地理空间要素的相关数据进行采集并以数字化的形式输送到计算机处理设备中;处理设备就是各种计算机,其任务就是对输入的地理空间数据进行计算分析,得出分析结果用来指导我们的各种生产生活实践活动;输出设备则负责把分析处理的结果以可视化的形式表达出来供人们直观地理解和认识。具体设备将在第二章详细说明。

2) GIS 软件系统

GIS 软件系统是 GIS 功能实现的设备平台,使用 GIS 的大部分时间都是花费在运用 GIS 软件进行各种地理空间数据分析处理上面。应用人员面对的也主要是如何熟练使用 GIS 的各种功能进行正确的地理空间操作的问题。甚至很多人对于 GIS 的认识是知道 GIS 有哪些出名的软件工具可以使用。

不过,从全面系统的角度来看,GIS 软件系统应该包括多种不同性质和作用的软件,首先是支撑软件,例如数据库系统、程序开发软件等;就 GIS 软件系统本身而言,也可以分成 GIS 基础软件平台和 GIS 应用软件等。所谓 GIS 基础软件平台,就是提供大多数通用 GIS 功能的软件系统,例如前面介绍过的 ArcGIS 等。GIS 应用软件则是建立在 GIS 基础软件平台之上的为特定领域或应用提供专业服务功能的软件系统,例如城市规划 GIS、交通管理

GIS 等。详细的说明见第二章的相关内容。

3) 空间数据

空间数据是 GIS 的重要基础,所谓空间数据,又可以称作地理空间数据,它是对地球表面上的所有地理要素进行信息表达的数字化形式。通常对各种地理要素的信息表达包含三个主要的方面,一是表达地理空间要素的位置信息,也就是地理空间要素在地球上的空间坐标数据;二是表达地理空间要素的自身性质的信息,叫做属性数据,比如要素的名称、数量、分类等;三是表达地理空间要素的时态信息,也就是要素随着时间变化的动态数据。这些数据以数字化的形式存储,形成地理空间数据。

地理空间数据的重要性要高于硬件系统和软件系统。拿我们日常使用的智能手机做个比喻,手机如果遗失了,我们不会太心疼手机的硬件和软件,毕竟可以再购买一个新的手机并重新下载手机软件来使用。但是原来手机里面的个人信息等重要的个人数据就丢失了,有的一时没有办法恢复,这是我们最为痛心的。同理,GIS 中的空间数据相对于软硬件,也是更为重要的。

4) 空间分析应用模型

应用模型是 GIS 的最终目标和意义所在,所谓应用模型,就是在 GIS 中为了解决某个特定的地理空间应用问题而建立的计算方法和计算流程。比如要规划建设一个新的垃圾处理厂,其选址的问题就是一个地理空间应用问题。我们可以把相关的各种因素都考虑进来,建立空间分析的方法,对相关的地理空间数据进行分析计算,最后得到最适宜建设垃圾处理厂的地点。GIS 应用模型是科学决策的重要辅助技术手段,也是 GIS 体现其重要价值之所在。从这一点上看,应用模型是直接针对问题的解决方案,是 GIS 中比单纯的地理空间数据更为重要的具有实际价值的部分,是我们人类用智慧改变世界的成果体现。

5) 专业应用人员

GIS 的专业应用人员大体上可分成三个不同类型,分别对应 GIS 中不同的应用任务。一类是 GIS 应用人员,他们执行所有与 GIS 相关的分析和处理工作,包括制图、数据输入管理、编辑、分析和处理。另一类是系统开发人员,他们使用计算机上的各种开发工具来为 GIS 开发相应的应用功能,解决用户实际的应用需求。这些开发工具包括编程语言、建模语言、数据库开发工具、系统设计工具等。第三类是系统的管理员,他们是负责安装和管理 GIS 软件的管理人员、指导和管理大型数据库系统安装的数据库管理员以及配置和管理 Web 服务器环境的 Web 架构师等,他们负责系统软硬件的日常维护和更新等工作。

1.2.2 GIS 的六大主要功能

GIS 的主要功能总的来说就是实现地理空间数据的输入、处理和输出。进一步细分,可以归纳为以下六个主要的功能,当然,每一个功能里面又可以具体分成更多细化的功能。而之所以把它们归纳为六个主要功能,是因为这六大功能可以比较清晰地说明 GIS 的工作流程,也就是一般情况下,GIS 所要经历的一个生命周期。而本书后续各个章节的说明也是按照这一流程来顺序介绍的。

1) 空间数据采集与输入

地理空间数据需要首先进行采集,才能输入到 GIS 中。所谓采集数据,就是从数据的来源处得到数据。地理空间数据的来源有很多,可以直接在野外实地进行数据采集,也就是拿着测量仪器(如全站仪、GPS接收机、3D激光扫描仪等)在室外某个地点测量地理空间数据。也可以把现成的测绘好的地图拿来,在室内进行数字化,把模拟形式的地图转化成数字形式的地理空间数据,这个转化的过程就叫做地图数字化。还有一种更方便的数据采集方式,就是直接从因特网上的地理空间数据中心下载现成的数据。

在这些空间数据采集和输入的技术中,一个重点是要理解GPS的工作原理和相关技术,此外,还要理解地图数字化的坐标几何纠正原理及其仿射变换技术。读者可以在后续的第四章中深入了解这一部分的相关内容。

2) 空间数据处理与存储

在输入了地理空间数据之后,接下来的工作往往是数据的处理。GIS中数据处理可以做的工作有很多,两个最为重要的数据处理工作分别是数据模型的转换和地图投影的变换。数据模型的转换使得我们可以选择最合适分析运算的数据模型来表达地理空间要素,而地图投影的变换则有助于我们把不同来源的地理空间数据统一到一个坐标系下来参与显示和分析。读者可以在后面的第三章和第五章中了解到矢量和栅格数据模型的基本原理以及这两种模型之间的转换技术,此外,还会认识到几种使用最多的地图投影的基本原理和变换技术。

3) 空间数据查询与探查

地理空间数据一般都存放在数据库中,当使用的时候,也许并不需要全部的数据,而只是需要数据中的某一个子集。空间数据查询的作用就是在大量的地理空间数据集合中挑选出符合自身应用要求的那一部分数据。数据探查通常是采用一些图形工具来显示数据的统计特征和分布特征。在这一部分里,读者要掌握数据库查询语言SQL的基本语法和应用知识,同时也要掌握各种空间查询的基本原理和使用方法。

4) 空间数据分析与建模

这一部分是组成GIS的重要内容,也是最丰富的内容。GIS的功能特色就体现在这一部分,空间分析也是GIS和其他地图制图系统的主要区别所在。其他的各种制图软件系统一般都具有图形表达的功能,这和GIS是相似的。但GIS所具备的空间分析功能则是其他地图制图软件所不具备的。

所谓空间分析,就是运用GIS中所存储的地理空间数据进行各种计算,得到应用所需要的新的地理空间信息。举个例子来说,比如GIS中存储了表达地表面高低起伏的数字地形数据,那么就可以通过一种叫做坡度分析的空间分析方法,计算出地表面每一个地方的地形坡度数据,这样就可以知道哪些地方地形坡度大,比较陡峭,也可以知道哪些地方地形坡度小,比较平坦。这就是空间分析的作用。

当然,GIS可以实现的空间分析非常多,解决复杂的应用问题时也不可能就使用一种空间分析,而是要把很多种空间分析功能结合起来使用。把各种空间分析很好地组合在一起,用来解决实际问题而形成的一个解决方案就可以叫做GIS应用模型。GIS应用模型是GIS中极具科学和应用价值的部分。

5) 空间数据输出与制图

经过上面所述的GIS空间分析和应用模型,就可以得到对某一地理空间应用的科学分析结果,这些结果通常也是具有地理空间分布的数据,因此需要把这些结果数据显示出来供应用人员研究和决策,空间数据的输出和制图正是解决这一问题的技术。这一部分涉及地图制图的基本原理和相关技术,也涉及二维和三维计算机图形学的相关知识和技术。

6) 系统分析与软件开发

在市场上可以通过商业方式购买到的 GIS 软件或者是网上免费下载获得的 GIS 软件一般都是那些通用型的 GIS 基础软件平台,如前面提到过的 ArcGIS 和 GRASS、QGIS 等。这些软件虽然功能齐全,但这些功能都是常规的空间分析和处理功能。面对纷繁复杂的地理空间应用需求,仅仅使用通用型的 GIS 软件是解决不了全部的专业性问题的,所以总是要在通用型的 GIS 软件平台的基础上,做进一步的软件开发工作,来适应不同领域不同应用所提出的特殊性应用要求。比如要开发城市房产管理信息系统、交通管理信息系统等。

因此,对 GIS 应用人员也提出了更高的技术要求,也就是要掌握最新的计算机设计和开发工具,能在通用型 GIS 的基础上开发出满足实际应用需求的 GIS 应用软件系统,这种开发有时候形象地叫做二次开发。或者在某些要求更加特殊的领域,完全从软件底层进行开发来得到所需的地理空间分析软件。所以,这一部分的内容是读者迈向 GIS 更高层次的进阶知识。

第 2 章　GIS 硬件与软件

如前所述,GIS 的 5 个组成部分分别是硬件系统、软件系统、地理空间数据、应用模型和GIS 应用人员,其中最为基础的两个部分就是 GIS 的硬件系统和软件系统,本章将主要针对建立 GIS 所需要的软硬件系统进行说明。

2.1　GIS 硬件系统

地理信息系统的运作首先需要一些硬件设备的支撑,这些硬件有的是常见的计算机设备,有些则是特殊的专业设备。常见的计算机设备主要有个人计算机、图形工作站和网络服务器等;特殊的专业设备一般包括数字化仪、工程扫描仪、绘图仪等。如果按照功能来分类,可以把 GIS 使用到的设备归为输入设备、处理设备和输出设备等三个类别,如表 2-1所示。

表 2-1　GIS 的硬件系统组成

GIS 硬件系统	输入设备	直接输入设备	全站仪、GPS 接收机、机载激光雷达、三维激光扫描仪、多波束测深系统、遥感设备、数码摄影照相机
		间接输入设备	数字化仪、工程扫描仪
	处理设备	计算机设备	主机系统、客户/服务器系统、工作站、个人电脑、移动设备
	输出设备	图形显示设备	显示器、投影机
		图形绘制设备	绘图仪、打印机
		制图印刷设备	激光照排机、印刷机
		其他设备	3D 打印机

2.1.1　输入设备

GIS 的输入设备是用来把地球上的地理要素转变成数字的形式,存储到计算机里的专用设备。GIS 的输入设备有很多种,一般可以分为直接输入设备和间接输入设备两大类。

直接输入设备就是各种实地测量仪器,比如进行野外测量的全站仪、GPS 接收机、机载激光雷达、三维激光扫描仪、多波束测深系统等,这些设备都可以直接在野外采集地理要素的位置信息,然后输入 GIS 进行分析处理。

间接输入设备是把纸质地图上的图形转变成坐标输入到 GIS 中的数字化仪、扫描纸质地图成数字图像的工程扫描仪以及当前数字城市建筑物建模中常使用的数码照相机等。

1) 全站仪(Total Station)

全站仪是一种在野外实地直接进行测量的设备,具有全面测量水平角、垂直角、距离和高差等功能。因为安置一次仪器就可完成测站上全部的测距、测角等测量工作,所以称为全站仪,如图 2-1 所示。全站仪是一种具有较高精度且易于使用的野外测量设备,在工程测量中有广泛的应用。城市建设中,常常可以看见测量人员在街道上使用全站仪进行测量工作。在一个 GIS 项目建设中,如果已有的小部分数据需要更新,可以考虑采用全站仪进行实地补测,以获得最新的定位数据。

(a) 导航型GPS接收机 　　　　(b) 测量型GPS接收机

图 2-1　全站仪　　　　　　　图 2-2　GPS 接收机

2) GPS(Global Positioning System)接收机

GPS 接收机是利用美国 GPS 卫星信号进行精确定位的一种常用设备,一般的导航型 GPS 接收机价格极其低廉,其芯片常常可以集成在智能手机中,用于车辆、行人等的实时定位导航。测量型的 GPS 接收机通常可以几台联合使用,其中一台作为基准站,其他的接收机作为移动站,采用**实时动态差分** GPS(Real Time Kinematic, RTK)技术,获得极高精度的定位坐标数据。GPS 接收机如图 2-2 所示。对于 GIS 项目建设而言,一般市场上的导航型 GPS 接收机是不能满足应用精度需求的。好在现在测量型 GPS 接收机的价格已经降低了很多,一般的 GIS 应用项目也是可以承受的。

图 2-3　机载激光雷达 LiDAR 系统及生成的三维地表模型

除了使用美国的 GPS 卫星以外,好的 GPS 接收机还可以同时使用俄罗斯的 GLONASS 卫星导航系统、欧洲的伽利略卫星导航系统等。到 2023 年,我国自主建设的"北斗卫星导航系统"已经成功发射了 56 颗北斗导航卫星,可在全球范围内全天候、全天时为各类用户提供高精度、高可靠定位、导航和授时服务,并且具备短报文通信能力,成为联合国卫星导航委员会认定的供应商,完全可以替代美国的 GPS。

3) 机载激光雷达(Light Detection And Ranging, LiDAR)

LiDAR 是近来快速发展的高精度地形、建筑等的测量技术,可以安装在飞机上进行测量。它利用了激光测距技术、惯性测量单元/差分 GPS 技术等可以测量地面物体上大量的点位三维坐标信息,具有自动化程度高、受天气影响小、数据生产周期短、精度高等特点,是 GIS 获取数字地形数据、城市建筑三维模型数据和植被数据等的重要技术方法。激光雷达目前的价格还是比较高的,一般 GIS 应用项目不需要购买配置该装置,可考虑直接购买现成的 LiDAR 数据进行分析应用(图 2-3)。

4) 三维激光扫描仪(3D Laser Scanner)

三维激光扫描仪是利用激光扫描技术,在一定的扫描距离范围内,对地面的建筑、树木等各种三维物体进行激光扫描,从而获得大量地物表面三维点云数据的设备。利用这种设备可以高速有效地建立地面各种要素的三维模型,是当前进行测量的一个重要技术方法(图 2-4)。

图 2-4　3D 激光扫描仪及生成的建筑 3D 模型

5)多波束测深系统(Multi-beam Bathymetry System)

该装置是安装在船舶上,对水下地形进行带状扫测的测量系统,由 GPS 系统、水声声呐系统及数字化传感器等组成。其工作原理是通过 GPS 获得测量船的实时空间位置信息,通过电罗经系统获得测量船的实时姿态信息,通过水声声呐系统发射声呐波束,以及接收水底反射的波束,获得实时的水下带状地形数据,并通过计算机系统处理生成三维水下地形模型(图 2-5)。

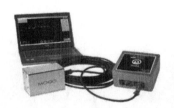

图 2-5　多波束测深仪及扫描生成的水下地形

6)遥感(Remote Sensing)设备

遥感是在摄影测量的基础上发展起来的以人造卫星为主要搭载平台的对地观测技术,可以使用多种传感器(比如照相机、雷达等)在不同的电磁波波段上(可见光波段、红外波段、微波波段等)对地球表面进行拍摄测量,获得影像数据,进而获得地形、地面物体的种类、质量和数量等信息。

(a) 美国QuickBird卫星　　　(b) QuickBird影像

(c) 中国高分二号卫星　　　(d) 高分二号影像

图 2-6　遥感卫星和亚米级高分辨率影像

在地学中使用较多的遥感影像数据有美国传统的陆地卫星 Landsat 的 TM、ETM+数据；高分辨率的 IKONOS、QuickBird 等数据；NOAA 卫星数据、MODIS 数据、加拿大 RadarSat 数据、法国 SPOT 卫星数据、我国台湾的中华卫星 2 号数据、我国大陆的中巴地球资源卫星 01～04 星数据、气象卫星数据和高分遥感卫星数据等。遥感影像经过数字图像处理和判读等工作，可以形成 GIS 所需的空间数据，从而成为 GIS 的重要数据来源。GIS 软件通常也包含可以处理遥感数据的数字图像处理功能（图 2-6）。

7）数码摄影照相机（Digital Camera）

在地面上进行近景摄影测量或者空中无人机摄影测量都可以使用数码摄影照相机，目前的**数码单镜头反光照相机**（Digital Single Lens Reflex Camera，DSLR，简称单反）配上变形控制较好的专业镜头以及固定相机用的三脚架、增强现场光照条件的闪光灯以及测量用无人机等设备就可以胜任这一工作。对拍摄的数码相片利用相应的摄影测量软件进行处理，就可以计算出拍摄物体的空间坐标，建立起数字模型。

目前常用的 DSLR 有日本的尼康（Nikon）、佳能（Canon）、宾得（Pentax）、奥林巴斯（Olympus）、索尼（Sony）和松下（Panasonic）以及德国的莱卡（Leica）和蔡斯（Zeiss）等品牌，如图 2-7 所示。这些公司同时生产各种配套的单反相机镜头。

图 2-7　可用作摄影测量的 DSLR、镜头、三脚架和闪光灯

上述的测量设备大都是在野外进行直接测量的，而室内的间接输入设备还包括以下的一些。

8）数字化仪（Digitizer）

数字化仪是间接输入 GIS 坐标数据的主要工具之一，它可以把纸质地图上的图形坐标转换成数字的形式，输入计算机中。纸质地图通常叫做模拟地图，因为在地图上一般是使用各种地图符号和文字注记来模拟表达实际的地理要素，比如用线条形式的等高线表示地形等。GIS 中存储的是地图上这些地图符号的坐标数据，是数字形式的，所以也叫做数字地图。把纸质地图上的模拟符号转换成 GIS 中的数字信息，就叫做数字化，是模/数转换的一种形式。数字化使用的仪器设备就叫做数字化仪。

GIS 中使用的数字化仪通常有一块电磁感应板，立在落地的支架上，如图 2-8 所示。板可以调节倾斜的角度，板上电缆连接一个类似鼠标的游标器，游标器上一般有十来个按钮组成的小键盘，还有一个用来对准目标的十字丝。

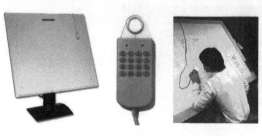

图 2-8　数字化仪、游标器和地图数字化

数字化的时候，先把要数字化的地图贴在板上固定好，再把数字化仪用数据线连接到计算机的接口上，计算机需要安装好数字化仪的驱动程序。在计算机上运行相应的

GIS 软件,使用其中的数字化功能,即可和数字化仪建立数据通信。使用配准功能建立起数字化仪坐标系和地图坐标系之间的转换方程,这一过程一般运用仿射变换的原理,仿射变换将在后续章节介绍。最后就可以用手拿着游标器,把游标器的十字丝对准地图上想要数字化的位置按下相应的按钮,坐标数据就可以传送到计算机中,由 GIS 软件进行存储。因为是用手扶持着游标器进行数字化,所以数字化仪又称为图形手扶跟踪数字化仪。

选配数字化仪的时候,主要看其幅面的大小,由于是用于地图的数字化,所以尽量选择 A0 幅面的大型数字化仪。所谓 A0 幅面,是国际上定义纸张大小的一种标准,A0 对应着宽度和长度分别为 841 mm×1 189 mm。以下列出了常见的幅面的大小尺寸(表 2-2)。

表 2-2　数字化仪幅面

幅面	大小(宽×长,单位 mm)
A0	841×1 189
A1	594×841
A2	420×594
A3	297×420
A4	210×297

图 2-9　工程扫描仪

这种大型的数字化仪精度很高,但价格昂贵。因为数字化的时候劳动强度大,需要具备一定的体力,劳动效率又往往比较低,且容易产生数字化的错误,比如遗漏、偏差等。所以,随着其他数字化技术的不断创新,在 GIS 项目中数字化仪的使用正在逐渐被扫描和屏幕数字化方式所替代。

9) 工程扫描仪(Scanner)

工程扫描仪的一个用途就是替代数字化仪进行数字化,如图 2-9 所示。一般工程扫描仪的扫描幅面都比较大,可以扫描一张 A0 幅面的地图,形成高分辨率的彩色数字图像。工程扫描仪的设备参数主要是幅面、空间分辨率和扫描速度的高低,可以根据具体的 GIS 应用需求来确定要配置和使用什么规格的扫描仪。

2.1.2　处理设备

GIS 的处理设备主要是指各种计算机设备。常规的计算机硬件系统包括主板、CPU、内存、硬盘、声卡、网卡、显卡、光驱、显示器、键盘、鼠标等。其中,对于 GIS 而言,显卡的作用尤其重要。

图 2-10　主板　　　　　图 2-11　CPU　　　　　图 2-12　内存条

1) 主板(Motherboard)

主板是电脑中各部件工作的平台,它把电脑的各个部件紧密连接在一起,各个部件通过主板进行数据传输。也就是说,电脑中重要的数据传输线路和设备接口都在主板上,它工作的稳定性影响着整机工作的稳定性。如图 2-10 所示。

2) CPU(Central Processing Unit)

CPU 即中央处理器,是计算机的运算和控制核心。其功能主要是解释计算机指令以及处理程序中的数据。CPU 由运算器、控制器、寄存器、高速缓存及实现它们之间联系的总线构成。作为整个系统的核心,CPU 是最重要的执行单元,因此用户常以它为标准来判断电脑的档次。历史上各时期的代表性电脑也是以 CPU 来分代的,比如第一代的 Intel 8086、后来的奔腾(Pentium)、当前的酷睿(Core)等。用在个人电脑里的 CPU 主要是 Intel 和 AMD 两家公司生产的产品,此外还有用在移动设备(智能手机和平板电脑)上的一些芯片。近年来国产以龙芯为代表的一系列 CPU 已经可以部分替代国外同类产品。如图 2-11 所示。

3) 内存(Memory)

内存属于电子式存储设备,它由电路板和芯片组成,特点是体积小,速度快,有电可存,无电清空,即电脑在开机状态时内存中可存储数据,关机后将自动清空其中的所有数据。GIS 要求计算机的内存足够大,以方便大量的地理空间数据的处理。计算机内可以使用的内存的多少还和操作系统有关,32 位的操作系统内存寻址能力在 4GB,而 64 位的操作系统则达到 16TB。如图 2-12 所示。

4) 硬盘(Hard Disk)

硬盘属于外部存储器,由金属磁片制成,而磁片有记忆功能,所以存储到磁片上的数据,不论在开机还是关机情况下都不会丢失。目前常见的硬盘容量已经很大,大多已达 TB 级,尺寸有 3.5 英寸(常常用在台式机里)、2.5 英寸(常常用在笔记本电脑里)等,接口有 IDE、SATA 、SCSI 等,SATA 目前最普遍。硬盘通常还有移动硬盘、**固态硬盘**(Solid State Disk,SSD)等特殊的硬盘,随着固态硬盘容量的增加,目前使用越来越普遍。如图 2-13 所示。

图 2-13 硬盘   图 2-14 声卡   图 2-15 网卡

5) 声卡(Audio Card)

声卡是组成多媒体电脑必不可少的一个硬件设备,其作用是当发出播放音频数据的命令后,声卡将电脑中的声音数字信号转换成模拟信号,并送到耳机、扬声器或音箱上发出声音。目前,很多声卡芯片被集成在主板上。如图 2-14 所示。

6) 网卡(Network Card)

网卡是工作在数据链路层的网路组件,是局域网中连接计算机和传输介质的接口。网卡的作用是充当电脑与网线之间的桥梁,它是用来建立局域网并连接到 Internet 的重要设备之一。网卡通常可以分为有线网卡和无线网卡等。如图 2-15 所示。

7) 显卡或图形卡(Graphic Card)

显卡在工作时与显示器配合输出图形、文字。其原理是将计算机系统所需的显示信息进行转换驱动,并向显示器提供行扫描信号,控制显示器的正确显示,是连接显示器和个人电脑主板的重要元件,是"人机对话"的重要设备之一。如图 2-16 所示。

显卡对于 GIS 的一个重要作用是提供二维图形和三维图形渲染的底层功能,特别是对于要在计算机屏幕上显示大量复杂的二维地图和三维模型的 GIS 软件而言,显卡的作用尤其显著。现在一些 CPU 经常在其中集成了显卡的功能,但最好使用单独配置的独立显卡来完成高效的 GIS 图形绘制工作。

图 2-16　显卡

图 2-17　台式机光驱

图 2-18　笔记本光驱

8) 光盘驱动器(CD-ROM Disk Drive)

光盘驱动器简称光驱,是电脑用来读写光盘内容的机器,也是台式机和笔记本便携式电脑里比较常见的一个配件。随着多媒体的应用越来越广泛,光驱在计算机诸多配件中已经成为标准配置。目前,光驱可分为 CD-ROM 驱动器、DVD 光驱(DVD-ROM)、**蓝光**(Blu-ray)和刻录机等。对于大数据量的 GIS 而言,使用存储容量在 25 GB、50 GB 甚至 100 GB 的蓝光光盘的光驱可能是比较有前途的一种选择。如图 2-17、2-18 所示。

9) 显示器(Monitor)

显示器的作用是把 GIS 处理的结果显示出来,它是一个输出设备。显示器类型通常有阴极射线管(CRT)、液晶(LCD)和有机发光二极管(OLED)等。目前以发光二极管(LED)作为背光源的液晶显示器是主流的产品,CRT 显示器已经基本不再使用了,而 OLED 是进一步普及的方向。

显示器和计算机显卡之间的主要常见接口有 VGA、DVI(Digital Visual Interface,数字视频接口)、HDMI(High-definition Digital Multimedia Interface,高清晰数字多媒体接口)和 DisplayPort 等类。目前,移动设备还配备了带有触摸功能的显示屏,用户可以用手直接在屏幕上操作设备。如图 2-19～2-21 所示。

图 2-19　CRT 显示器

图 2-20　LCD 液晶显示器和 OLED 显示器

图 2-21　显示器的接口类型

10）键盘(Keyboard)

键盘是计算机上传统的输入设备，用于把文字、数字等输入到电脑内。常规的键盘为104键或105键(图2-22)，也有去掉右侧数字小键盘的用于笔记本电脑的83键键盘。英文字母等的排列顺序和过去老式的打字机相似。键盘还可以分为机械键盘和薄膜键盘等。追求打字手感的用户往往喜欢价格较高的机械键盘，机械键盘的发烧友又会把机械键盘分为青键、红键、黑键等。GIS软件使用的过程中还是离不开键盘，属性数据表格内容的输入以及用户界面上空间分析处理等参数信息的输入等都需要通过键盘来完成。

图2-22　104键盘　　　　　　　　　图2-23　鼠标

11）鼠标(Mouse)

鼠标是人机交互的另一个重要设备，当人们移动鼠标时，电脑屏幕上就会有一个光标（一般是箭头指针形状）跟着移动，并可以很准确移动到想指的位置，快速地在屏幕上定位，它是人们使用电脑不可缺少的部件之一。常见的鼠标具有2个左右按键，以及中间一个滚轮，当按下滚轮的时候还可以当作按下了中键(图2-23)。鼠标接口最早是RS232接口，现在已经不用了，现在主要是PS/2、USB以及无线（红外、蓝牙、激光）等。

GIS中鼠标的作用很大，尤其是在处理图形数据的时候，可以用鼠标在屏幕上采集坐标点位进行空间数据输入，可以用鼠标按键点击拾取空间要素进行形状和位置的图形编辑，还可以通过鼠标滚轮的前后滚动来实现窗口中图形的放大和缩小等操作。为了提高图形输入的精度，选择GIS使用的鼠标最好是分辨率比较高的，能在1000DPI以上最好。

此外，近年来出现了基于显卡技术进行高性能计算的处理器，以NVIDIA的TESLA系列和AMD的FireStream系列为代表(图2-24、图2-25)。这些基于显卡的处理器通常已经不再用于显示目的，而是通过提供大量的并行处理单元来实现极高性能的计算，称为GPU计算，好似PC发展早期用来加速浮点运算的协处理器（如8087）的转世再生。

相应用于GPU计算的软件可以采用CUDA、OpenCL和DirectCompute等。这些高性能计算能力在GIS的栅格运算和遥感数字图像处理中可以极大地提高算法的执行效率，使得以前很多极其耗时的运算现在可以实时进行。

图2-24　NVIDIA TESLA　　　　　　图2-25　AMD FireStream

一般情况下，按照上述这些计算机设备的不同配置，计算机设备的整机可以分类为个人计算机、工作站计算机、网络服务器等,它们具有各自不同的用途。

12) 个人计算机(Personal Computer, PC)

个人计算机又叫做个人电脑,其特点主要是方便个人使用,不需要共享其他计算机的处理、磁盘和打印机等资源就可以独立工作。个人电脑在 20 世纪 70 年代初就由乔布斯所在的苹果公司制造出来,那时的 Apple Ⅱ 计算机可以算是最早供个人使用的电脑,在教育界享有盛誉,几乎所有的大中小学都可见其身影。但 PC 的概念主要是由 IBM 公司在 1981 年推出 IBM PC(图 2-26)以后才得到普及的,后来市场上产生了很多兼容于 IBM PC 的个人电脑。比尔·盖茨就是因为当年为 IBM PC 提供 DOS(磁盘操作系统)软件而将微软(Microsoft)公司发展壮大的。

通过几十年的发展,现在个人电脑已经形成了从台式机(或称台式计算机)、笔记本电脑到上网本和平板电脑以及超极本等一系列的产品。**台式机**(Desktop)也叫桌面机,是个人电脑的传统形式,主要部件有主机、显示器、键盘、鼠标等设备,这些设备一般都是相对独立的,需要放置在电脑桌或者专门的工作台上,因此命名为台式机。台式机的性能一般比笔记本电脑要强一些。

图 2-26　IBM PC　　　图 2-27　笔记本电脑　　　图 2-28　智能手机

13) 笔记本电脑(Notebook)

笔记本电脑(图 2-27)也称手提电脑或**膝上型**(Laptop)电脑,是一种小型、可携带的个人电脑。它和台式机架构类似,但是提供了台式机无法比拟的便携性。它除了包括较薄的机箱、液晶显示器、键盘外,还提供**触控板**(Touch Pad)或**触控点**(Pointing Stick),以及一些外设的接口。

14) 上网本(Netbook)

上网本就是轻便和低配置的笔记本电脑,具备上网、收发邮件以及**即时信息**(IM)等功能,并可以实现流畅播放流媒体和音乐。上网本比较强调便携性,多用于在出差、旅游甚至公共交通上的移动上网,但随着智能手机(图 2-28)和平板电脑功能的增强,上网本渐渐淡出市场。

15) 掌上电脑(Personal Digital Assistant, PDA)

掌上电脑是一种运行在嵌入式操作系统和内嵌式应用软件之上的,小巧、轻便、易带、实用、价廉的手持式计算设备。它无论在体积、功能和硬件配备方面都比笔记本电脑简单轻便,所以 PDA 通常作为手持的移动数据终端来使用。在掌上电脑基础上加上手机功能,就成了**智能手机**(Smartphone)。智能手机除了具备手机的通话功能外,还具备 PDA 功能,特别是个人信息管理以及基于无线数据通信的浏览器和电子邮件功能。如图 2-29 所示。

图 2-29　掌上电脑

图 2-30　平板电脑

16) 平板电脑(Tablet)

平板电脑是一款无须翻盖、不需要键盘但功能完整的电脑(图 2-30)。其构成组件与笔记本电脑基本相同,但它通常是利用触控笔和人的手指在屏幕上书写或点击软件键盘和屏幕图形控件来进行操作,而不是使用硬件键盘和鼠标输入,移动性和便携性比笔记本电脑更胜一筹。

上述这些不同形式的个人电脑,都可以作为 GIS 的处理设备,并运用到现代地理信息系统的应用之中。特别是带有 GPS、GLONASS 和北斗等定位功能以及其他一些传感器的个人电脑设备,可以在 GIS 应用中发挥出重要的作用。

17) 工作站计算机(Workstation)

工作站计算机通常是指一种专业从事图形、图像(静态或动态)与视频工作的高档专用电脑的总称。从其用途来看,无论是在三维动画、数据可视化处理、虚拟现实乃至 CAD/CAM 和 GIS 领域,都要求计算机具有很强的图形处理能力。由此,才出现了具备高性能的图形处理能力的工作站计算机。

图形工作站的最主要硬件特征是具有专业级别的图形加速卡(即显卡),图形加速卡决定了图形工作站的主要性能。目前主流的专业显卡是 AMD/ATI 公司的 FireGL 系列和 NVIDIA 公司的 Quadro 系列,它们取向各有不同,Quadro 系列最为均衡,线框加速和渲染同样出色,适合 CAD/CAM 用户;FireGL 系列渲染能力超强,但线框加速不足,在虚拟现实的应用中可能更好。

专业显卡的驱动程序完全针对 OpenGL 进行了优化,目前也会支持 Vulkan 这种最新的图形 API。专业显卡会针对各个不同 CAD/CAM 和 GIS 应用程序的特别之处采用专门的解决办法。如在驱动程序里面提供各种主要软件的优化设置选项,为某些软件提供专门的驱动程序(如有些专业显卡附带增值驱动等)。一般而言,专业显卡的价格通常是普通计算机显卡的数倍甚至十数倍之多。

图形工作站除了有高性能的专业显卡以外,通常还需要有 2 枚及以上的专用 CPU 来支持。其一般使用 AMD 公司的 Opteron 系列 CPU 或 Intel 公司的 Xeon 系列 CPU。图形工作站的内存也要尽量大,一般使用 64 位操作系统来支持超过 4GB 的内存使用。

图形工作站一般分为台式或塔式工作站、机架式工作站和移动工作站(图 2-31)。**移动工作站**(Mobile Workstation)是一种面向专业领域用户,兼具工作站和笔记本电脑的特征,具备强大的数据运算与图形、图像处理能力,为满足工程设计、动画制作、科学研究、软件开发、信息服务、模拟仿真等专业领域而设计开发的高性能移动计算机。其硬件配置和整体性能又比高端商用笔记本电脑高一个档次。

台式(塔式)工作站　　　　　机架式工作站　　　　　移动工作站

图 2-31　图形工作站的种类

18) 网络服务器(Network Server)

网络服务器就是一种运行在网络环境下,能为网络中其他的计算机用户统一提供计算、信息发布,以及数据管理等服务功能的专用计算机。一般而言,网络服务器是一种高性能的计算机,能够通过网络对那些连在网上的一般性能的计算机提供特定的服务。相对于普通的个人计算机来说,网络服务器在稳定性、安全性、性能等方面都要求更高,因此它的 CPU、芯片组、内存、磁盘系统、网络等硬件和普通 PC 有所不同。

在应用中,人们根据应用层次或规模档次一般把网络服务器划分为以下几种类型:
① 入门级服务器。这是最低端的网络服务器,主要用于一个办公室内的几台电脑之间进行 Web 浏览、文件共享和打印服务等;② 工作组级服务器。属于低端服务器,适用于规模相对较小的网络,可以为中小企业提供 Web、邮件等服务;③ 部门级服务器。属于中档服务器,适合建立在中型企业的数据中心,提供相应的业务处理和 Web 网站等应用;④ 企业级服务器。属于高端服务器,具有超强的数据处理能力,适合作为大型网络数据库服务器来使用。

换一个角度来看,还可以根据网络服务器的结构来对它进行分类(图 2-32),包括① 台式服务器:也称为塔式服务器,这是最为传统的结构,具有较好的扩展性,普通台式服务器大小和立式的 PC 台式机差不多。② 机架式服务器:样式是扁平的,有点像网络交换机,根据高度有 1 U(1 U＝1.75 英寸)、2 U、4 U 和 6 U 等规格。③ 刀片式服务器:是一种高可用、高密度的低成本服务器平台,是专门为高密度计算机环境设计的,每一块"刀片"实际上就是一块系统主板,可以组织成服务器集群使用。比起机架式服务器,刀片式服务器既可以节省空间,又可以降低能耗。④ 机柜式服务器:多个服务器安装在机柜中,形成复杂的服务器系统。

现在 GIS 所使用的计算机通常都是联网使用的,空间数据也是存储在网络上。网络分为一个企业或单位内部的**局域网**(LAN)和外部的**广域网**(WAN)。在目前的情况下,一般 GIS 的使用大多是在企业内部进行,所以采用了**客户/服务器**(C/S)的形式。组成 LAN 的设备还需要有**集线器**(Hub)、**交换机**(Switch)和**路由器**(Router)。集线器和交换机把企业内部的计算机通过布设的网线连接在一起,而路由器则具备把 LAN 连接到 WAN,实现**因特网**(Internet)的功能。

塔式服务器　　　　　机架式服务器　　　　　刀片式服务器　　　　　机柜式服务器

图 2-32　网络服务器的种类

2.1.3 输出设备

1) 绘图仪(Plotter)

GIS 处理的地理空间数据用地图的形式绘制出来,可以作为研究和应用成果的展示和保存。过去制作地图需要手工绘制,难度极大。而现在通过 GIS 软件中的计算机辅助地图制图功能,运用大幅面的绘图仪设备,就可以绘制出精美的地图产品。目前在 GIS 领域常用的绘图仪和 CAD/CAM 等领域所使用的是相同的喷墨绘图仪。虽然有最新型的激光绘图仪出现,但目前还不是主流产品。GIS 项目通常会配备一台适用的绘图仪,选购的时候可以从如表 2-3 所示的几个方面来考虑。

表 2-3　选购绘图仪要考虑的若干因素

性能参数	说　明
墨盒数量	通常的彩色打印是使用 4 色墨水盒,高级一点的有用 5 色、6 色、8 色、9 色、10 色、11 色,乃至 12 色的墨水盒
最大打印幅面	打印的地图幅面从小到大为:17 英寸(A2+)、24 英寸(A1+)、36 英寸(A0+)、42 英寸(B0)、44 英寸(B0+)、60 英寸、61 英寸、64 英寸、104 英寸
最大打印长度	18 m、45 m、175 m
最高分辨率	2 880×1 440 dpi、2 400×1 200 dpi、1 440×1 440 dpi、1 440×720 dpi
内存	32 GB、8 GB、384 MB、256 MB、128 MB、64 MB

"最高分辨率"是大幅面绘图仪最基本的一个技术指标。分辨率的单位是 dpi(dot per inch),即指在每一个英寸长度上可以喷绘出多少个小墨点,它直接关系到产品输出的文字和线划的质量高低。分辨率一般用水平分辨率和垂直分辨率相乘表示,如一款产品的分辨率表示为 720×1 440 dpi,就表示该产品在一平方英寸区域的表现力为水平 720 个点,垂直 1 440 个点,总共 1 036 800 个点。分辨率越高,数值越大,就意味着产品输出的质量越高。

大幅面绘图仪的绘图任务文件往往较大,为了提高速度,使用内部存储器(简称内存)来存储绘制任务和缓冲数据。对于大幅面绘图来说,内存是非常重要的技术指标,因为如果内存较小的话,当遇到一些较大的绘图文件就有可能产生内存溢出的情况,影响正常运行。此外,喷绘的速度以及是否支持通过网络数据传输来绘制地图,也是要考虑的因素。

2) 激光打印机(Laser Printer)

激光打印机分为黑白和彩色两种,彩色激光打印机目前通常可以做到 A3 幅面的大小,能够打印出高分辨率(1 200×1 200 dpi)的彩色图像。但是彩色硒鼓等耗材的价格比较高。通常可以输出一些幅面不大的地图。

大幅面喷墨绘图仪　　　　　　激光打印机　　　　　　　点阵打印机

图 2-33　大幅面喷墨绘图仪、激光打印机、点阵打印机

3）点阵打印机（Dot-Matrix Printer）

点阵打印机也叫针式打印机或行式打印机，目前在 GIS 领域使用的机会已经很有限了，生活中通常用来打印票据等。但是 20 世纪 70 至 80 年代期间，初期的 GIS 都是使用这种打印机来输出地图的，历史上著名的栅格 GIS 软件 SYMAP 就是利用点阵打印机来输出栅格地图的。那个年代 GIS 领域一般使用 FORTRAN、BASIC 或 C 语言编写制图和 GIS 分析程序，程序的源代码也是通过点阵打印机打印出来进行查找错误的。如图 2-33 所示。

4）投影仪（Projector）

投影仪是在大屏幕上展示 GIS 系统软件界面和分析成果地图的重要输出设备，在数字地球那样的具有虚拟现实效果的 GIS 系统里，更是需要投影仪来达到显示效果。目前市场上可供选择的投影仪种类繁多，用途不一。通常根据用途，把投影仪分为家用投影仪、商务投影仪、教育投影仪和工程投影仪（图 2-34）。选择投影仪时需要考虑的是分辨率、亮度和对比度，亮度要在 3 000 lm 以上，对比度为 500：1 则比较适宜。此外，有时 GIS 还需要支持立体效果的投影仪。

图 2-34　工程投影仪　　　　　图 2-35　3D 显示器和立体眼镜

5）3D 显示器和立体眼镜（3D Monitor and Stereo Glasses）

GIS 目前的发展水平已经进入了三维阶段，3D GIS 和 3D 空间分析的应用越来越普遍，这也符合我们生活的空间是三维的实际情况。3D GIS 中的三维场景如果能用三维立体的形式表现出来，就像现在流行的 3D 电影和 3D 电视一样，将会更加突显出 GIS 的作用。所以，市场上出现了一些 3D 显示器和用来观看 3D 显示器的立体眼镜产品，可以用于 GIS 的应用之中。

3D 显示器是运用视差原理，在屏幕上同时显示 2 幅具有视觉差异的同一物体的左右眼不同的图像，并通过立体眼镜使观察者的左眼只能看到屏幕上的左眼图像，右眼只能看到右眼图像，这样，就在人脑里构建成一幅立体效果的 3D 图像。

3D 显示器的类型通常有偏光式、快门式等。偏光式 3D 显示器使得左右眼不同的图像采用不同方向的偏振光显示，这样，立体眼镜就可以采用偏光眼镜，达到左右眼分别看到不同图像的目的。

快门式 3D 显示器通常通过很高的屏幕刷新频率（120 Hz）显示图像，前一帧显示左眼图像，紧接着的后一帧就显示右眼图像，两图像不停地切换，而立体眼镜则以同样的速度进行开关切换，当显示器显示左图像时，立体眼镜左眼快门打开让左眼看到左图像；下一帧显示器显示右图像时，立体眼镜右眼快门打开让右眼看到右图像。这样就达到了左右图像的物理分离，从而产生立体视觉。如图 2-35 所示。

6）3D 打印机（3D Printer）

3D 打印机是基于累积制造技术，即快速成形技术的一种机器，它以 3D 数字模型文件为基础，运用特殊蜡材、粉末状金属或塑料等可黏合材料，通过打印一层层的黏合材料来制造三维的物体。在 3D GIS 中,可以使用 3D 打印机制造出城市建筑模型和 3D 地形图等。如图 2-36 所示。

图 2-36 3D 打印机和打印出的 3D 地形

2.2 GIS 软件系统

2.2.1 GIS 软件的发展

在 GIS 软件发展的早期,也就是 20 世纪 60 至 70 年代,GIS 还没有发展出统一完整的软件包来供社会各领域普遍使用。那时的 GIS 软件通常都是一些五花八门的程序工具,由从事 GIS 相关研究和教学的人员独立开发,并运用在各自的行业应用中。这些 GIS 软件并没有形成统一的数据和操作规范,使用起来比较混乱复杂,所以当时只有很小一部分的专业人员才会使用,自然也和整个 IT 产业的需求相去甚远。

到了 20 世纪 70 年代末以及 80 年代初,以 ArcInfo 为代表的通用型 GIS 软件走入市场,成为 GIS 发展历程中的划时代事件。人们开始使用基于命令行形式的 GIS 通用软件,如图 2-37 所示,即在计算机上通过键盘逐条输入 ArcInfo 提供的操作指令,调用 ArcInfo 的 GIS 功能,对保存在计算机磁带或磁盘上的地理空间数据进行相应的处理。使用命令行的操作方式缺乏用户友好性,因为人们不得不牢记复杂的指令名称和参数,或查找厚重的用户手册才能实现一些常规的 GIS 操作,由此使得 GIS 软件的普及受到一定程度的影响。但鉴于当时那个年代的计算机技术水平,人们已经不能奢望太多。

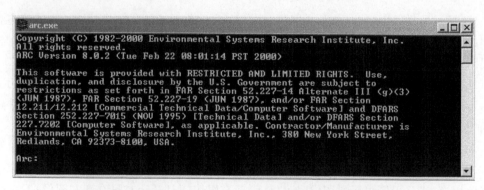

图 2-37 ESRI 的 ARC/INFO workstation 版本的命令行操作方式

20 世纪 80 年代末至 90 年代初,GIS 软件的发展从一个角度印证了计算机领域的技术进步,重要的一个体现就是出现了视窗操作系统下的图形用户界面(GUI),GIS 用户可以借助屏幕上显示的菜单、按钮和对话框等图形界面元素来与 GIS 软件进行交互,如图 2-38 所示。这就比命令行的操作方式简单易用得多。一时间,各种 GIS 相关软件都普遍采用了图形用户界面,MapInfo、GeoMedia、ArcView GIS 等基于图形用户界面的 GIS 纷纷进入市场,从而使得更多的人可以进入到 GIS 的应用领域。

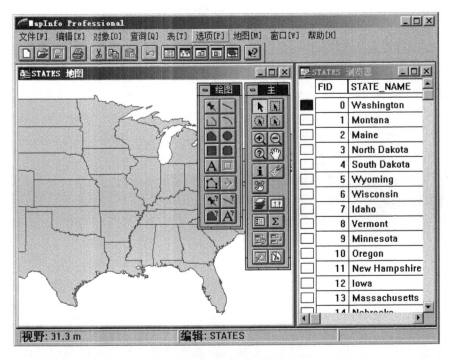

MapInfo Professional 4.0

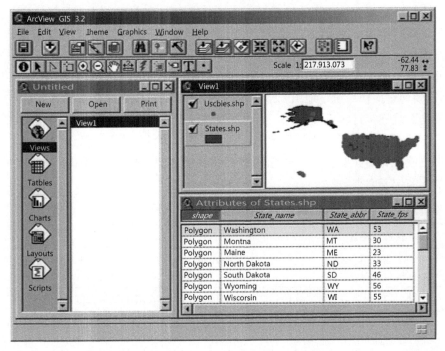

ArcView GIS 3.2

图 2-38   1990 年代初视窗环境下图形用户界面的 GIS 软件

20 世纪 90 年代另一个 GIS 软件上的进步体现在应用程序接口(API)的出现上。GIS

软件提供商都在各自发行的 GIS 通用软件中集成了一种用户可以编程调用的功能接口,这些应用程序接口通常包含了该 GIS 软件所提供的大多数通用处理功能。用户可以自己通过计算机编程语言(例如 C、Basic、甚至 LISP 等)来调用这些 API,建立适用于自己专业范围的 GIS 应用系统,也就是所谓的**定制**(Customize)。比如建立一些所谓**自动制图/设施管理**(Automated Mapping/Facility Management,AM/FM)系统、土地信息系统以及近来出现的**基于位置的服务**(Location-Based Services,LBS)系统等。

现在,因特网应用的全球普及化使得 GIS 软件的发展也进入到这种全新的形式中,即基于 Web Service 的 GIS 实现形式。GIS 软件提供商以及一些相关的机构建立起基于因特网的地理信息网络服务软件系统,GIS 的应用者可以在自己的电脑上通过因特网浏览器查找分布在网上的这些地理空间数据服务和分析服务的系统,并调用其提供的基于网络的 GIS 服务功能(很多是免费的功能),从而实现用户特定的地理应用需求。这是目前最新的 GIS 软件发展阶段。

2.2.2 GIS 支撑软件

GIS 软件的运行依赖于其他一些软件的配合,首先是一些可以称为 GIS 支撑软件的软件系统,包括操作系统软件、数据库系统软件和软件开发工具等,下面做一简要介绍。

1) 操作系统(Operating System,OS)

操作系统是计算机(包括智能移动设备)所必备的基础软件系统,其作用是作为计算机中的其他软件与计算机硬件之间的桥梁。其他软件都要通过操作系统来操作计算机硬件,操作系统负责计算机上的软件和硬件进行协调地工作。没有操作系统,计算机就是一台被称为"裸机"的无法运作的机器。所以计算机开机的时候,首先都是运行操作系统。

GIS 软件同样需要基于操作系统才能运行,比如需要通过操作系统连接输入设备(GPS、扫描仪等)把地理空间数据传入计算机,需要使用操作系统在存储器(硬盘、光盘)上存储这些地理空间数据,需要使用操作系统从存储器中读入地理空间数据到内存中进行分析计算,需要通过操作系统把地图图形显示在计算机的监视器(计算机屏幕、投影仪)上,需要通过操作系统连接打印机、绘图仪,把地图数据输出到纸张上,或者通过操作系统连接印刷设备进行地图的制印等。操作系统软件是 GIS 软件和各种软硬件系统之间的接口。

操作系统分为桌面型的个人使用的操作系统、服务器上使用的操作系统以及嵌入式设备上的操作系统三大类(表 2-4)。

表 2-4　GIS 可以使用的操作系统

分类	代表型系统	产品名称和版本
桌面型	Windows 系列 (按时间顺序)	Windows 3.1, Windows 98, Windows Me, Windows XP, Windows Vista, Windows 7, Windows 8, Windows 10, Windows 11
	UNIX 和类 UNIX	Mac OS X, Linux(Ubuntu, Debian, Fedora),国产的统信 UOS
服务器型	Windows 系列 (按时间顺序)	Windows NT Server, Windows Server 2003, Windows Server 2008, Windows Server 2012, Windows Server 2016, Windows Server 2019
	UNIX 和类 UNIX	Sun Solaris, FreeBSD, Red Hat Linux, CentOS
嵌入式	Windows 系列	Windows CE, Windows Mobile, Windows Phone
	UNIX 和类 UNIX	Android, iOS, Symbian

桌面型操作系统主要用在个人电脑上,目前主流的桌面操作系统包括两大系列,一是微软的 Windows 系列,从 1985 年最早出现的 Windows 1.0,直到 2021 年出现的 Windows 11(如图 2-39 所示),有很多种不同的进化版本,目前从市场份额上看是运用最广的桌面操作系统,而近年来国产的统信 UOS、deepin 等操作系统也日益成熟。

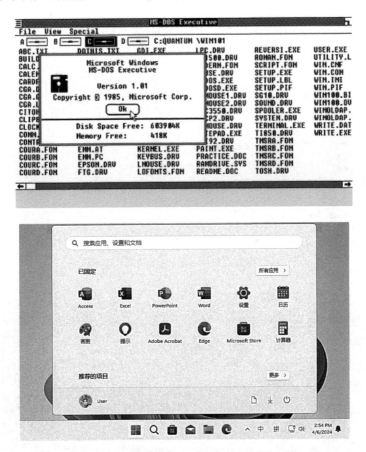

图 2-39   1985 年 Windows 1.0 和 2021 年 Windows 11

第二类是 UNIX 和类 UNIX 操作系统,UNIX 操作系统于 1969 年在美国贝尔实验室被 Ken Thompson 和 Dennis Ritchie 开发出来,同时他们还开发出了著名的 C 语言。UNIX 最早是在大型计算机或工作站上使用的专用操作系统,其衍生出来的产品如 Mac OS X 操作系统被乔布斯应用在了苹果公司的个人电脑上,而各种 Linux 操作系统的发行版本(著名的有 Ubuntu、Debian 和 Fedora 等)被用在了各种个人电脑上。Max OS X 操作系统不兼容其他的个人电脑,只能用在苹果的个人电脑上。各种 Linux 操作系统大多是自由软件,且开放源代码,用户可以免费下载安装,成为很多政府部门、高等院校和科研机构喜欢使用的操作系统(图 2-40)。

服务器操作系统一般指的是安装在作为服务器使用的计算机上的操作系统,这些服务器根据提供的服务的不同,分为 Web 服务器、应用服务器和数据库服务器等。GIS 软件的有些功能也是需要运行在服务器计算机上的,比如**网络地图服务**(Web Map Service,WMS)等,这就需要有作为服务器的计算机和其上运行的服务器操作系统来支撑。常用的服务器操作系统有 UNIX 系列的 Sun Solaris,IBM-AIX 和 FreeBSD 等,更普遍的一种选择是采用 Linux 系列的服务器操作系统,如著名的 Red Hat Enterprise Linux,CentOS 等。此外,也可以使用 Windows 系列的服务器操作系统,如 Windows Server 等(图 2-41)。

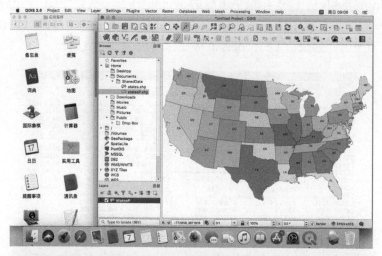

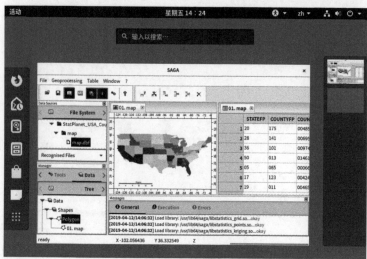

图 2-40　苹果操作系统 Mac OS X 和 Linux 操作系统用户界面

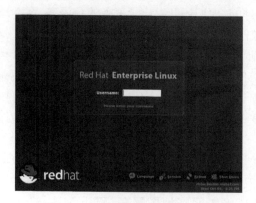 

图 2-41　服务器操作系统 Red Hat Enterprise Linux 和 Windows Server 的用户登录界面

　　嵌入式操作系统是应用在嵌入式系统的操作系统。嵌入式系统广泛应用在生活的各个方面,涵盖范围从便携设备到大型固定设施,如数码摄影相机、手机、平板电脑、家用电器、交通信号设备、航空电子设备和工业控制设备等,嵌入式系统是**物联网**(Internet of Things,IoT)的重要组成部分。在嵌入式领域常用的操作系统有嵌入式 Linux、Windows Embedded 等,以及广泛使用在智能手机或平板电脑等消费电子产品的操作系统,例如,谷歌的 Android、苹果的 iOS 和 Windows Phone 等(图 2-42)。

图 2-42　嵌入式操作系统:谷歌 Android、苹果 iOS 和微软 Windows Phone

　　基于不同种类的操作系统,GIS 软件也需要使用相应的版本。也就是说,如果使用的是 Windows 操作系统,那么 GIS 软件就要使用适合 Windows 的版本;如果操作系统是 Linux,那么 Windows 版本的 GIS 软件是不能在上面运行的,必须换成支持 Linux 的 GIS 软件版本。此外,操作系统目前还有 32 位和 64 位两种版本之分,比如 Windows 8 操作系统就会被分成 32 位的版本和 64 位的版本,32 位的版本可以运行在 32 位和 64 位的计算机硬件上,但 64 位的操作系统则只能运行在 64 位的计算机硬件上。

　　2) 数据库系统(Database System)

　　对于数据量大的且结构相对复杂的 GIS 地理空间数据,其存储和管理仅仅依靠操作系统提供的文件管理功能是远远不够的,通常还需要数据库系统来统一管理。数据库系统通常就是一个可以提供对结构化的数据进行存储和管理的软件系统,它可以使得数据存储的结构独立于具体的软件,各种不同的软件能够使用相同的方式使用数据库中保存的数据。

　　数据库系统软件通常叫做**数据库管理系统**(Database Management System,DBMS),目前个人电脑上常用的一种 DBMS 是微软的 Access(如图 2-43 所示),它作为微软办公软件的一部分和 Word、Excel 以及 PowerPoint 等一同包含在 Office 系列之中。Access 属于桌面型轻量级的个人数据库管理系统,可以在一台电脑上管理数据,包括地理空间数据。ESRI 的个人地理数据库(Personal Geodatabase)就是采用 Access 的文件格式来存储地理空间数据的(如图 2-43,ESRI 的 ArcCatalog 中可以创建 Personal Geodatabase)。

　　20 世纪 80 年代至 90 年代初,个人电脑上的 GIS 通常使用**关系数据库管理系统**(Relational Database Management System,RDBMS)来存储和管理地理空间数据中的属性数据,而空间坐标数据则放在另外的数据文件中保存,最典型的例子就是 ESRI 的 ArcView GIS 使用的 Shapefile 空间数据格式,Shapefile 以 *.shp 文件保存几何数据,以当时个人电脑上最为流行的 dBase III 关系数据库文件格式 *.dbf 保存对应的属性数据。Shapefile 的这种空间数据格式一直到今天仍然是最重要的空间数据格式之一。

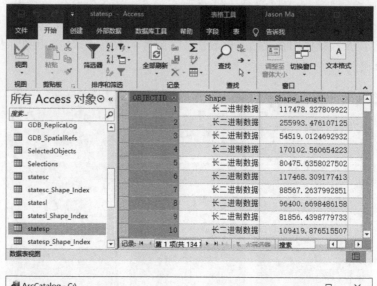

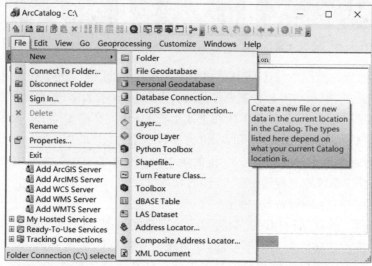

图 2-43　微软 Access 和 ESRI 基于 Access 的 Personal Geodatabase

个人电脑上的数据库系统数据容量毕竟有限,不能支持大数据,也不具有在网络上分布数据的能力。所以,通常还需要有一类大型的数据库管理系统软件运行在数据库服务器上,为多部门的企事业单位提供数据服务。这类软件中比较著名的有微软的 SQL Server,甲骨文公司的 Oracle Database、Sybase、IBM DB2、Informix,以及开源的 PostgreSQL 和 MySQL 等。不过,从 20 世纪 90 年代直至 21 世纪初期,这些大型的商用数据库系统都是不直接支持地理空间数据的存储和管理的。

为了让这些数据库服务器软件能够具有空间数据的存储和查询分析功能,20 世纪 90 年代后期,ESRI 开发了**空间数据库引擎**(Spatial Database Engine,SDE)这样一种服务器上的**中间件**(Middleware),称为 ArcSDE,专门用来为 SQL Server、Oracle 之类的关系数据库管理系统提供空间扩展功能,并且逐步形成了现在的一整套 Geodatabase 地理空间数据库解决方案,目前可以运行在 Windows、UNIX 和 Linux 等多种操作系统的服务器端。不过这种解决方案价格比较高,因为通常还要附带使用 ESRI 的 ArcGIS Server 服务器系统。

幸运的是，目前上述那些大型的数据库管理系统都具有了支持地理空间数据的功能，例如，微软从 SQL Server 2008 版本开始的 Spatial 功能，Oracle 的 Spatial and Graph，PostgreSQL 的 PostGIS，IBM DB2 的 Spatial Extender 等（图 2-44）。这些空间数据的存储和管理功能对于 GIS 应用和开发者而言，简直就是天上掉馅饼的事情。可以想象一下，2000 年世纪之交的时候，没有一家商用数据库系统可以支持空间数据。那时候从事 GIS 应用或研究，常常需要自己编程实现空间数据在数据库中的存储和管理，要不然就得使用 ESRI 的 ArcSDE 和 ArcGIS Server。

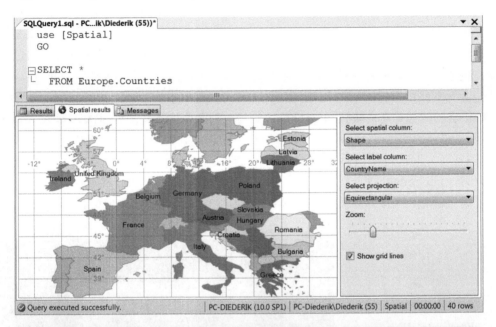

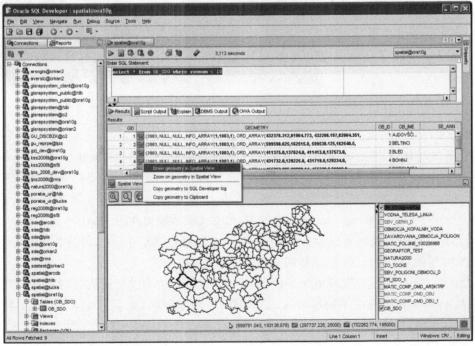

图 2-44　微软 SQL Server Spatial 和 Oracle Spatial and Graph

3) 软件开发工具(Software Development Tools)

GIS 软件开发商提供的软件包不可能适应一切应用需求,总会有一些问题需要 GIS 用户自己解决,也就是在 GIS 的研究和应用中,用户不可避免地要自己动手利用软件开发工具来编程实现自己的特定功能。可以用于开发 GIS 软件的开发工具有很多,作为国际标准的 C,C++和 Java 可谓是最为流行的开发工具。

C 语言的发明人是美国 AT&T 公司贝尔实验室的 Ken Thompson 和 Dennis Ritchie,在 1969 至 1973 年间他们为了开发 UNIX 操作系统,在原来的计算机语言基础上开发了 C 语言,并且以 C 语言编写了 UNIX。1987 年,Brian Kernighan 和 Dennis Ritchie 撰写并出版了第一本 C 语言专著 *The C Programming Language*(如图 2-45 所示)。这本书是最为经典的 C 语言著作,相信很多人都看过它,书中的 C 语言标准被称为"K&R"标准,这个名字来自两个作者姓氏的首字母。1989 年 C 语言成为美国国家标准 ANSI C,1990 年 C 语言成为国际标准化组织(ISO)的国际标准 C90。

C 语言的优势是高性能和可移植性,无论是小到微型计算机(个人电脑),还是大到超级计算机,C 语言的**源代码**(Source Code)几乎可以不加改动就能在各种计算机系统上编译通过并运行。20 世纪 90 年代初,个人电脑上在微软的 DOS 操作系统里最著名的 C 语言**集成开发环境**(Integrated Development Environment,IDE)和编译器就是 Borland 公司的 Turbo C 了(如图 2-46 所示),许多软件的开发都是使用该 C 语言完成的。

图 2-45 《C 程序设计语言》封面　　　　图 2-46　Turbo C 2.0 集成开发环境

随着程序规模和复杂性的逐渐增大,C 语言也渐渐有点力不从心,于是一种新的程序设计思想**面向对象**(Object-Oriented,OO)开始流行起来。1983 年,贝尔实验室的 Bjarne Stroustrup 博士在 C 语言的基础上,设计了一门具有面向对象功能的新语言,命名为 C++,他本人被尊为"C++之父"。1985 年,他出版了一本名为《C++程序设计语言》(*The C++ Programming Language*)的书,该书比较系统地阐述了 C++的各种新特性。1998 年,国际标准化组织 ISO 颁布了第一个 C++国际标准 C++98,目前最新的 C++标准是 2014 年的 C++14 和 2017 年的 C++17。

微软的 C++集成开发环境和编译器 Visual C++几乎成了最流行的 C++开发工具,自从 1993 年起运行在 Windows 3.1 之上的 1.0 版本开始,除了引入面向对象的特性之外,还实现了**所见即所得**(What You See Is What You Get,WYSIWYG)的可视化编程,用户可以通过在屏幕上拖放控件来实现用户界面,这对于 GIS 这种复杂图形界面的软件开发十分有利(图 2-47)。Visual C++发展到今天已经推出十几个版本,目前已经推出了

Visual Studio 2019 了。

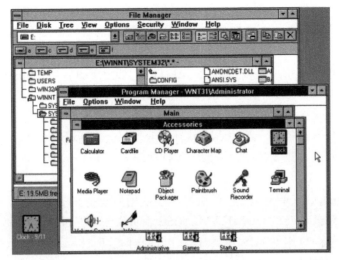

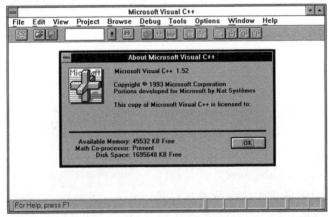

图 2-47　1990 年代初的 Microsoft Windows 3.1 系统下的 Visual C++ 1.52 版

现在的 C++语言完全可以称得上是世界上最复杂的计算机语言，几乎很难有人完全彻底地掌握它的每一个细节。它不但支持 C 语言的过程化程序设计，还支持面向对象程序设计、泛型程序设计等新标准。很多重要的大型软件系统都是采用 C++编写的，包括微软的操作系统 Windows、办公软件 Office 以及 Visual C++编译器与集成开发环境自身，也都是用 Visual C++编写的。此外，使用 Linux 系统的用户可以选择 GCC 的 C++编译器和 Eclipse IDE，它们是免费的。

Eclipse 是使用另一种重要的编程语言 Java 写成的。Java 在这里当然不是指那个中国历史上有名的番邦"爪哇国"，它是由美国著名的生产工作站计算机的太阳微系统公司（Sun Microsystems）开发的软件编程语言。20 世纪 90 年代至 21 世纪初，Sun 公司如日中天甚至可以藐视 IBM 的时候，GIS 所使用的工作站计算机大多是他们的产品。不过现在太阳也有落山的时候，Sun 公司的瞬间衰落和被 Oracle 收购成了"其兴也勃焉，其亡也忽焉"的又一历史诠释。但是他们在 1995 年由 James Gosling 开发的 Java 语言依然风靡全球，成为因特网上重要的开发语言，也成为微软公司的眼中钉。

Java 语言拥有跨平台、面向对象、泛型编程的特性，能广泛应用于企业级 Web 应用开发和移动应用开发。它首先将源代码编译成字节码，然后依赖各种不同平台上的虚拟机来解释执行字节码,从而实现"一次编写,到处运行"的跨平台特性。所以只要各种操作系统平台按照规范实现 Java 的虚拟机,就可以很好地运行 Java 程序。特别是现在在智能移动设备如手机和平板电脑 Android 平台上的应用很多都靠 Java 来实现,这使得 Java 的身价更高。

微软一直觊觎 Java 的网络语言地位,先后推出了 J＋＋、J♯,当然还有最重要的 C♯ 语言来和 Java 争夺江山,微软希望用它的.Net 技术替代 Java 虚拟机。不过 Java 到目前阶段依然是重要的系统开发语言之一。GIS 产品中用 Java 和 C♯ 实现的系统都有一些,尤其以 Java 实现的 WebGIS 比较多。各种 GIS 软件一般也都会包括既支持 Java 也支持.Net 的开发工具,例如 ArcGIS 用来支持用户开发的组件模块 ArcObjects 就同时具有 Java 和.Net 的版本。

此外,要想实现 GIS 的开发,还必须要学会使用数据库的查询语言 SQL 的用法。在 GIS 网络应用越来越普及的今天,HTML、CSS、JavaScript 等语言是开发 WebGIS 的重要工具。当人工智能的应用在 GIS 领域日益红火的时候,Python 等语言也是 GISer(GIS 的从业人员)的必备工具之一。

2.2.3 GIS 基础软件

1) GIS 基础软件的架构

这里所谓的 GIS 基础软件指的是或多或少提供了一些通用 GIS 功能,可以用来实现具体的 GIS 应用的软件系统。这些软件系统都比较大且复杂,所以往往具备不同的软件架构。所谓**软件架构**(Software Architecture),就是指设计用来表达复杂软件的各个组成部分及其相互之间联系的一种模式。从大的方面来看,GIS 软件通常是采用一种**三层架构**(Three-tier),如图 2-48 所示。

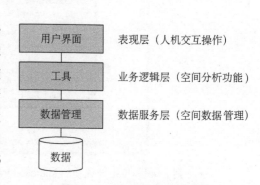

图 2-48 GIS 软件的三层架构

三层架构就是表现层、业务逻辑层和数据服务层,这三层分别实现系统的不同任务。首先,表现层主要是实现用户和系统进行交互的功能,现在一般都表现为运用图形用户界面中的菜单、工具条、按钮等一系列的界面控件来进行交互工作。其次,业务逻辑层主要提供 GIS 处理空间数据的各种功能,形成一个庞大的工具库。最后,数据服务层主要提供直接存取和管理各种空间数据的功能。而数据主要以文件、数据库或 Web 服务等形式提供存储和使用。

2) 代表性 GIS 软件

能开发 GIS 基础软件的企业全球有几百家之多,但从目前市场来看,最大的几家应该是 ESRI、Bentley、Autodesk 和 Intergraph。GIS 历史上曾经一度极其辉煌的 MapInfo 已经被其他公司收购而排名跌出前五位。下面以 ESRI 的 ArcGIS、开源 GRASS GIS、开源 QGIS 为例,对 GIS 软件做简要的介绍。

① GIS 行业标杆 ArcGIS 软件

ESRI 公司是第一章介绍过的哈佛研究生丹哲梦和他夫人 1969 年在美国加州 Redlands 创立的。该公司的 GIS 软件开发理念和营销策略就是走"高大上"路线,它的主打产品 ArcGIS 系列已经成了 GIS 领域的奢侈消费品,深得中国这样的"土豪"GIS 消费者所青睐。以至于中国不管什么规模的企事业单位,一旦要建设 GIS,似乎就非 ArcGIS 不可,因此一下子把丹哲梦捧上了福布斯 400 名富豪的金榜。要知道购买一套 ArcGIS 软件,别的什么事情还没开始做,就花掉了几十万甚至上百万。

  ESRI 最早开发的 GIS 软件是 1981 年发布的 ArcInfo(初期写做 ARC/INFO),是一系列用 FORTRAN 语言编写的可以在小型计算机上用命令行调用的程序。到了 1987 年开发出基于 UNIX 操作系统的 ArcInfo 4,可以和商用的数据库系统如 Oracle、Informix 和 Sybase 连接并存储数据。1991 年发布的 ArcInfo 6 运行在 Sun 的 Solaris 系统上,较好地和 UNIX 的 X-Windows 结合在一起,实现了菜单驱动的图形用户界面。1996 年是 ESRI 重要的分水岭,ArcInfo 7.1 转到基于 Windows NT 操作系统开发。到了 1999 年,里程碑式的事件是 ArcInfo 第八版被重新编写,完全基于微软的那一套**组件对象模型**(Component Object Model,COM)标准,软件改名为 ArcGIS(如图 2-49 所示)。现在看来,投靠微软这一步对 ESRI 来说是很关键的。

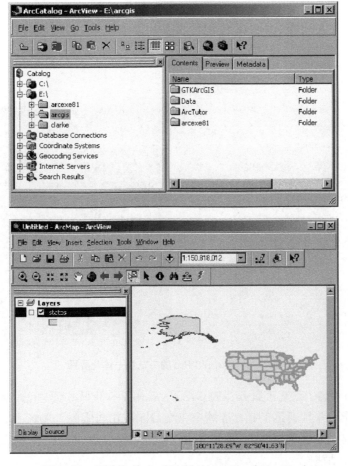

图 2-49 1999 年的 ArcGIS 8(ArcCatalog 和 ArcMap)

  从第 8 版本开始,ESRI 的产品线逐渐丰富起来,软件被改名为 ArcGIS。接下来是 2004 年的 ArcGIS 9 和现在的 ArcGIS 10。目前,ArcGIS 分成了以下多个软件系列:
  ArcGIS for Desktop,传统的桌面版 GIS 软件,按照功能的不同,又分为:ArcMap(以二维地图为操作界面的 GIS 软件)、ArcCatalog(相当于空间数据库管理系统软件)、ArcToolbox(各种GIS 功能的大汇总,组织成树列表的形式供用户选择使用。现在该软件已经不再单列,而是整合到 ArcMap 和 ArcCatalog 等里面)。ArcScene(以局部场景为操作界面的三维 GIS 软件),ArcGlobe(以全球场景为操作界面的三维 GIS 软件,类似于 Google Earth)。

不过让人容易混淆的是桌面版的 ArcGIS 一度又被 ESRI 分为功能严重缩水的 ArcView版本(与历史上的微机版本 ArcView GIS 重名),功能略微删减的 ArcEditor 版本(具有了空间数据编辑功能),以及全功能版本 ArcInfo(这是历史上一直使用的产品名称)。所以,你会看到软件的标题栏上写着"ArcMap-ArcInfo"或"ArcMap-ArcView"这样让你产生困惑的软件名。ArcGIS 10 终于把上述三种版本分别改称为 Basic 版(原 ArcView 版)、Standard 版(原ArcEditor 版)和 Advanced 版(原 ArcInfo 版),总算不至于那么考验大家的智商了。

不过,与 ArcGIS 10 几乎同时出现的是一款新架构的桌面软件 ArcGIS Pro。ArcGISPro 是一个全新的 64 位应用程序(原先的 ArcGIS 是 32 位的),能够调用更多的硬件资源辅助计算。新版本将会跟大数据结合,连接 ArcGIS GeoAnalytics Server 进行分析。全新的 Ribbon 操作界面,工程式的管理,二三维一体化等改变,都给用户带来非常新的体验,如图 2-50 所示。

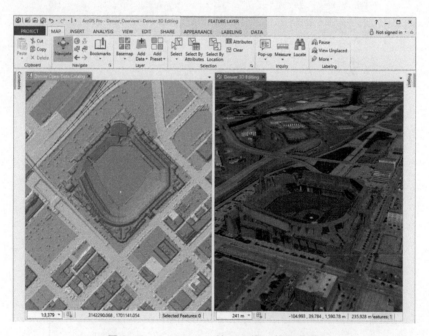

图 2-50　ArcGIS Pro 的二三维一体化界面

ArcGIS Server:一款基于服务器的 GIS 产品,用于构建集中管理的、支持多用户的、具备高级 GIS 功能的并且满足工业标准的企业级 GIS 应用与服务。ArcGIS Server 提供基于Web 的 GIS 服务,以支持在分布式环境下实现地理数据管理、制图、地理处理、空间分析、编辑和其他的 GIS 功能。

此外,ESRI 还有为野外计算提供移动 GIS 工具和应用程序的 ArcGIS Mobile;提供可通过 Web 进行访问在线 GIS 功能,外加 ESRI 合作伙伴发布的可供用户在自己 Web GIS应用程序中使用的地图和数据的 ArcGIS Online;而 ArcGIS Engine 则为使用 C++、.NET或 Java 的 ArcGIS 开发人员提供了软件组件库。

② 开源的先锋 GRASS GIS

GRASS GIS(Geographic Resources Analysis Support System)是一个免费、开放源代码的地理信息系统,GRASS GIS 在 GPL 下发布,可以在多个平台上运行,包括 Mac OS X、Windows 和 Linux(图 2-51)。用户可以通过图形用户界面(内置的基于 X Window 系统的 GUI 或通过 QGIS)使用该软件的功能;也可以通过 shell 的命令行方式直接使用它的模块。当然,GPL 协议要求使用者不能把 GRASS GIS 修改了以后用在不是开放源代码的商用软件领域。

GRASS GIS 的开发可以追溯到 1982 年。美国陆军建筑工程研究实验室(USA-CERL)开始开发 GRASS 以满足美国军方土地管理和环境规划软件的需要。在 1982 年到 1995 年期间,USA-CERL 领导了许多美国联邦政府机构、大学和私营公司进行了 GRASS GIS 的开发。在 1992 年完成了 GRASS 4.1 版本,并在 1995 年之前发布了这个版本的五个更新和补丁。USA-CERL 在 1995 之后正式终止参与 GRASS 项目。贝勒大学的一个团队接管了软件的开发,发布了 GRASS 4.2 版本。1999 年 10 月,从版本 5 开始,GRASS GIS 软件原先的公有领域授权被更换为 GPL。

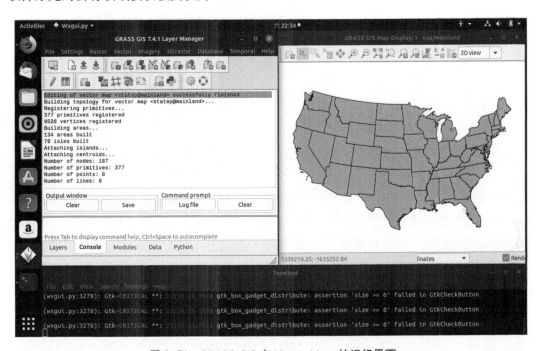

图 2-51   GRASS GIS 在 Ubuntu Linux 的运行界面

当前的 GRASS GIS 版本通过与 GDAL/OGR 库的绑定支持多种栅格和矢量空间数据格式。其中包括 OGC 的简单要素,以实现与其他 GIS 软件的互操作。GRASS GIS 支持拓扑的 2D/3D 矢量数据,属性数据通过.dbf 文件或基于 SQL 的数据库管理系统(如 MySQL、PostgreSQL/PostGIS 和 SQLite 等)来管理。GRASS GIS 支持 2D 和 3D 数据的可视化。

如今 GRASS GIS 被用于全世界许多学术和商业领域,还有许多政府部门,包括美国国家航空航天局(NASA)、美国国家海洋与大气管理局(NOAA)、美国农业部(USDA)等。

③ 开源而易用的 QGIS

ArcGIS 虽然功能齐全又强大,但是价格也不菲。购买一套 ArcGIS 模块,动辄数万到数十万元。对于很多特定的 GIS 应用而言,其应用需求比较单一,并不需要那么全面系统的 GIS 功能。由此可见 ArcGIS 软件的性价比就太低了。这时,使用小型的开源 GIS 系统就具有特别的优势。除了上述的 GRASS 系统,近年来发展迅速的一个开源 GIS 软件系统就是 QGIS。

QGIS 最早出现于 2002 年,原名 Quantum GIS。QGIS 是一个跨平台的开源 GIS 软件,功能和 ArcGIS 相似。QGIS 可以运行在 Microsoft Windows、Mac OS X、Linux(Debian/Ubuntu、Fedora、openSUSE、RHEL 等都有支持)、UNIX(FreeBSD)以及移动设备的 Android 系统上。图 2-52 是运行在 Debian Linux 系统下的 QGIS 图形用户界面。

图 2-52　Debian Linux 系统下的 QGIS

QGIS 之所以具有跨平台的特性,主要得益于其基于 Qt 跨平台库而采用 C++和 Python 进行开发。QGIS 的功能十分强大,也是因为其开源的特性,它集成了多种开源 GIS 库,包括 GEOS(Geometry Engine Open Source)、SQLite、GDAL、PostGIS 和 PostgreSQL。同时,QGIS 也可以作为 GRASS 和 SAGA 的用户界面使用。QGIS 支持使用 Python 和 C++编写的 Plugin,使得其具有很强的功能扩展能力。

QGIS 通过使用 GDAL/OGR 库从而支持读写多达几十种的 GIS 空间数据格式,例如 ENC(Electronic Navigational Chart)格式、ESRI 的 Shapefile 和 Geodatabase 格式、MapInfo 的 Tab 格式、MicroStation 的 DGN 格式、AutoCAD 的 DXF 格式、SpatiaLite 格式、Oracle Spatial 格式、MS SQL Spatial 格式、Well-Known Text(WKT)格式等。

第3章 地理空间数据模型

上一章我们已经比较系统地认识了地理信息系统 5 个组成部分里最为基础的两个部分,即 GIS 的硬件系统和软件系统。本章将主要集中介绍地理信息系统的第三个重要组成部分,即地理信息系统所采集、处理、存储、分析和输出的地理空间数据。这些地理空间数据和一般的信息系统数据相比,具有独特的数据表达模型和组织结构,是整个地理信息系统中各个环节之间重要的桥梁和纽带,同时也是地理信息系统发挥作用的基石。

3.1 模拟地图与数字化空间数据

从历史上看,人类长期以来一直使用地图作为描述地理环境中各种地理要素的主要工具。这种地图常用点状符号来表示诸如山峰、城镇等呈点状分布的地理要素;用线状符号来表示河流、道路等呈线状分布的地理要素;用面状符号来表示湖泊、行政区划等呈面状分布的地理要素。这些点状、线状和面状的地图符号被画在地图上,用来模拟那些点状、线状和面状的地理要素在地面上的位置,这样的地理信息记录和表达方法常常被称为是**模拟地图**(Analog Map)。模拟地图是传统的地理信息记载和表现手段,如图 3-1 所示。

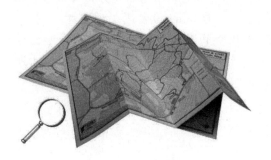

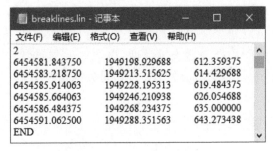

图 3-1 模拟地图

图 3-2 数字化空间数据(坐标)

自从计算机成为信息处理和表达的最重要技术手段后,人们自然就考虑把模拟地图也转换成用计算机来进行数字化的存储和表达,即用数字化空间数据来表达地理要素,称为**数字地图**(Digital Map)。数字化空间数据用空间坐标来表达地理要素的空间分布,例如,点状地理要素用一对地理坐标(经度、纬度)或平面坐标(X, Y)来表示,线状和面状地理要素用一串坐标来表示,如图 3-2 所示。

这一领域最早使用数字化空间数据的是数字化地图制图,其目的是希望用计算机代替手工制图的工艺流程,提高制图的效率和水平。随着地理信息系统技术的不断发展,对如何有效地存储与表达地理数据产生了客观的需求,于是开始研究用数字化的数据表达地理空间要素的技术方法,从而产生了许多数字化空间数据模型和数据结构。

数字化空间数据在 GIS 的文献里面通常称为**地理空间数据**(Geospatial Data),地理空间数据一般都是由两大部分组成,即空间坐标数据和属性数据。空间数据在计算机里面如何表示和存储,分别对应着空间数据模型和空间数据结构的问题。而在探讨空间数据模型和空间数据结构之前,我们还要先看一看空间数据和属性数据在 GIS 中是如何来组织的。

3.2 地理空间数据的组织方式

3.2.1 空间分区

地理空间数据分布在地球表面上,有时候分布的范围比较广,比如全中国的地形数据。对这些数据在 GIS 中如果把它作为一个整体来存储,可能会使用起来不方便,效率也低,所以,通常会把大的空间数据按照某种地理区域进行分割,将分割过的比较小的数据分别进行存储。这种空间数据的组织方式就叫做空间分区。空间分区还有利于分布式的数据存储和管理。

最典型的空间分区就是地形图系列采用的方式。各种比例尺的地形图通常都是采用按经纬度的范围进行分幅,一幅地形图表示一定的经度范围和纬度范围的地形要素。例如,一幅国际统一标准 1∶1 000 000 的地形图表示经度 6 度、纬度 4 度的范围,如图 3-3 所示。此外,还可以按照行政区划进行空间分区,将全国的地形数据按照省区的范围进行分割等。当然,由于数据库技术的发展,GIS 也有能力将应用中所有的空间数据都组织在一起,形成无缝的大型空间数据库。

3.2.2 属性分层

GIS 的空间数据总伴随着属性数据,建立 GIS 通常需要存储多种属性信息。例如,建立一个城市 GIS,需要表达这个城市的地形、道路、河流、土地利用和商业分布等信息。这些众多的信息在 GIS 里面可以采用分层的方式组织,一层(Layer)表达一种属性。例如,可以建立一层等高线数据表达地形,建立一层线状空间数据表达河流,建立一层面状空间数据表达土壤类型,再建立一层点状空间数据表达商业网点分布等,如图 3-4 所示。这就是属性分层的空间数据组织方法。

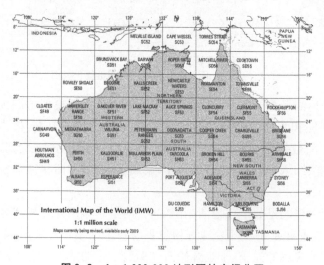

图 3-3 1∶1 000 000 地形图的空间分区

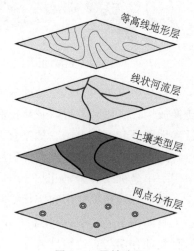

图 3-4 属性分层

3.2.3 时间分段

GIS 中表达的空间数据和属性数据可能会随着时间而变化,这表现在一方面某些空间要素的位置会随时间发生变化,例如地球磁场南北两极的位置就一直处在变化之中。另一方面可能是空间要素的几何形状随着时间而变化,比如城市范围的扩张。此外,属性数据也可能发生时间变化,例如水文站观测的河流水位日变化,气象站观测的气温每小时的变化,以及不同时期城市人口数的变化等。在 GIS 中要给这些变化的空间和属性加上**时间印**(Time Stamp)来按时间分段记录。

3.3 GIS 的空间数据模型概述

GIS 的空间数据模型最终表达的是空间数据在计算机中存储的状态。根据表达的详细程度,形成了各种层次的空间数据模型,如图 3-5 所示。最基本的数据模型有两大类,即**矢量数据模型**(Vector Data Model)和**栅格数据模型**(Raster Data Model),它们对地理空间要素分别采用了抽象和分解的两种方式进行表达。

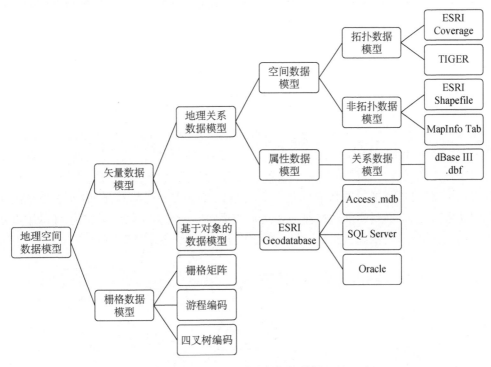

图 3-5 GIS 的空间数据模型

在矢量数据模型里,根据对空间坐标和属性信息的整合方式的不同,分成了两种数据模型,一种是地理关系数据模型,另一种是基于对象的数据模型。地理关系数据模型产生最早,它把空间数据的坐标放在一个文件里,把对应的属性数据放在另一个数据库表的文件里。在保存空间坐标数据的同时,如果还保存了地理空间要素的空间关系数据(即拓扑数据),就叫做**拓扑数据模型**(Topological Data Model)。如果没有保存拓扑数据,只有空间坐标数据,就是**非拓扑**(Non-topological)数据模型。拓扑数据模型以 1980 年 ESRI 公司的 Coverage 数据为典型代表,此外还有美国人口普查局的 TIGER 模型。非拓扑数据模型以 1990 年 MapInfo 的 TAB 数据和 ESRI 的 Shapefile 数据为典型代表。

和空间坐标数据相匹配的属性数据通常在 MapInfo 和 ArcView、ArcGIS 中采用了

dBase III 的 dbf 文件来存储表格。

基于对象的数据模型是 2000 年后流行起来的,主要是将空间坐标数据和属性数据统一放在一起存储,不再像地理关系模型那样分开放在两个不同的系统里。统一的存储形式通常是数据库,其代表是 ESRI 的 Geodatabase 数据库,其他如微软、Oracle、PostgreSQL 也各自开发了基于对象的空间数据模型。

栅格数据模型是另一种认识和表达地理空间要素的方式,通常它把地理空间要素离散成占据空间的整齐划一排列的面积单元(一般是正方形的面积单元),再为每一个面积单元分配一个数来表示这个面积单元里我们所想要表达的空间要素的性质。比如用一个浮点数来表示这个单元的海拔高度(称为高程),也可以用一个整型数来表示该单元的土壤分类类型。这些面积单元就称为栅格。

栅格数据的逻辑表达常常有三种主要形式:一是以矩阵形式存储每一个栅格单元的数值;二是以游程编码形式压缩存储;三是以四叉树形式压缩存储。

3.4　矢量数据模型

地理空间数据模型的任务主要是以一种逻辑方式来表达地理空间的要素,这种逻辑方式和人们观察和理解地理空间要素的观点与方法有关。一种常见的观点是把地理空间要素的位置信息抽象成几何元素的位置坐标,这样一种地理空间数据模型就叫做矢量数据模型。

GIS 中的矢量数据模型就是把呈点状的地理空间要素比如全国的城市等抽象成一个几何意义上没有大小的**点**(Point)元素,用这个点元素的坐标表达其空间位置;把呈线状的地理空间要素比如河流等抽象成只有长度没有面积的几何元素——**折线**(Polyline),线上的坐标点表示线的位置;把呈面状的地理空间要素比如行政区划范围、湖泊等抽象成围绕其边界的几何线元素,其封闭的区域作为**多边形**或**面**(Polygon/Area)。此外还可以用点线面组成三角形的网络,表示起伏的地形;用点线组成拓扑网络表示道路网等。如图 3-6 所示。

图 3-6　矢量数据模型中的点、线、面、三角网、网络

矢量是一个几何学上的概念,是对既有大小又有方向的数量的一种抽象表达。GIS 借用了这一概念,而矢量数据模型就是指用点、线、面及其组合的几何元素来表达地理空间要素的数据模型。其中,可以根据是否显式表达了地理空间要素之间的空间位置关系而分为简单矢量数据和拓扑矢量数据两种。

3.4.1　简单矢量数据

简单矢量数据只是简单地记录了地理空间要素的位置坐标,没有表达各个地理空间要素之间的空间位置关系,是一种非拓扑数据。简单矢量数据可以分别表示点要素、线要素或面(多边形)要素中的一种。每个点要素只记录其位置坐标,通常是一对经纬度数值或平面直角坐标数值(也可包含高程数值);每个线要素和面要素记录一串坐标表示其空间位置。线要素和面要素的区别在于,面要素的一串坐标中第一个和最后一个是完全相同的,即代表同一个点,或者说围绕面要素边界的一串点是首尾相接的,也就是面要素的边界是封闭的,如图3-7所示。

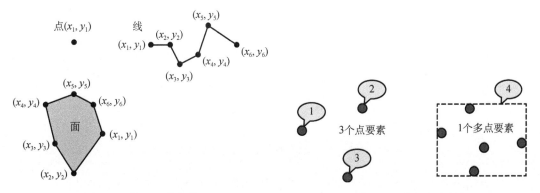

图 3-7　简单矢量数据　　　　　　　　　　图 3-8　点与多点要素

简单矢量数据还可以是点、线、面各自的组合。例如,由多个点组成的要素称为**多点**(Multipoint)要素,可以用来表示位置或某种性质相同的点的集合,例如,长三角城市群、珠三角城市群等,是由多个城市(以点表示)组合在一起的多点要素。点与多点的区别在于,每一个点表示一个对象,而每一个多点则表示多个点组合在一起的一个对象。多点要素在表达含有大量点要素的数据(如 LiDAR 数据)时比较节省存储空间,如图3-8所示。

线要素是由连接一串坐标点的直线段组成的,以这种方式表示的线要素可以方便地进行长度计算,即累加所有相邻坐标点之间的线段长度。线也可以由几个组成部分形成线的组合。如图3-9中的第2条线,就是由2个单独的线组合而成的。这两部分线可以连接在一起,也可以是分开的,还可以是相互交叉的。组合线要素可以用来表达一个水系的所有河流的组合。

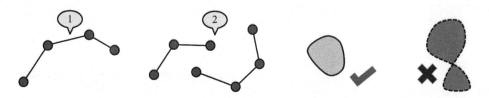

图 3-9　线要素和组合线要素　　　　　　图 3-10　组成面的环及其自相交

面要素是由一串坐标围成的**环**(Ring)来表示的。但是环不能自相交。如图3-10所示,左边的环可以作为一个面要素,而右边自相交的环就不能当作一个面要素了。但与此相反,线要素和组合线要素是可以自相交的。

同样,面要素也可以由几个部分组合而成**多面**(Multipart Polygon)要素,如图3-11所示。编号1代表的是由2个相邻的面组合成的多面要素,例如耶路撒冷由东耶路撒冷和西耶路撒冷两部分组成。编号2代表的是由2个分离的面组合成的多面要素,例如新西兰由南北两个岛组成。一种特殊情况是编号3的多面要素,分别由外环和内环套合而成,例如南非内部还包围了一个小国家莱索托。而另一种特殊情况是组成多面要素的几个环可以相互**交叠**(Overlap),如编号4的多面要素所示,例如两次洪水淹没区有部分区域重叠。

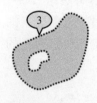

图 3-11　多面要素的种类

面要素这种边界线坐标串表示方式可以方便地计算其面积和几何中心点坐标,设一个面要素具有 $n+1$ 个坐标点,第一个坐标点(x_1,y_1)与最后一个坐标点(x_{n+1},y_{n+1})重合。则计算其面积 A 可以采用下面的公式,x_i 和 y_i 表示面要素边界点 i 的坐标

$$A=\frac{1}{2}\sum_{i=1}^{n-1}(x_iy_{i+1}-x_{i+1}y_i)$$

如果面边界上的坐标点是顺时针方向排列的,则计算出的 A 是负值;如果是逆时针排列的,则 A 是正值。

计算面要素的几何中心坐标(C_x,C_y)可以用下面的公式,其中 A 是面积。

$$C_x=\frac{1}{6A}\sum_{i=1}^{n-1}(x_i+x_{i+1})(x_iy_{i+1}-x_{i+1}y_i),\ C_y=\frac{1}{6A}\sum_{i=1}^{n-1}(y_i+y_{i+1})(x_iy_{i+1}-x_{i+1}y_i)$$

简单矢量数据的典型代表是 ESRI 的 Shapefile 格式的数据,由于其文件结构是开放的,所以目前已经成为实际上的工业标准。一个 Shapefile 数据至少要包括三个文件:一个主文件(*.shp),一个索引文件(*.shx)和一个 dBase III 属性表文件(*.dbf),如图 3-12 所示。

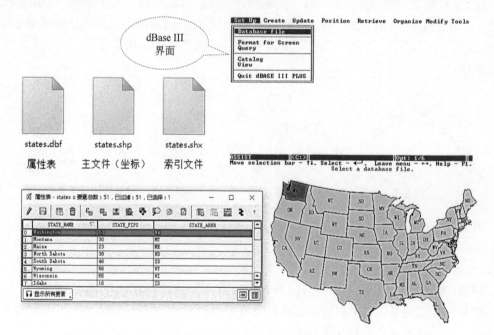

图 3-12　Shapefile 三个基本文件、dBase III 系统界面及其对应的数据显示

主文件是一个直接存取、变长度记录的二进制文件,其中每个记录包含一个要素(点、线或面)的所有顶点坐标。在索引文件中,每条记录包含对应主文件记录距离主文件头开

　　　　　　　　　　　　　　　　　　　　　　地理信息系统基础原理与关键技术

始的字节偏移量。dBase III 是 20 世纪 90 年代初最为流行的桌面个人数据库系统,其二进制文件结构也是公开的,被用来存储属性数据表,包含了主文件中每一个要素的属性记录,主文件中要素记录和 dBase III 文件中属性记录之间的一一对应关系是基于相同的记录 ID 码。在 dBase III 文件中的属性记录必须和主文件中的要素记录顺序是相同的。

对于 Shapefile 的文件结构,可以上网搜索 *ESRI Shapefile White Paper*,如图 3-13 所示。该白皮书详尽描述了 Shapefile 的文件结构。限于篇幅,在此略做介绍。参考完白皮书的内容,就可以通过编写程序来读写 Shapefile 文件。

Shapefile 主文件就是坐标文件(.shp),由固定长度的文件头和紧接着的可变长度坐标数据记录组成。文件头是 100 个字节的说明信息(见图 3-14),主要说明文件的长度、Shape 类型、整个 Shape 数据的空间范围等,这些信息构成了空间数据的元数据。

紧接文件头后面的变长度空间数据记录是由固定长度的记录头和变长度记录内容组成,其记录结构基本类似。记录头的内容包括记录号(Record Number)和坐标记录长度(Content Length)两项,Shapefile 文件中的记录号都从 1 开始,坐标记录长度是按 16 位字(双字节数)来计算的。记录内容包括目标的几何类型(Shape Type)和具体的坐标(x,y),记录内容因要素几何类型的不同,其具体的内容和格式都有所不同。对于具体的记录主要包括空 Shape、点、线和多边形记录等,图 3-15 列举了所有支持的几何类型,并举例多边形记录结构。

Position	Field	Value	Type	Byte Order
Byte 0	File Code	9994	Integer	Big
Byte 4	Unused	0	Integer	Big
Byte 8	Unused	0	Integer	Big
Byte 12	Unused	0	Integer	Big
Byte 16	Unused	0	Integer	Big
Byte 20	Unused	0	Integer	Big
Byte 24	File Length	File Length	Integer	Big
Byte 28	Version	1000	Integer	Little
Byte 32	Shape Type	Shape Type	Integer	Little
Byte 36	Bounding Box	Xmin	Double	Little
Byte 44	Bounding Box	Ymin	Double	Little
Byte 52	Bounding Box	Xmax	Double	Little
Byte 60	Bounding Box	Ymax	Double	Little
Byte 68*	Bounding Box	Zmin	Double	Little
Byte 76*	Bounding Box	Zmax	Double	Little
Byte 84*	Bounding Box	Mmin	Double	Little
Byte 92*	Bounding Box	Mmax	Double	Little

* Unused, with value 0.0, if not Measured or Z type

图 3-13　ESRI Shapefile 白皮书封面　　　图 3-14　Shapefile 主文件头结构

这里的多边形结构支持多面,外环部分的坐标按顺时针方向顺序存储,内环部分的坐标按逆时针方向顺序存储。

大家还应该注意到了图 3-14 中记录内容里有一项叫**字节顺序**(Byte Order),其有两种类型,即 Big 和 Little。前者是**大端字节**(Big Endian)顺序,就是高位字节放在内存的低地址端,低位字节放在内存的高地址端。后者则反之,就是低位字节放在内存的低地址端,高位字节放在内存的高地址端,称为**小端字节**(Little Endian)顺序。不同的硬件系统和不同的数据文件格式,都可能采用不同的字节顺序。大端字节顺序主要用在 Sun 和 Motorola 等芯片上,小端字节顺序主要用在 Intel 等 X86 芯片上。通常 Shapefile 文件内部的字节偏移使用大端序,而坐标数据使用小端序,用户需要根据自己的机器类型进行字节顺序的转换。

Big Endian 和 Little Endian 这两个英文术语来自 Jonathan Swift 的《格利佛游记》,小人国的内战就源于吃鸡蛋时是究竟从大头(Big Endian)敲开还是从小头(Little Endian)敲开的问题,由此发生了六次叛乱,一个皇帝为此送了命,另一个丢了王位。在那个时代,Swift 是讽刺英国和法国之间的持续冲突。后来,一位网络协议的早期开创者 Danny Cohen 第一次使用这两个术语来指代字节顺序,不料这个术语竟然被广泛接纳了。

在 Shapefile 文件里,字节地址偏移采用了大端序,而坐标数据则采用小端序。使用的时候需要全部转换成相同的字节顺序。下面的 C 代码(图 3-15)是用来说明如何在不同的字节顺序之间转换的函数,用的是 4 字节的 32 位整型数作为例子,2 字节的 16 位整型数也可以以此类推。

```c
uint32_t ChangeEndianness(uint32_t value)
{
    uint32_t result = 0;
    result |= (value & 0x000000FF) << 24;
    result |= (value & 0x0000FF00) << 8;
    result |= (value & 0x00FF0000) >> 8;
    result |= (value & 0xFF000000) >> 24;
    return result;
}
```

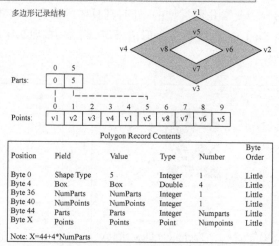

VALUE	SHAPE TYPE
0	Null Shape
1	Point
3	PolyLine
5	Polygon
8	MultiPoint
11	PointZ
13	PolyLineZ
15	PolygonZ
18	MultiPointZ
21	PointM
23	PolyLineM
25	PolygonM
28	MultiPointM
31	MultiPatch

Polygon Record Contents

Position	Field	Value	Type	Number	Byte Order
Byte 0	Shape Type	5	Integer	1	Little
Byte 4	Box	Box	Double	4	Little
Byte 36	NumParts	NumParts	Integer	1	Little
Byte 40	NumPoints	NumPoints	Integer	1	Little
Byte 44	Parts	Parts	Integer	Numparts	Little
Byte X	Points	Points	Point	Numpoints	Little

Note: X=44+4*NumParts

图 3-15　Shapefile 支持的几何类型和其中的多边形记录结构

属性文件(.dbf)用于记录属性信息。它是一个标准的 DBF 文件,也是由头文件和实体信息两部分构成的。其中文件头部分的长度是不定长的,主要对 DBF 文件做一些总体说明,其中最主要的是对这个 DBF 文件的记录项的信息进行了详细地描述,比如每个记录项的名称、数据类型、长度等信息。属性文件的实体信息部分就是一条条属性记录,每条记录都由若干个记录项构成的,因此只要依次循环读取每条记录就可以了。具体内容可上网搜索 DBF file structure 即可。

索引文件(.shx)主要包含主文件的索引信息,文件中每个记录包含对应的主文件记录距离文件头的偏移量。通过索引文件可以很方便地在主文件中定位到指定目标的坐标信息。索引文件也是由文件头和实体信息两部分构成的,其中文件头部分是一个长度固定(100 bytes)的记录段,其内容与主文件的文件头基本一致。实体信息以记录为基本单位,每一条记录包括偏移量(Offset)和记录段长度(Content Length)两个记录项,如图 3-16所示。

Deseription of Index Records

Position	Field	Value	Tyep	Byte Order
Byle 0	Offset	Offset	Integer	Big
Byle 4	Content Length	Content Length	Integer	Big

图 3-16　Shapefile 索引文件的索引记录结构

当然,Shapefile 还有一些其他文件用来存储相关的信息,例如非常重要的一个文件是地图投影文件(＊.prj),它以文本文件的形式保存了空间数据的地理坐标系与投影坐标系的名称及其参数信息。

3.4.2　拓扑矢量数据

和上述简单矢量数据对应的另一种矢量数据结构是**拓扑**(Topology)数据。拓扑和矢量一样,也是出自几何学领域的一个概念,表达的是一种几何性质,即几何体之间不会随着几何形变而变化的空间关系。最早产生的几何拓扑思想要追溯到 18 世纪初期瑞士的数学家欧拉(Leonhard Euler,1707—1783),他在解决著名的哥尼斯堡七桥问题(Seven Bridges of Königsberg)时,发展了**图论**(Graph Theory),为拓扑学打下了基础。当年东普鲁士的哥尼斯堡城现在是俄罗斯的一块飞地——加里宁格勒。

GIS 中的拓扑概念指的是这种矢量空间数据除去记录了地理空间要素的位置坐标信息以外,还要进一步记录表达地理空间要素之间的空间关系的信息。GIS 中典型的拓扑矢量数据是美国人口普查局(United States Census Bureau)的 TIGER/LINE 文件,以及 ESRI 公司的 Coverage 数据和 Geodatabase 数据。

① TIGER/LINE 文件

该空间拓扑数据是美国人口普查局建立的覆盖整个美国及其领土(例如波多黎各等)的地理要素的数字化数据库,TIGER 是 Topologically Integrated Geographic Encoding and Referencing 的简称,即"拓扑集成地理编码和参照"的意思。TIGER/LINE 文件是其中的主要数据。TIGER/LINE 文件定义了街道、河流、铁路及其他要素相互之间的位置和空间关系,还有这些要素与通过人口普查和样本调查得到的制表数据及其空间统计区域之间的关系。但从 2008 年起,美国人口普查局改用 ESRI 的 Shapefile 文件格式存储人口统计的地理分布数据,不再建立空间拓扑,并通过地图网站进行数据发布。

② Coverage 数据

该空间数据结构是 ESRI 公司于 1980 年开发的 GIS 空间数据文件存储形式,属于矢量模型中的**地理关系数据模型**(Geo-relational Data Model)。该数据模型将空间坐标数据存储于一系列的数据文件中(称为 Arc),而属性数据另外存储于关系数据库内(称为 Info),空间要素和对应的属性记录采用标识码(ID)进行逻辑连接,这也就是为什么当时的软件称为 ArcInfo 的原因。Coverage 矢量数据模型如图 3-17 所示。

Coverage 模型在空间数据文件里不仅保存了空间位置坐标,还保存了空间要素间的空间位置关系,即拓扑关系,使得点线面之间形成相互的拓扑结构。

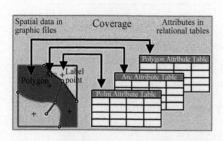

图 3-17　ESRI 的 Coverage 矢量数据模型

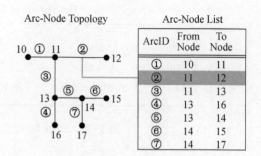

图 3-18　弧-节点拓扑与列表

Coverage 的拓扑结构支持如表 3-1 所示的三个主要拓扑概念：

表 3-1　ESRI ArcInfo 支持的 Coverage 的拓扑关系

连通性(Connectivity)	弧段(Arc)在节点(Node)处彼此相连
面定义(Area Definition)	面(Area)用围绕它相连的弧段(Arc)来定义
邻接性(Contiguity)	弧段(Arc)具有方向以及左右两侧的面(Area)

连通性通过**弧-节点拓扑**(Arc-Node Topology)来定义。在弧-节点拓扑中，弧段由两个端点定义：指示弧段起始位置的**起始节点**(From Node)和指示弧段终止位置的**终止节点**(To Node)。如图 3-18 所示，弧-节点拓扑列表会标识出每条弧段的起始节点和终止节点。相连弧段通过在整个列表中搜索公共节点编号来确定。如可以确定弧段①、②和③都相交，因为它们在共享节点 11 处连通。

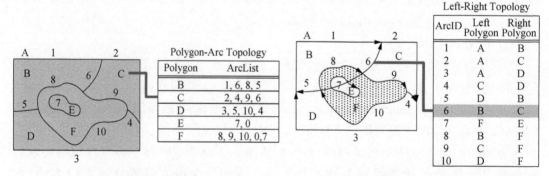

图 3-19　多边形(面)-弧段拓扑与列表　　　　图 3-20　弧段的左右多边形拓扑与列表

面定义是指由一条或多条边界弧段表示一个面要素。相应的**多边形-弧段拓扑**(Polygon-Arc Topology)列表中，分别记录多边形(也就是面)的编码及其组成弧段的编码(Arc List)，如图 3-19 所示，多边形 B 是由弧段 1、6、8 和 5 组成的，而多边形 F 是由外环弧段 8、9、10 和内环弧段 7 组成的，其中的 0 是把外环弧段编码与内环弧段编码分开。

邻接性是指每条弧段都有方向，且作为两个面的公共边界，如图 3-20 所示，列表中的弧 6 以箭头表示其坐标排列的顺序，即弧段的方向。并由此确定了其**左侧多边形**(Left Polygon)是 B，**右侧多边形**(Right Polygon)是 C。

由于面仅是定义其边界的弧段的列表，弧段坐标只被存储一次，因而可减少数据量并确保相邻面的边界不发生重叠。在整个 Coverage 数据中，弧段起着"承上启下"的作用，向上是组成多边形,向下是联系所有的坐标点。由此可以看出**弧段**(Arc)的重要性,这也是软件 ArcInfo 和 ArcGIS 名称中使用 Arc 的原因。

对 Coverage 数据模型在 ArcGIS 中的文件结构在此就不具体深入地分析了,因为随着 ESRI 在 1990 年推出 Shapefile,2000 年以后又推出新的 Geodatabase 数据模型,Coverage 俨然已成明日黄花,使用率已经很低了。而 Geodatabase 数据模型也支持拓扑,不过却是另外一种由用户根据实际情况来自行定义的拓扑关系。Geodatabase 属于**基于对象**(Object-based)的空间数据模型,这部分内容将放在后面章节中和空间查询一起论述。

3.4.3 复杂矢量数据

GIS 中复杂的矢量数据模型是相对于点线面这样的简单模型而言的,用复杂矢量数据表达的空间要素往往是结合了点、线、面等多种要素,而且还表达了点线面之间的空间位置关系。复杂矢量数据一般包含两种类型,一种是不规则三角网 TIN,另一种是网络 Network。

1) TIN

TIN 是**不规则三角网**(Triangulated Irregular Network)的英文首字母缩写。其本质是一种将地理空间分割为不重叠的相连三角形的矢量拓扑数据,是用来表达起伏表面的数据模型。TIN 既可以存储和显示地形数据,如图 3-21 所示,也可以表现其他连续分布的现象。而应用中使用最多的情况是建立小区域高精度的地形模型,以便进行相应的工程建设。

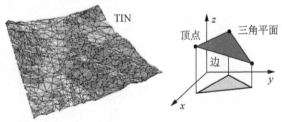

图 3-21 TIN 数据组成及其 3D 显示

TIN 由大量的**三角形**(Triangle)平面组成,每个三角形的三个**顶点**(Node)都是具有 x、y 和 z 坐标值的已知采样数据点。这些顶点通过直线段即**边**(Edge)近相连,构成网状结构。TIN 数据模型是复杂的拓扑数据模型,因为它表达了由顶点、边、三角形面等组成的拓扑信息。

顶点是 TIN 最基本的结构单元。顶点主要是来自点状数据中包含的点,这些点常常是离散的测量点;此外,还可以是折线上的点,通常是等高线、河流、道路、山脊线等这样的线状要素上的点。这些折线上的顶点及其构成的直线段都将用来组成 TIN 中的三角形的顶点和边。TIN 的边通常是通过连接每个顶点与其较近的顶点形成的,每条边有两个顶点,但每个顶点可以连接多条边。

TIN 中每个三角形在空间里都可以形成一个三角平面,平面具有相同的梯度(地形坡度),一般就是用这个三角平面来描述 TIN 局部表面的空间形态。三角形三个顶点的 x、y 和 z 坐标值可用于插值计算三角面上任何一点的 z 数值,并计算出坡度、坡向、表面积和表面长度等数据。将整个三角网作为整体考虑,可以获取地形表面的其他信息,包括体积、表面轮廓和可见性分析等。

TIN 的拓扑信息通常是按如下的结构存储的,即通过保留每个三角形的三个顶点编码以及与可能的三个邻接三角形的编码来定义 TIN 的拓扑结构。边的性质通常也要记录,例如是**硬隔断线**(Hard Break Line)还是**软隔断线**(Soft Break Line)等。对边的性质这里暂时不做讨论,留待后面的章节深入分析。此外,还要记录每个顶点的 x、y、z 坐标。如图 3-22 所示。

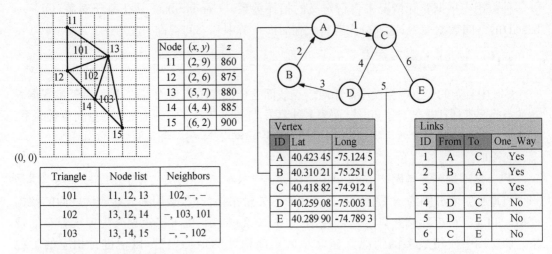

图 3-22　TIN 的数据结构(部分)　　　　图 3-23　Network 拓扑结构

在图 3-22 中有 3 个三角形组成一个简单的 TIN。坐标列表记录了每个顶点的编号、平面坐标 x 和 y,以及高程坐标 z。拓扑结构的列表记录了每个三角形的编号、组成该三角形的三个顶点的编号以及相邻三个三角形的编号。其中,三角形的三个顶点通常以逆时针方向的顺序来排列,这在生成 TIN 的算法中可以实现。相邻三角形的编号顺序是以与其相对的顶点的排列顺序组织的。如果是 TIN 边界上的三角形,没有相邻的三角形则用空值"—"表示。

2) Network

Network 即 GIS 中的网络数据,用来表达现实中呈现网络结构的地理要素,例如道路网络、河流网络和公共设施网络(如电网、供水管网等)。网络结构可以抽象成**顶点**(Vertex 或 Junction)和**边**(Edge 或 Link)组成的拓扑结构,如图 3-23 所示。Network 的数据中通常包含节点**阻抗**(Impedance)和边的阻抗,以及一些单双向等属性信息,这些将在后续相关内容中详细讨论。构建道路网络的作用主要是用来判断网络中从一个地点到另一个地点的最短路径,而构建设施网络的作用主要是为了更好地规划和运行设施网络以达到高效节省的目标。

3.5　栅格数据模型

栅格数据模型是我们以不同于矢量的另一种方式看待地理要素的结果。栅格数据模型将我们需要表达的一块地理空间分割成形状规则的网格,在各个网格内给出相应地理要素的属性值来表示地理要素的数量或质量特征,如图 3-24 所示。如果形象地把矢量数据看作是中国国画的白描图,那么栅格数据就可以看作是西洋油画中的印象派点彩技法的作品。

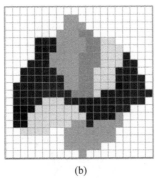

栅格单元	单元内属性值	地理特征
	1	居住区
	2	教学区
	3	实验区
	4	保护区
	5	商业区
	6	娱乐区

(a)　　　　　　　(b)

图 3-24　矢量数据(a)与对应的栅格数据(b)

栅格数据的优点在于其结构简单,在计算机内存中用一个二维的数组就可以存储,在文件中也可以顺序地存放和读取。在计算处理的时候也相对容易,所以栅格数据成为普遍采用的一种空间数据模型。

因此,在 GIS 中,栅格数据可以用来表示多种形式的数据,一是通过矢量栅格化转换形成的矢量数据对应的离散型栅格数据形式;二是遥感或航测的数字图像,常常做成**数字正射影像图**(Digital Orthophoto Map,DOM。美国地质调查局称为 DOQ,Q 是 Quadrangle 的首字母)的形式;三是通过扫描形成的地形图的彩色数字图像,常常叫做**数字栅格图**(Digital Raster Graph,DRG)数据;还有就是表达数字地形的连续型栅格数据即**数字高程模型**(Digital Elevation Model,DEM)。它们之所以都被归纳为栅格数据,主要是因为它们都是由一行行、一列列的单元所组成的。与矢量对应的栅格数据中,单元称为**栅格单元**(Cell);遥感数字图像中单元称为**像素**(Pixel);DEM 中的单元称为**网格**(Grid)。

3.5.1　离散型栅格数据

离散型的栅格数据指的是从矢量数据模型直接转换过来形成的栅格数据。在这样的离散型栅格数据中,原先的一个矢量数据点转变成由一个栅格单元格的位置表示,其属性值通常是一个整型数表示的某种属性代码。原先的一条矢量线由一串有序的相互连接的单元格表示,各个单元格的属性值相同。矢量多边形由相互连接在一起的单元格表示,其内部的单元格属性值相同,但与外部单元格的属性值不同,如图 3-25 所示。

3.5.2　连续型栅格数据

地形表面是一个连续起伏的曲面,这种曲面以及其他连续变化的现象如气温、降水和人口密度分布等,都可以采用连续型栅格数据的形式来表达和存储。和离散型栅格数据的单元格内部数值不同的是,连续型栅格数据的单元格内部存储的通常是浮点型的数值,且相邻的单元格其数值往往不相同。这种连续型栅格数据形式是美国地质调查局以及我国的测绘部门所采用的数字高程模型的表达方式。

这种连续型栅格数据虽然具有结构简单且容易处理的优点,但是却存在随着栅格数据空间分辨率的提高,数据存储量快速增长的问题。所谓栅格数据的空间分辨率,就是栅格单元的大小。栅格单元的大小越小,表达地理要素空间位置的精度就越高,但相应

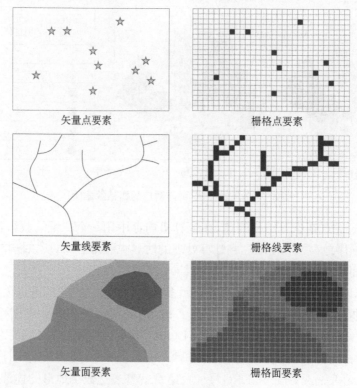

矢量点要素	栅格点要素
矢量线要素	栅格线要素
矢量面要素	栅格面要素

图 3-25　离散型栅格数据

产生的行数和列数也越大。例如,一个区域有 100 km×100 km 的大小,如果采用 1 km×1 km 大小的栅格,则会产生 1 万个栅格单元的数据。如果将空间分辨率提高到 10 倍,采用 100 m×100 m 大小的栅格,则会产生 100 万个栅格单元的数据。如果再进一步将空间分辨率提高到 10 倍,采用 10 m×10 m 大小的网格,则会产生 1 亿个栅格单元的数据。如果采用 1 m×1 m 的高分辨率,则会产生 100 亿个栅格单元的数据。这会造成占据大量计算机存储器的问题。

对于大范围的连续型栅格数据,通常要采用空间分块的方式来组织和存储。同样地,对一个数据量大的栅格数据进行分块,GIS 在对它显示和处理的时候,通常为了加快速度、提高效率,会生成**金字塔**(Pyramid)形式的多层、多分辨率的栅格数据,如图 3-26 所示是 3 层分辨率的栅格数据,左边是最高分辨率的栅格数据,随着比例尺的减小,相邻栅格合并,形成较低分辨率的栅格数据。这种金字塔数据组织方式也适用于大型的遥感影像数据。

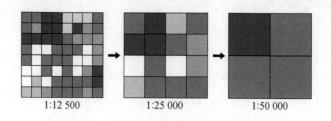

1:12 500	1:25 000	1:50 000

图 3-26　栅格数据金字塔多分辨率结构

用连续型的栅格数据表达数字地形是最常见的技术方法。当栅格单元的数值是海拔高度即高程的时候,这种数字地形数据常常称为数字高程模型(简称 DEM)。DEM 是美国地质调查局(USGS)存储美国数字地形所采用的形式,通常一幅 DEM 数据和美国一幅地形图表达的区域大小相一致,都是 7.5 分经纬度的范围。

栅格数据还可以存储从 DEM 高程派生计算出来的数据,比如地形的坡度、坡向等信息,这样的地形数据就不再叫做数字高程模型,而称为**数字地形模型**(Digital Terrain Model,DTM)。如图 3-27 所示,(a)为 DEM 数据,(b)为由 DEM 计算生成的坡度 DTM 数据。此外,如果把地表上的所有其他地物(如房屋、树木等)的高度一起加到地形之上形成的数据就成为**数字地表模型**(Digital Surface Model,DSM)。使用 LiDAR 对地表扫描获得的第一次回波就可以形成数字地表模型,其中包含了所有地表面上的物体的高度信息。

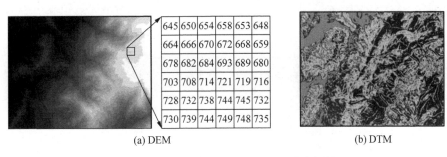

<table>
<tr><td>645</td><td>650</td><td>654</td><td>658</td><td>653</td><td>648</td></tr>
<tr><td>664</td><td>666</td><td>670</td><td>672</td><td>668</td><td>659</td></tr>
<tr><td>678</td><td>682</td><td>684</td><td>693</td><td>689</td><td>680</td></tr>
<tr><td>703</td><td>708</td><td>714</td><td>721</td><td>719</td><td>716</td></tr>
<tr><td>728</td><td>732</td><td>738</td><td>744</td><td>745</td><td>732</td></tr>
<tr><td>730</td><td>739</td><td>744</td><td>749</td><td>748</td><td>735</td></tr>
</table>

(a) DEM　　　　　　　　　　(b) DTM

图 3-27　DEM(高程数据)和 DTM(坡度数据)

3.5.3　数字图像(DRG,DOM)

用栅格数据形式存储数字图像也是常见的技术方法。美国地质调查局将历史上生产的纸质地形图用工程扫描仪进行扫描,制作成栅格形式的彩色数字图像供用户使用。这种通过地图扫描制作的彩色图像叫做数字栅格图(简称 DRG)。目前常用的 DRG 图像是 16 色的,每个像素(栅格单元)用 4 位二进制位表示,如图 3-28 左图所示。

栅格数据还是存储遥感影像的主要方式,在 GIS 中使用最多的就是数字正射影像图(简称 DOM),美国地质调查局把航空相片经过纠正,生成正射影像图,该影像图上地形的起伏和相机造成的地物移位已经被消除掉,且影像的分幅对应于地形图分幅,这样的 DOM 称为 DOQ(Digital Orthophoto Quadrangle)。在 DOQ 上既保持了遥感影像丰富的光谱信息,同时又具有地形图的几何精度,可以直接在 DOQ 上进行距离、角度和面积等的测量。DOQ 如图 3-28 右图所示。遥感影像在 GIS 领域常见的影像文件是 GeoTIFF 格式,该格式的影像文件记录了影像像元及其在地理空间坐标系中的位置信息。

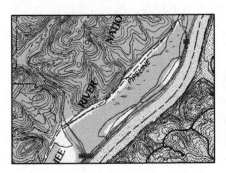

图 3-28　USGS 的 DRG 数据(左)和 DOQ 数据(右)

3.5.4 栅格数据结构

栅格数据结构主要用来实现栅格数据在计算机内部的存储方式。GIS 中常用的栅格数据结构有三种，分别是矩阵结构、游程编码结构和四叉树结构。

1) 栅格矩阵结构

栅格矩阵结构是最直接的存储结构，通常就是把栅格单元的数值按照二维数组的方式存储。如图 3-29 所示，栅格数据的坐标原点设定在左上角，需要记录下该原点的空间坐标作为栅格数据的**元数据**(Meta Data)。此外，栅格数据的元数据还要包括每个栅格单元的大小、数值的类型(浮点型还是整型)、**空值**(NoData)的数值等。栅格的数值就可以直接按照行列来记录。

1	1	1	1	1	2	2	2
1	1	1	1	2	2	2	2
1	1	1	3	3	3	2	2
1	1	3	3	3	3	3	2
1	3	3	3	4	4	4	4
5	5	3	3	4	4	4	4
5	5	5	5	5	4	4	4
5	5	5	5	5	5	4	4

栅格矩阵结构存储：

第一行：1, 1, 1, 1, 1, 2, 2, 2

第二行：1, 1, 1, 1, 2, 2, 2, 2

第三行：1, 1, 1, 3, 3, 3, 2, 2

第四行：…

⋮

图 3-29　栅格矩阵结构存储

GIS 领域有很多种运用栅格矩阵结构存储栅格数据的文件格式，例如 ESRI 的 GRID 格式。在以矩阵形式存储栅格数据的时候，如果栅格数据行和列的数目很大，全部数据放在一个矩阵里就会造成单个文件数据量太庞大的问题。所以通常会把行列数比较大的栅格在空间上分割成若干块，使得每一块中的行列数都不超过某一个设定好的数值，这样单个栅格数据块的大小就不会太大而难以处理了。

栅格矩阵结构在存储遥感影像数据的时候，由于遥感影像通常由多个波段的数据构成，所以，对于各个波段栅格形式的遥感影像数据的存储，又可以分成 3 个具体的存储顺序，即 BIL、BIP 和 BSQ。

① BIL(Band Interleaved by Line)

BIL 是波段按行交叉格式存储，BIL 数据针对影像的每一行按波段存储像素信息。例如，有一个三波段影像，所有这三个波段的数据将按波段顺序被首先写入第 1 行，然后是三波段数据的第 2 行，以此类推，直至达到影像的总行数。图 3-30 显示了一个三波段数据集的 BIL 数据。

② BIP(Band Interleaved by Pixel)

BIP 是波段按像元交叉格式存储，BIP 与 BIL 数据类似，不同之处在于每个像素的数据是按波段顺序写入。以同一个三波段影像为例，波段 1、2 和 3 中第一个像素的数据将写入第 1 列中，然后是第 2 列，以此类推，如图 3-31 所示。

③ BSQ(Band SeQuential)

BSQ 是按波段顺序格式存储，BSQ 格式按每次一个波段的方式存储影像数据。如图 3-32 所示，首先存储波段 1 中所有像素的数据，然后是波段 2 中所有像素的数据，以此类推。

2) 栅格游程编码结构

栅格**游程编码**(Run-length Encoding)是矩阵编码数据的压缩存储形式。当使用栅格数据的时候,显而易见在整型栅格矩阵中有较多的数据重复,或者称为数据冗余。例如图 3-29 中,第一行有 5 个栅格都是数值 1,也就是说属性值 1 被重复存储了 4 次。游程编码方法的提出,就是为了去除这些数据的冗余,使得存储相同的栅格数据比矩阵形式使用较少的存储空间。

图 3-30　BIL 存储格式

图 3-31　BIP 存储格式

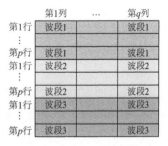

图 3-32　BSQ 存储格式

游程编码通常是按行来组织的。在一行栅格数据里,使用一个(属性值+游程)二元组来表达相邻相同属性值栅格单元在一行中所占据的区域。所谓**游程**(Run-length),有时也被翻译成行程,指栅格数据的一行之中,位置相邻且具有相同属性数值的栅格的个数。

游程编码结构的建立方法是:将栅格矩阵的一行数据序列 $X_1 X_2 \cdots X_n$,映射为相应的二元组序列(A_i, P_i),$i=1, \cdots, K$,且$K \leqslant n$。其中,A_i 为属性值,P_i 为游程,i 为游程序号。例如,将图 3-29 的栅格矩阵结构转换为游程编程结构,如图 3-33 所示。

栅格矩阵	栅格游程编码结构存储:	栅格游程编码行索引
1 1 1 1 1 2 2 2	第一行:(1, 5),(2, 3)	第一行:0
1 1 1 1 2 2 2 2	第二行:(1, 4),(2, 4)	第二行:2
1 1 1 3 3 3 3 2	第三行:(1, 3),(3, 3),(2, 2)	第三行:4
1 3 3 3 4 4 4 4	第四行:…	第四行:7
5 5 3 3 4 4 4 4	⋮	⋮
5 5 5 5 4 4 4 4		
5 5 5 5 5 5 4 4		

图 3-33　栅格游程编码结构

栅格游程编码每一行的长度是变化的,不像栅格矩阵那样每一行的记录长度都是固定不变、容易查找定位,所以在实际的运用中,通常会记录"行索引"信息,行索引可以协助快速找到某一栅格行的第一个游程编码在文件中的偏移位置。

3) 栅格四叉树结构

栅格数据还可用**四叉树**(Quad Tree)结构来压缩存储,这种数据结构的原理可以表述为:整个空间区域作为四叉树的根节点,将空间区域按照四个象限进行递归分割 n 次,每次分割形成 $2^n \times 2^n$ 个子象限,每个子象限都作为上一次分割形成的节点的子节点。对某一子象限的分割过程直到子象限中的属性数值都相同为止,该子象限就不用再继续分割下去,从而形成四叉树的叶子节点。即属性值都相同的子象限,不论大小,均作为最后的叶子节点存储。

图 3-34 表示了区域分割的过程,以及对应生成的四叉树,其中树根节点(用圆圈表示)代表整个栅格区域,树的每个节点有四个子节点或者为空(没有子节点),为空的节点称为叶节点,叶节点对应于区域分割时数值相同的子象限。

通常生成四叉树有两种相反的算法,即**自上而下**(Top-down)方式和**自下而上**(Bottom-up)方式。自上而下方式是先检测整个栅格区域,如果整个区域中具有不同的栅格属性值,则进行四叉分割。针对分出来的四个子象限,重复上面的过程,直到子象限为单一栅格,或子象限属性数值都相同为止。

自下而上的方式是按图 3-35 的栅格顺序扫描栅格单元,首先检测 0、1、2、3 单元,若 4 个单元值相同,则合并成一个上一层次的节点;反之,作为 4 个叶节点记录在一个父节点下面。其次是 4、5、6、7 单元。依此逐层向上直到把所有节点扫描完了,最后生成根节点。这种自下向上扫描栅格单元的顺序代码称为**莫顿**(Morton)码(或 Peano 键)。

莫顿码是 1966 年 Guy Macdonald Morton 在一篇 IBM 公司的技术报告里论及建立大地测量数据库的文件顺序方法时提出的,也叫 Z 编码。莫顿码可以把 n 维空间坐标映射到一维线性序列上,即按其顺序可生成一条填充 n 维空间的曲线,该曲线是 Z 字形状的,所以也叫做 Z 曲线。Z 曲线有个很好的局部特性,即在 n 维空间中彼此接近的坐标位置,在莫顿码的序列里数值也是相近的。

二维空间的莫顿码可以形成线性四叉树的顺序。莫顿码的计算是采用各个维度坐标二进制位相间排列(Interleave)的算法来实现的。在二维栅格数据里,可以用一个 2 字节长的 16 位无符号整型数记录行列坐标,这样的行列坐标范围可以从 0 到 65 535(即 $2^{16}-1$),一共 65 536 行和 65 536 列栅格数据。基本上可以满足一般栅格数据大小的需求。生成的二维莫顿码可以用一个 4 字节长的 32 位无符号整型数存储。

如果是三维空间里的莫顿码,就可以生成八叉树了。需要使用一个 8 字节长的 64 位无符号整型数来存储,这时候 x、y、z 每个坐标可以使用 21 位二进制表达,还多出 1 位可以存储其他信息。

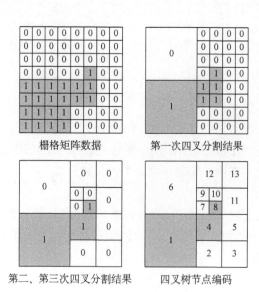

栅格矩阵数据　　　　第一次四叉分割结果

第二、第三次四叉分割结果　　　四叉树节点编码

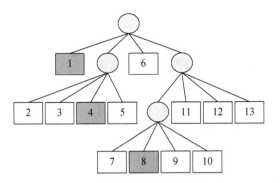

线性四叉树存储

Morton	Size	Value
0	4×4	1
24	2×2	1
49	1×1	1

（0 值作为空值没有存储）

图 3-34　四叉树栅格数据生成过程及常规与线性四叉树存储结构

下面的代码主要说明二维莫顿码的编码和解码方法，相应的高维莫顿码算法可以参照此算法修改得到。注意栅格行列值不能超过 65 535 的范围。

```
void MortonEncode(uint32_t Row, uint32_t Col, uint32_t MortonCode)
{
    MortonCode = 0;
    for (uint16_t i = 0; i < 16; ++i) {
        MortonCode |= ( Row & ( 1 << i ) ) << ( i + 1 );
        MortonCode |= ( Col & ( 1 << i ) ) << i;
    }
}
```

```
void MortonDecode(uint32_t MortonCode, uint32_t& Row, uint32_t&
Col)
{
    Row = 0; Col = 0;
    for (uint16_t i = 0; i < 16; ++i) {
        Row |= ( MortonCode >> ( i + 1 ) ) & ( 1 << i );
        Col |= ( MortonCode >> i ) & ( 1 << i );
    }
}
```

图 3-35　二维栅格空间莫顿码顺序

栅格四叉树的存储方法通常有两种,即常规四叉树和**线性四叉树**(Liner Quad-tree)。常规四叉树每个节点通常储存 6 个量,即 4 个子节点指针、一个父节点指针和一个节点属性值。常规四叉树可采用自下而上的方法建立,对栅格按莫顿码顺序进行检测。这种方法除了要记录叶节点外,还要记录中间节点。即每记录四个不相同节点时,就生成其父节点作为中间节点。如果四个节点相同,则合并生成上一级的一个父节点。

常规四叉树在处理上简便灵活,而且当栅格矩阵很大,存储和处理整个矩阵较困难时,采用常规四叉树存储法,可以根据需要将之分成 4 块、16 块、64 块等,每块分别进行四叉树存储。需要时,可将它们合并成一棵树,合并的方法对常规四叉树来说很容易实现。例如,如果要将相邻 4 块的四叉树合并成一棵树,只要将 4 块的四叉树当作新树中的 4 棵子树,4 棵子树的根指向一个共同的父节点,即重新生成一个共同的根节点就行了。

线性四叉树每个节点只存储 3 个量,即莫顿码、深度(或节点大小)和节点值。线性四叉树编码的原理是:不需记录中间节点、空值节点,也不使用父子节点之间的指针,仅记录非空值叶节点,并用莫顿码表示叶节点的位置。

由于栅格数据常常并不恰好是 $2^n \times 2^n$ 的方阵,为了能对不同行列数的栅格数据进行四叉树编码,对不足 $2^n \times 2^n$ 的部分以空值补足。确定 n 值的方法是,使得 2^n 大于或等于行列数中的大者,取合乎要求的最小的自然数为 n。在建立四叉树时,对于补足部分生成的叶节点可不存储,这样存储量并不会增加,如图 3-34 所示。

线性四叉树有以下一些优点:只存储三个值,比常规四叉树节省存储空间;由于记录节点地址,既能直接找到其在四叉树中的走向路径,又可以换算出它在整个栅格区域内的行列位置;压缩和解压缩比较方便,各部分的分辨率可不同,既可精确地表示图形结构,又可减少存贮量,易于进行大部分图形操作和运算。

3.6 属性数据

属性数据是地理空间要素自身所具有的一些性质,例如名称、分类、数量、质量、等级等,这些性质和地理空间要素的位置无关,由此形成的数据就叫做属性数据,也可以叫做非定位数据,以此与空间坐标定位数据相区别。

例如,假设我们有一个美国城市分布的空间数据,数据中每一个坐标点都代表一个美国城市的位置(如图 3-36 上图)。如果没有属性数据,只有坐标空间数据,那么这样的数据是没有太大应用价值的。如果我们能够给每个城市加上一些属性数据,比如加上城市的名称、所属的州、是否是州的首府、人口数量、性别比例以及一些经济发展数据、文化发展数据等,这样的属性数据的加入就大大提高了空间数据的应用潜力。甚至可以这么说,一份 GIS中的地理空间数据的价值,常常体现在它所拥有的属性数据的数量和质量上。

3.6.1 表格、记录、字段和关键字

属性数据是伴随着每一个地理空间要素的空间数据而存在的,在 GIS 中组织属性数据的方式是采用关系数据库的形式。关系数据库通常把数据组织成一张张关联的**表**(Table),表格里横着的一行叫做一个**记录**(Record),一个记录对应一个地理空间要素,例如上述的城市数据,一个记录就存储某一个城市的所有属性数据。所有的记录合在一起组成一张表格。这也是我们常在 GIS 里看到的情况。如图 3-36 下图所示。

OBJECTID	CITY_NAME	STATE_NAME	CAPITAL	POP1990	HOUSEHOLDS	MALES	FEMALES
1	College	Alaska	N	11249	3764	5936	5313
2	Fairbanks	Alaska	N	30843	10885	16543	14300
3	Anchorage	Alaska	N	226338	82702	116367	109971
4	Juneau	Alaska	Y	26751	9902	13575	13176
5	Bellingham	Washington	N	52179	21189	24838	27341
6	Havre	Montana	N	10201	4027	4955	5246
7	Anacortes	Washington	N	11451	4669	5506	5945
8	Mount Vernon	Washington	N	17647	6885	8459	9188
9	Oak Harbor	Washington	N	17176	5971	8532	8644
10	Minot	North Dakota	N	34544	13965	16467	18077
11	Kalispell	Montana	N	11917	5237	5474	6443
12	Williston	North Dakota	N	13131	5133	6297	6834
13	Port Angeles	Washington	N	17710	7360	8493	9217
14	North Marysville	Washington	N	18711	6116	9335	9376
15	Marysville	Washington	N	10328	4288	4860	5468
16	West Lake Stevens	Washington	N	12453	4265	6236	6217
17	Everett	Washington	N	69961	28679	34714	35247
18	Grand Forks	North Dakota	N	49425	18531	24735	24690
19	Paine Field-Lake St	Washington	N	18670	7656	9376	9294
20	Silver Lake-Fircres	Washington	N	24474	7878	12365	12109
21	Lake Serene-North L	Washington	N	14290	5427	7194	7096
22	Martha Lake	Washington	N	10155	3588	5124	5031
23	Lynnwood	Washington	N	28695	11331	13974	14721
24	Edmonds	Washington	N	30744	12628	14554	16190
25	North Creek-Canyon	Washington	N	23236	7741	11617	11619

图 3-36　空间数据和它对应的属性数据表

表格里的每一行记录都是由若干数据项构成的,每一项叫做一个**字段**(Field)。字段可以根据需要设置不同的数据类型。例如,如果一个字段是用来保存地理空间要素的名字,就可以设定为字符型字段,它可以把上例中城市的名称用汉字或英文字母存储在这个字段里。如果是用来存放城市的居民人口数,则可以将这个字段的类型预先设置成整数型字段,里面存储各个城市的总人口数目。此外,还可以设置字段为逻辑型、浮点型、双精度型、日期型等数据类型。一个记录里可以设置数量众多的不同字段。

在所有的属性字段里面,我们可以设计一个或几个字段,这一个或几个字段的组合可以唯一地标识某一个地理空间对象,这个标识就叫做**键**(Key)或关键字。例如,上述城市的空间数据中,城市的名称不能作为关键字,因为城市可能会有重名的现象,即两个城市叫同样的名字而在属性数据表格里无法将它们区分。中国城市重名现象相对不普遍,但是西方国家城市常常用同样的名字,比如美国德克萨斯州的巴黎、加拿大安大略省的伦敦等。所以,在属性表格里,可以采用美国城市的三字母代码作关键字来区分各个不同的城市。例如,美国费城的代码是 PHL,华盛顿是 WAS,全美不会有两个城市使用相同的三字母代码。

关键字的好处是可以把不同的属性表格通过关键字联系起来使用,方便我们从数据库中查找我们想要的信息。把多个属性表格联系起来的方法有合并和连接两种,其方法和作用会在后面的章节里进一步讲述。

3.6.2 索引字段

GIS 中一个常用的功能是当我们在 GIS 图形窗口里选中某个地理空间要素的图形对象后,GIS 会自动在它的属性表格里把和该图形对象相关联的属性数据记录也查找出来,显示给我们。例如,当我们用鼠标点中城市数据里表示纽约的那个点以后,在属性数据表格里属于纽约的那条记录也会被相应地选中。反之也是这样,当我们在属性表格里用鼠标点中里士满的属性记录时,GIS 会自动在图形窗口里把表示里士满这座城市的点位找到,高亮显示出来给我们看。这让我们了解到空间数据中的地理要素的图形对象是和属性数据里的记录一一对应的。

那么,GIS 又是用什么技术来实现空间数据与属性数据的对应结合呢? 这是通过一个叫做标识码的特殊字段来实现的。标识码经常用 ID 来表示,好像人的身份证号码一样,它的数值在一个 GIS 地理空间数据之中是不会重复出现的,也就是任何一个地理空间要素的对象,都有一个能够唯一确定它身份的 ID 代码。这个代码一般是 GIS 软件系统自动生成的,在图形坐标数据里存储一次,在属性数据表格里也存储一次。具有相同 ID 码的图形坐标数据与属性表格里的记录是对应的空间数据和属性数据。也就是说,当我们在图形窗口里选中某个地理空间要素对象时,实际上是选中了它的 ID 代码。这时,GIS 会在属性表格里查找相同 ID 代码的记录,以便将它们联系起来,反之亦然。

1) 属性索引

上述情况下,GIS 在属性表格里查找满足某个条件(如 ID 码)的记录是比较费时的,特别是在属性表格里记录非常多的情况下,要是顺序地搜索所有的记录,也就是把所有的记录都查找一遍来确定 GIS 用户到底是选中了哪个记录,会花费大量的计算机时间。一个比较好的解决方案就是使用索引技术。

所谓索引,通常就是一张对照表。对照表里面有 2 栏信息,一栏是属性表格的某个需要建立索引的字段的排序数据,另一栏是表格里面对应记录的存储地址。通常,我们在建立属性数据表格的时候,可以把我们经常要查询信息的字段设置成索引字段。这就相当于告诉 GIS 要为这个字段建立一个对照表,这个对照表在要索引的字段数值和表格里面的相对存储地址之间建立函数关系,如图 3-37 所示。

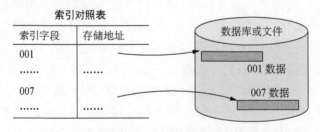

图 3-37　属性索引示意图(据黄杏元、马劲松)

有了属性的索引,以后想要查找这个索引字段某个数值的记录,就可以先把这个索引字段的数值根据排序快速地在对照表的第一个排序列中找到,然后再找出它所在记录的存储地址,进而就可以立即找到那个记录了。对照表的第一栏索引字段的排序可以使用多种技术实现,例如常用的索引方法有:**平衡二叉树**(Balanced Binary Tree)、**B-树**,也可以用**哈希表**(Hash Table),这些内容可以参考**数据结构**(Data Structure)方面的文献。

2）空间索引

除了属性的索引，空间数据同样可以建立**空间索引**（Spatial Index），空间索引需要把空间中任意一个坐标位置和具体的地理空间要素的存储位置关联起来。所以，属性数据的索引如果是一维的索引，那么空间索引就是二维或三维的索引。空间索引适用于空间查询，通常是给定一个空间位置，查询在这个空间位置上空间数据库或空间数据文件中存有哪些地理空间要素。GIS 中常用的空间索引有 R 树索引、格网索引和线性四叉树索引等。

R 树（R-tree）索引是 Antonin Guttman 于 1984 年提出的一种对空间几何对象的索引。字母 R 的含义就是**矩形**（Rectangle），这个矩形全称叫做**最小包围矩形**（Minimum Bounding Rectangle，MBR），也就是在二维平面空间里包围一个或多个几何对象的矩形框，如图 3-38 所示。对一个二维空间里的地理空间要素建立 R 树索引的时候，就是生成一个包含不同层次 MBR 的平衡树。所有的叶节点是具体每个地理空间要素的 MBR 及其相关存储地址。而上层的 MBR 节点是空间相邻的地理空间要素的并集，包含了下层所有要素的 MBR。

每次向 R 树中添加地理空间要素的时候，都要根据节点的容量和尽量最小化扩大 MBR 的原则把新的要素添加到适当的节点中去，使得空间上接近的要素尽量保持在相同的节点中，而不同的节点其 MBR 尽量减少重叠。在查询某一空间位置有哪些要素的时候，只要先判断该位置与哪些 MBR 节点相交，再进一步去搜索相交的 MBR 节点下层的节点，直到叶节点，就可以查找到具体的哪些要素。

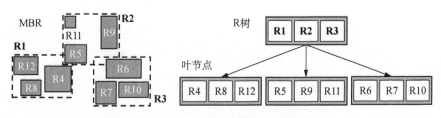

图 3-38　GIS 空间数据的 R 树索引

格网空间索引更为简单，它将区域划分成大小相等的方格，并给每个方格一个顺序编码，顺序编码可以按照行列顺序来生成，作为空间索引字段的数值；其次，在索引对照表中记录下与每个方格空间相交的地理要素的存储地址。如果一个方格和多个要素相交，就需要记录多个要素的地址。

当用户进行空间查询的时候，首先，计算出用户查询的位置在空间上相交的方格，并计算出方格的编码。其次，再在索引对照表的索引字段里找到该方格编码，就查询到它记载的空间要素的存储地址；最后，从数据库或文件中读出地理空间要素，进一步判断是否是需要查找的要素。

线性四叉树空间索引是将区域分割成若干层，每层将上一层的区域分成四个相等的子区域，就像四个象限。当对空间地理要素计算索引的时候，就从上到下逐层判断该要素完全包含在哪一层的哪一个子区域中，进而用该子区域的四叉树编码作为索引编码，来记录该要素的存储地址，这样就形成了一个四叉树的空间划分。为了便于排序各个不同层的子区域，可以将每一个子区域按 Morton 码进行线性四叉树编码，建立起以 Morton 码为索引编码的索引对照表。

如图 3-39 所示，多边形要素 A 的索引编码可以通过对区域的三次分割来得到，第一次分割将区域分成 4 个子区域，空间要素 A 包含在 Morton 码为 0 的子区域内。继续第二次分割,得到 16 个子区域,空间要素 A 包含在 Morton 码为 3 的子区域内。再进行第三次分割,得到 64 个子区域,空间要素 A 不包含在任何子区域内。这说明空间要素 A 的索引编码应该是第二次分割得到的 Morton 码 3。

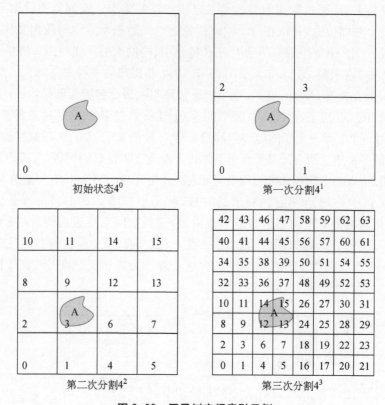

图 3-39　四叉树空间索引示例

第 4 章　空间数据库与数据查询

地理空间数据一般可以存放在数据文件里面,很多 GIS 软件都有自己特定的空间数据文件格式,比如 ESRI 公司的 ArcGIS 可以使用 Coverage、Shapefile 等格式的空间数据文件,AutoDesk 有 DWG 格式文件,MapInfo 有 TAB 格式文件,Intergraph 有 DGN 格式文件等。此外,还有一些常用的空间数据文件格式,如 GML 等。但是,空间数据一旦规模比较大,数据量比较多的时候,结构也会复杂起来,用文件管理就有点困难了。再加上如果需要在网上共享空间数据,这个时候就要借助**空间数据库**(Spatial Database)来管理复杂的地理空间数据。

在上一章里,我们已经能将处理好的地理空间数据存放到 GIS 数据文件中。但是,仅仅存放处理好的地理空间数据还不是 GIS 的最终目标,还需要进一步从数据存储中提取出所需的数据进行分析计算。由于地理空间数据通常数据量很大,地理范围也可能很广,而一次分析处理的数据可能就是大量数据中的一部分,所以,在进行空间分析处理之前,还应该有一个步骤,就是在存储的大量地理空间数据中,查找出我们应用所需要的数据。这一过程称为**空间数据查询**(Spatial Data Query)。在这一章里,我们也将对此进行讲述。

4.1　空间数据文件与空间数据库

GIS 发展的初期,空间数据都是用文件的形式保存和管理的。这种形式的数据存储和管理虽然简单,但仍然存在一些问题,主要表现在:

一是文件结构复杂,不同的软件其生成的文件结构相互之间很难通用。例如 ESRI 的 Shapefile 文件和 MapInfo 的 TAB 文件虽然都可以存储 GIS 的矢量数据,但两者的文件内部结构完全不同。

二是文件之间的逻辑联系不能有效地维护,容易造成数据的破坏。例如,表达一个空间要素的 Shapefile 文件就包含了若干个文件,如图 4-1 所示。其文件名都相同,而扩展名不同。其中必不可少的三个文件是.shp(坐标数据文件)、.dbf(属性数据表)和.shx(索引文件)。这三个文件缺少了其中的任何一个,ArcGIS 软件就无法使用该空间数据了。所以这三个文件之间存在着逻辑联系,但在操作系统中这三个文件又是独立的,如果想删除这三

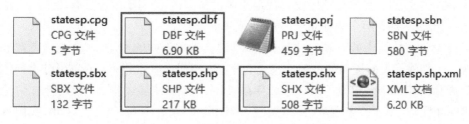

图 4-1　ESRI 的 Shapefile 文件的组成

个文件中的任何一个,操作系统并不会因为它们之间是有联系的而阻止删除操作。这样就容易造成数据的破坏。

正是因为存在上述问题,所以数据库系统逐渐发展应用起来,以解决文件管理的问题。数据库可以用一致的结构来保存数据(即数据表),可以在数据文件之间建立逻辑关系(表之间的关系),可以采用相同的方式来存取数据(如标准化的 SQL 语言),从而提供比文件更好的数据管理方式。当数据量增大的时候,数据库管理相对于文件就更具有优势了。所以,GIS 的空间数据也都实现了数据库的存储和管理。

4.2　关系数据库与关系模型

虽然数据库在发展的早期有各种形式,但从 1970 年以后,由于 IBM 公司的 Edgar Frank Codd(常常简写成 E. F. Codd)发展出了建立在关系代数基础上的关系模型,此后的数据库基本上就都是**关系数据库**(Relational Database)了。要想理解关系数据库,就要先理解关系模型的一些基本概念,这些概念主要有关系、键、函数依赖和规范化等。

4.2.1　关系

类似于文件系统中存储数据的文件,关系模型中的**关系**(Relation)可以看作是用来存储数据的有若干**行**(Row)和若干**列**(Column)组成的一个二维的**表**(Table)。每一行存储一个**实体**(Entity)的数据。这里的实体指的是我们在数据库中想要存储的某一个事物,比如当我们要存储我国分省的人口数据的话,就可以把每一个省级行政区当作一个实体。表中的每一列存储一个实体的某一个属性数值。例如,在图 4-2 的表中,在一行中可以存储行政区的名称作为第一列,行政区的类型作为第二列,该行政区的人口总数为第 n 列等。

ProvinceName	Type	Population2010
北京	直辖市	19612368
天津	直辖市	12938224
河北	省	71854202
山西	省	35712111
内蒙古	自治区	24706321
辽宁	省	43746323
吉林	省	27462297
黑龙江	省	38312224
上海	直辖市	23019148
江苏	省	78659903
浙江	省	54426891
安徽	省	59500510

图 4-2　关系表的示例

作为关系模型中的关系,必须符合下面这些要求:

- 行包含一个实体的数据,而列包含一个实体的某个属性数据;
- 每行和每列所在的一个单元格只能保存一个单一的值;
- 关系中每列数据必须是相同的数据类型,且每一列都有一个唯一的名称;
- 关系中行的先后排列顺序没有特定要求,列的前后排列顺序也没有要求;
- 关系中不存在两个数据完全一样的行。

在讨论关系数据库的时候,不同的文献常常会运用不同的术语,这会给读者造成一定的困扰。比如除了上面提到的一般意义上的表、行和列这些术语外,还会在讨论具体数据存储时用到**文件**(File)、**记录**(Record)和**字段**(Field)这些对应的术语。也可能在讨论数据库理论时用**元组**(Tuple)来表示行,用**属性**(Attribute)来表示列,等等。在此,我们特意把这些相似意义的术语整理出来,以便在后续的讨论中不至于产生概念上的困惑。这几个容易引起混乱的术语如表 4-1 所示。

表 4-1　关系数据库中常用的相似术语

术语	相似术语 1	相似术语 2
表	文件	关系
行	记录	元组
列	字段	属性

此外,理论上作为一个关系,应该不包含完全相同数据的行。但是在实际数据库中,并不能严格地做到这一点,特别是通过数据库查询得到的结果关系中,常常会出现数据完全相同的行,这时,我们一般也将其当作关系来看待。

4.2.2　键

一个**键**(Key)是关系中的一列或几列的组合,它可以用来作为一行或多行数据的标识。键可以分为**唯一键**(Unique Key)和**非唯一键**(Nonunique Key)。

例如,图 4-2 中的表就具有两个唯一键——行政区名称 ProvinceName 和 2010 年的人口数 Population2010,还有一个非唯一键——行政区的类型 Type。因为行政区没有两个是具有同一个名称的,所以名称就可以唯一地确定一行数据是属于哪一个行政区的数据。同样,也没有两个行政区的人口数正好相等,所以人口数在这里也可以作为唯一键。按照唯一键查询,只能查到一行数据作为查询结果。而行政区的类型就是非唯一键,因为不同的行可能有相同的行政区类型,若按照行政区类型这样的非唯一键查询,可能查出不止一行的查询结果。例如查询直辖市,可以得到 4 行都符合这一条件。

组合键(Composite Key)是两个或多个属性键的组合。组合键可以是唯一键,也可以是非唯一键。例如 GIS 中 ESRI 的 Coverage 矢量数据模型中有一个弧段—多边形拓扑结构的表(Arc Attribute Table,参见图 3-18),这样一个表通常是由以下的几个属性字段组成的:弧段号 ArcID、起始节点 FromNode、终止节点 ToNode、左侧多边形 LeftPolygon 和右侧多边形 RightPolygon。其中起始节点和终止节点两个属性可以组合在一起,形成一个组合键。但起始节点和终止节点的组合键是非唯一键,因为多条弧段可以有相同的起始节点和终止节点。如图 4-3 所示,美国东北部缅因州(Maine)有 2 条边界弧段 A1 和 A2,它们都具有相同的起始节点 N1 和终止节点 N2。

Arc Attribute Table

SID	ArcID	FromNode	ToNode	LeftPolygon	RightPolygon
0	A1	N1	N2	—	Maine
1	A2	N1	N2	Maine	NH
...	...	...	...	...	...

图 4-3　Coverage 关系表中的组合键

但左侧多边形和右侧多边形两个属性组成的组合键就是唯一键,因为一条弧段的左右两侧肯定是不同的多边形,所以左右多边形组合键可以唯一地确定一条弧段。如缅因州的 2 条边界弧段,A1 的左侧多边形为空,右侧多边形为缅因州。A2 的左侧多边形是缅因州,右侧多边形是新罕布什州(New Hampshire,NH)。

候选键(Candidate Key)是关系表中唯一能标识每一行的键,它既可以是单一属性的键,也可以是组合键。

主键(Primary Key)是数据库从候选键中挑选出来的一个键,主要靠它来唯一地标识关系中的每一行。例如,图 4-3 中的弧段号 ArcID 是一个候选键,左侧多边形 LeftPolygon 和右侧多边形 RightPolygon 是另一个组合候选键。系统可以把 ArcID 选为主键,主键可以在数据库系统中建立索引从而进行快速数据检索。

代理键(Surrogate Key)通常是在关系表没有指定主键的情况下,由数据库系统自动添加的一个主键。它一般可以是一个长整型的数值,初始值往往从 0 开始,随着向关系表中每添加一行数据,系统就会自动递增代理键的数值。例如,图 4-3 中的弧段号 ArcID 如果不被用户选为主键的情况下,系统可以自动添加一个 SID 字段作为代理键充当主键的作用。

外键(Foreign Key)是某一个关系表中的一个键,它在另一个关系表中是主键,通过它可以参照另一个表中的数据,这个键相对于另一个关系表而言就是外键,这个关系表通过这个外键和另一个表连接起来。

如图 4-4 所示,美国中西部三个州的属性数据表中,州的名称 STATE_NAME 字段是主键,因为美国没有两个州名字是一样的。另一张关系表记录了这三个州的边界弧段拓扑信息,其中,弧段的左侧多边形 LeftPolygon 和右侧多边形 RightPolygon 这两个字段分别都是外键,因为它们的值是参照第一张表中的主键 STATE_NAME 的。

STATE_NAME	STATE_ABBR	Shape_Length	Shape_Area
Montana	MT	34.526 943	45.131 677
Idaho	ID	28.529 072	24.390 738
Wyoming	WY	21.986 528	27.965 642

ArcID	FromNode	ToNode	LeftPolygon	RightPolygon
A1	N1	N4	—	Montana
A2	N1	N2	Montana	Idaho
A3	N1	N3	Idaho	—
A4	N2	N4	Montana	Wyoming
A5	N2	N3	Wyoming	Idaho
A6	N3	N4	Wyoming	—

图 4-4　外键、参照完整性、函数依赖的示意图

与外键相关的一个术语叫做**参照完整性约束**(Referential Integrity Constraint),也就是说当表中的一个键是外键的时候,它的值必须参照另一张表中的主键的值。或者说,外键的值必须在另一张表中的主键中出现,或者是空值(如图 4-4 中左右多边形字段中用"—"符号表示的空值)。这样一种约束可以保证两个表之间数据的完整性。

4.2.3　函数依赖与规范化

在关系表的数据中,有些列的数据可以决定另一些列的数据的取值,例如图 4-4 所示,美国中西部的三个州的矢量多边形数据,由 4 个节点(N1~N4)和 6 条弧段(A1~A6)组成三个州的行政区多边形。拓扑数据表格里弧段编号 ArcID 就可以决定起始节点 FromNode 的取值，但反过来起始节点 FromNode 不能决定弧段编号 ArcID 的取值。

仿照函数的概念，可以认为知道了类似于自变量的弧段编号 ArcID 的值，就可以按照一种类似的函数关系得到因变量起始节点 FromNode 的值。这种情况下，就可以说起始节点 FromNode **函数依赖**（Functional Dependency）于弧段编号 ArcID。函数依赖可以表达成这样的形式：ArcID→FromNode。弧段编号 ArcID 这时被称为**决定因子**（Determinant），即 ArcID 决定了 FromNode 的取值。

函数依赖的关系可以帮助我们在设计数据库表的结构时判断关系表是不是一个形式上良好的关系。所谓形式上良好的关系，简单来说就是指关系表中不存在重复的容易造成错误的信息。形式上良好的关系可以称为**范式**（Normal Form），把不符合形式上良好条件的关系通过对关系表的逐步分解而得到符合范式的关系的过程叫做**规范化**（Normalization）。

前人在数据库的设计实践中总结出了多种范式，比如第一范式、第二范式、第三范式以及 BCNF 范式等。每一种排在后面的范式都符合排在前面的范式的要求。下面列举几个例子加以说明。

第一范式（First Normal Form，1NF）是关系模型的创始人 E. F. Codd 提出来的，也就是一个关系必备的最基本的要求。1NF 要求关系中的每个属性必须是不可分割的数据项（图 4-5）。

STATE_NAME	ArcID
Montana	A1，A2，A4
Idaho	A2，A3，A5
Wyoming	A4，A5，A6

（a）非第一范式关系

STATE_NAME	ArcID
Montana	A1
Montana	A2
Montana	A4
Idaho	A2
Idaho	A3
Idaho	A5
Wyoming	A4
Wyoming	A5
Wyoming	A6

（b）第一范式关系

图 4-5　第一范式(1NF)关系示例图

第二范式（2NF）也是 E. F. Codd 提出来的，是指关系在满足 1NF 的基础上，每一个非主属性应该被主键完全决定。或者说非主属性需要完全函数依赖于整个主键，而不能部分依赖于主键。

如图 4-6 所示，(a)表符合第一范式，但不是第二范式。因为主键是一个组合键（州名称 STATE_NAME＋弧段编码 ArcID），非主属性（弧段的长度 ArcLength）并不是由这个组合的主键决定的，而是由这个组合键的一部分（弧段编码 ArcID）决定的。从表中可以看出，弧段 2、4、5 的弧段长度分别出现了 2 次重复，不符合 2NF 的要求。

所以，通常要把这张表分解成两张符合 2NF 的表，如图 4-6(b)所示。包含弧段长度 ArcLength 这个非主属性的表中，ArcLength 只是完全函数依赖于弧段编号 ArcID 这个主键。因此在表中，弧段长度 ArcLength 数值就没有再出现重复了。

STATE_NAME	ArcID	ArcLength
Montana	A1	1 333 113
Montana	A2	1 028 437
Montana	A4	608 949
Idaho	A2	1 028 437
Idaho	A3	1 417 423
Idaho	A5	276 593
Wyoming	A4	608 949
Wyoming	A5	276 593
Wyoming	A6	1 142 012

（a）非第二范式关系

STATE_NAME	ArcID
Montana	A1
Montana	A2
Montana	A4
Idaho	A2
Idaho	A3
Idaho	A5
Wyoming	A4
Wyoming	A5
Wyoming	A6

（b）第二范式关系

ArcID	ArcLength
A1	1 333 113
A2	1 028 437
A3	1 417 423
A4	608 949
A5	276 593
A6	1 142 012

图 4-6　第二范式(2NF)关系示例

第三范式(3NF)也是由 E. F. Codd 最先提出来的,是指在满足了第二范式的基础上,非主属性之间不能存在函数依赖。

STATE_NAME	RegionCode	RegionName
South Dakota	2	West Region
Nebraska	2	West Region
Indiana	1	Midwest Atlantic Region
Illinois	1	Midwest Atlantic Region
Kentucky	4	Southeast Region
Missouri	3	Southwest Region
Tennessee	4	Southeast Region
Arkansas	3	Southwest Region

图 4-7　不符合第三范式的关系示例

例如,美国各州可以按照地理位置分成 4 个大区域,即 Midwest Atlantic 区域、West 区域、Southwest 区域和 Southeast 区域。在图 4-7 的关系表中,州的名称 STATE_NAME 是主键,每个州所属区域的代码 RegionCode 和区域名称 RegionName 是非主属性。但是,在表里区域代码和区域名称之间具有函数依赖,所以会出现区域名称重复很多次的现象,这样就不符合第三范式了。

对于这种情况,也需要把关系表进一步分解,分解成两个符合第三范式的关系,即第一个关系包含州名称 STATE_NAME 和区域代码 RegionCode,州名称作为主键,区域代码作为外键与第二个关系连接;第二个关系包含区域代码 RegionCode 和区域名称 RegionName,区域代码为主键,如图 4-8 所示。

一般而言,关系模式满足 3NF 就基本可以了,但总还有一些特殊的情况,需要进一步分解关系表以去除冗余信息。于是就又发展出了 Boyce-Codd 范式(BCNF)、第四范式(4NF)

和第五范式(5NF)等。但有时分解得太多也并不一定就好，过犹不及。所以考虑到效率等因素，有时会运用规范化的逆过程——**反规范化**（Denormalization）来合并关系表。不过这些超出了本书的范畴，可以参阅数据库系统的相关文献。

STATE_NAME	RegionCode
South Dakota	2
Nebraska	2
Indiana	1
Illinois	1
Kentucky	4
Missouri	3
Tennessee	4
Arkansas	3

Region Code	RegionName
1	Midwest Atlantic Region
2	West Region
3	Southwest Region
4	Southeast Region

图 4-8　符合第三范式的关系表分解

4.3　关系数据库设计

关系数据库设计就是设计数据库中关系表的组成和表之间的联系，它决定了数据库中要表示哪些数据以及数据之间是如何联系的。设计数据库的时候最常用的方法是先建立 E-R 模型，再将 E-R 模型转成上述的关系模型。

4.3.1　E-R 模型

E-R 模型（Entity-Relationship Model）即实体—联系模型，是 1976 年由一位在台湾出生的华人科学家陈品山在美国麻省理工学院当助教的时候提出的方法。该方法在数据库设计中非常实用。

E-R 模型由三种元素组成，它们是**实体**（Entity）、**联系**（Relation）和**属性**（Attribute）。E-R 模型可以用 E-R 图来表示，图中实体画成矩形框，联系画成菱形框，属性画成椭圆。这三者之间用直线连接起来。如果是联系的话，还要在直线上标出联系的种类。

如图 4-9 所示，矢量数据中的多边形可以看成是一种实体，多边形实体一般具有多边形 ID 码、周长和面积等属性。组成多边形边界的弧段可以看成是另一种实体，弧段实体一般具有弧段 ID 码、起始节点编码、终止节点编码等属性。这两类实体之间的联系是弧段组成多边形的边界，联系的种类是多对多的关系。

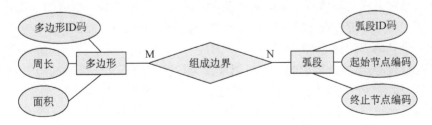

图 4-9　弧段组成多边形边界的 E-R 模型

当然,现在实际使用的 E-R 图有很多种不同的版本,比如一种叫做**鱼尾纹模型**(Crow's Foot Model)的 E-R 图比较流行,参见图 4-11。此外**统一建模语言**(Unified Modeling Language, UML)中的 E-R 图使用的符号和传统的 E-R 图也不尽相同。当然还有微软的 Visio 中也使用了略有差异的 E-R 图。所以,在做数据库的逻辑模型设计的时候,可能会产生各种不同的 E-R 图设计。

4.3.2 E-R 模型中联系的种类

在 E-R 模型中,联系可以表示成三种不同的数量关系,它们是**一对一**(1∶1)联系、**一对多**(1∶N)联系和**多对多**(M∶N)联系。

1) 一对一联系

一对一联系可以这样理解,即两个实体之间数量上是一一对应的关系。例如,世界上绝大多数国家都实行一夫一妻制,所以各国的民政部门在登记结婚的信息时,会设计两个实体集合,一个存放丈夫(男性)的信息,另一个存放妻子(女性)的信息。这两个实体集合之间就是一对一的关系。丈夫实体集合中有一个丈夫的信息,必然在妻子实体集合中有唯一的一个妻子信息与其对应,反之亦然。不过如果在同性婚姻合法化了的国家,这种设计就会存在问题了。

2) 一对多联系

一对多联系可以用阿拉伯国家的婚姻制度来说明,阿拉伯国家一夫多妻制是合法的婚姻制度,但一个丈夫其妻子的数量最多为四人。所以,阿拉伯国家的民政部门设计数据库的时候,丈夫实体集合与妻子实体集合的联系就是一对多。一个丈夫至多可以有四位妻子,但反过来,一个妻子只能有一位丈夫。

3) 多对多联系

多对多联系可以是教师和学生的关系,一个教师可以教多名学生,反过来,一名学生也可以求教于多名教师。此外,图 4-9 所示的多边形和其边界弧段之间的联系也是典型的多对多联系。组成一个多边形边界的弧段可能不止一条,反过来,一条弧段通常也是两个多边形之间的共同边界。

4.3.3 E-R 模型转成关系模型

设计好了 E-R 模型,就可以转换成关系数据库的关系模型了,这个过程通常是先把 E-R 模型中的实体转成关系表,属性转为关系表的字段。当然,这个过程需要用到上面介绍过的规范化方法,把表分解成符合范式的关系。接着再转换 E-R 模型中的联系。上述的三种联系需要用不同的方式来转换。

1) 1∶1 联系的转换

该转换通常是在关联的两个实体关系表中的任何一个带上另一个表的主键作为外键。至于两个表中哪一个带外键,这要具体分析。例如,ESRI 的 Coverage 模型中矢量拓扑多边形通常和一个其内部的**标签点**(Label Point)形成一一对应的关系。这个标签点往往是多边形内部的几何中心点,在制图的时候可以用来作为放置多边形文字标签的位置,如图 4-10所示。所以,如果一个关系表存储了多边形信息,另一个关系表就存储标签点信息,它们是一对一联系。如果应用中经常需要从多边形信息中查找它的标签点信息,那么就在多边形关系表中带上标签点的主键作为外键,这样应用的效率就比较高。

图 4-10 包含 Label 点的多边形 Coverage

2) 1：N 联系的转换

该转换通常在 N 所在的实体关系表中带上 1 的实体的主键作为外键。例如,我国的一级行政区是省,省下面有二级行政区市,省和市就是 1：N 联系。可以把省作为一个关系表,省的 ID 码作为主键。把市作为另一个关系表,市的 ID 码作为主键,市属于哪个省的 ID 码作为外键和省关系表连接。

3) M：N 联系的转换

该转换相对比较复杂一些,这需要在两个实体关系表之外,再添加一个**交叉表**(Intersection Table)。交叉表分别与两个实体形成 1：N 联系。还是以图 4-9 的多边形与边界弧段为例,交叉表为包含以多边形主键和弧段主键为组合键的关系表。多边形关系表和交叉表形成 1：N 联系,同时,弧段关系表也与交叉表形成 1：N 联系,如图 4-11 鱼尾纹模型图所示。图中,像金鱼尾巴的那一端表示一对多联系中的多,横杠的那一端表示一对多联系中的一。

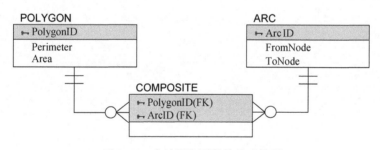

图 4-11　多边形和弧段的关系模型

4.4　关系数据库查询

数据通过设计好的关系表存入数据库以后当然不是万事大吉了,下一步的任务通常是用户要从数据库中找出满足某一个应用需求的数据来使用。如何从关系数据库中找出需要的数据,这要求用户能使用一种数据库可以理解的语言。对于关系数据库而言,这种语言就是结构化查询语言 SQL。

4.4.1　SQL

结构化查询语言(Structured Query Language)简称 SQL。SQL 目前是所有关系数据库系统都支持的查询语言,同时也是 ANSI(美国国家标准化组织)认可的标准。也就是说,SQL 是关系数据库领域的通用语言,不管是哪一个具体的数据库软件产品,只要是关系数据库都应该支持 SQL 这种语言。

　　SQL 对于数据库来说极其重要，通过 SQL 可以创建数据库，创建或删除数据库中的关系表，向关系表中存储数据，对关系表中的数据进行增删改等操作。而最常用的功能就是根据用户的要求从数据库中查找满足应用需求的数据。当然，SQL 的功能不可能在这里详细地论述，读者可以参考相关的数据库系统文献做具体的了解。这里只简单地介绍一些 SQL 的部分查询语句的内容，以便在数据库中查找所需的数据。

　　1) SELECT 和 FROM

　　通常 SQL 中的查询语句是 SELECT 和 FROM，该语句从数据库中选取数据。选取的结果被存储在一个临时的结果表中。SELECT 和 FROM 语句的语法要求 SELECT 后面是字段，FROM 后面是表名称，如：

```
①  SELECT Column_name1, Column_name2
        FROM Table_name;
或者
②  SELECT * FROM Table_name;
```

　　第一个 SELECT 语句是从名称为 Table_name 的关系表中选取出两个字段的所有数据，两个字段名分别为 Column_name1 和 Column_name2。这里字段的个数是不限的，可以查询表 Table_name 里所具有的任何数量的字段。第二个 SELECT 语句是从名称为 Table_name 的关系表中选取出所有字段的数据。

　　2) WHERE

　　该子句(Clause)通常与 SELECT 语句配合使用，它给出 SELECT 语句查找数据的条件。其语法如下：

```
SELECT Column_name(s)
    FROM Table_name
    WHERE Column_name operator Value;
```

　　其中，运算符 operator 可以是判断相等的"＝"，也可以是 AND、OR 等逻辑运算符。具体支持哪些运算符可以参考各个数据库系统 SQL 的手册。

　　3) JOIN

　　该语句把两个关系表根据键的数值相等的条件连接起来，返回两个关系表中符合查询条件的数据。这时用 JOIN 和 INNER JOIN 是一样的。其语法如下：

```
SELECT column_name(s)
    FROM table1
    JOIN table2
    ON table1.column_name = table2.column_name;
```

4.5　数据库的组成

　　一般数据库系统都由三个基本部分组成，分别是数据库存储系统、数据库管理系统和数据库应用系统。

1) 数据库存储系统

数据库存储系统是指数据库中数据的物理存储,通常是在计算机的硬盘存储器里以某种特定的文件形式组织的数据。数据库的用户一般不会对这些数据文件进行直接的访问和处理,否则容易造成数据库内容和结构的破坏。

2) 数据库管理系统

数据库管理系统(Database Management System,DBMS)一般而言是一个数据库系统的核心软件,该软件的主要作用就是充当数据库的使用者和数据库数据之间的界面。这里的使用者可以是数据库的管理员,也可以是数据库的应用程序。数据使用者所有对数据库中数据的操作命令都是通过 DBMS 软件来发出和执行的。例如,前面提到的数据库查询语言 SQL 就是由 DBMS 执行并反馈查询结果显示给用户的。

3) 数据库应用系统

数据库应用系统是数据库所支撑的业务系统,它一般也是一套软件,作用是利用其来进行某项业务的管理和服务。例如,学校可以基于某个数据库管理系统开发一个学生学籍管理系统软件,该系统软件基于某种 DBMS 的功能来存储和管理保存在数据库中的学生信息、教师信息和课程信息等,以此来完成学生的注册、选课,教师的教学大纲编写、学生考勤记录以及考试成绩录入、学分计算等学籍管理功能。

4.6 空间数据库

常规的数据库系统一开始是不支持地理空间数据类型的。我们通常只能在常用的关系数据库系统的字段中存储字符型、整型、浮点型、逻辑型和日期型等常见类型的数据。所以,常规的关系数据库一开始都是用来存储非空间的属性数据的,比如 ESRI 的 Shapefile 把属性数据放在 dBase III 格式的数据库表中。而要在数据库中也能存储地理空间数据,也就是要把矢量形式的点、线、面、不规则三角网以及栅格形式的 DEM 等都存放到关系数据库表中,就需要拓展常规的关系数据库以支持地理空间数据类型,并且还要扩展出支持空间数据查询的功能。

国际上对于扩展常规数据库以支持地理空间数据做了很多尝试,OGC 提出了一种在数据库中矢量空间数据的标准实现方案。微软的 SQL Server、甲骨文的 Oracle 与 MySQL、PostgreSQL 都实现了各自的空间数据库方案,基本上也都大部分支持了 OGC 的标准。当然,ESRI 也有自己的扩展关系数据库的空间数据库方案。下面分别略作说明,详细的情况可参考各个方案的相关文档。

4.6.1 OGC 空间数据库标准

OGC 即**开放地理空间联盟**(Open Geospatial Consortium),是一个非盈利性的国际标准组织,它制定了一系列与空间数据和服务相关的标准,GIS 厂商按照这些标准开发 GIS 产品就可以保证空间数据的互操作性。这些标准有我们熟悉的 Google Earth 的 KML 数据、GML 数据、网络地图服务(WMS)和网络要素服务(WFS)等。这些内容将在后面的章节讨论。这里简单介绍一下基于关系数据库的矢量地理要素的存取标准。

在关系数据库中存储空间数据可以采用两种方式,一种是利用常规的预定义数据类型来存储矢量坐标数据。例如直接采用双精度浮点类型的字段来保存 x 和 y 坐标。还有一种方式是采用 BLOB 类型的字段来存储一个空间要素的坐标。BLOB 是**二进制大对象**（Binary Large Object）的缩写，这种字段通常是用来存放多媒体信息的，如数字图像、音频或视频等。BLOB 可以用 WKB（Well-Known Binary）形式存储空间要素的坐标，WKB 格式本章后面内容会具体介绍。

OGC 定义了一个标准的空间数据库**模式**（Schema）如图 4-12 所示，数据库中要有一个记录所有空间数据信息的总控表 GEOMETRY_COLUMNS，还要一个记录所有空间数据对应的空间参照信息的表 SPATIAL_REF_SYS。凡是支持 OGC 标准的空间数据库都实现了这两张表，例如 PostgreSQL 直接使用了这两个名称作为两张表的表名。而其他关系数据库系统如 Oracle 在实现其空间数据功能 Oracle Spatial 的时候对应地分别采用了 OGIS_GEOMETRY_COLUMNS 和 OGIS_SPATIAL_REFERENCE_SYSTEMS 的表名。而 ESRI 的 ArcSDE for Oracle 则采用 GEOMETRY_COLUMNS 和 SPATIAL_REFERENCES。

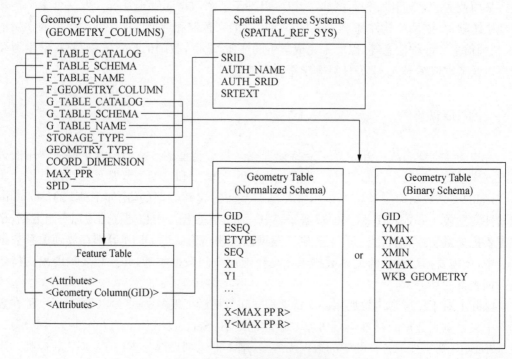

图 4-12　OGC 的空间数据库模式

在图 4-12 中，Feature Table 表是用来存储空间数据的属性数据的，而空间数据的坐标则存放在 Geometry Table 表中，并通过外键 GID 来连接。Geometry Table 表可以用常规字段或 WKB 两种方式存储几何对象。不过实际应用中，OGC 标准还允许 Feature Table 表的几何字段 Geometry Column 可以是自定义类型，也就是不再需要额外的 Geometry Table 表，坐标数据直接存储在 Feature Table 表的几何字段 Geometry Column 中。很多数据库都采用这种自定义类型的方式存储坐标，比如 ArcSDE 中的 ST_Geometry 类型、PostGIS 中的 Geometry 和 ST_Geometry 类型等。

OGC 标准的内容篇幅太长，超出了本书的范畴，具体内容可以在 OGC 的官网上查询，这里只重点讲一讲 Geometry Table 表的内容。Geometry Table 可以采用常规的关系类型实现，其中的字段定义如表 4-2 所示。

表 4-2　OGC 的常规 Geometry Table 定义

字段名称	定　义
GID	空间要素的主键
ESEQ	如果几何类型有若干组成(Element)，则说明是其中的某一组成
ETYPE	几何类型，说明是点、线或者多边形类型
SEQ	如果几何类型包含若干行(记录)，则说明其顺序
X, Y, ...	若干列的坐标数据，表示一串坐标

以常规关系类型实现的 Geometry Table 表数据存储的形式如图 4-13 所示，假设每个记录保存 5 个坐标对，当一个记录不够表达所有的坐标对的时候，则增加一个新的记录，新纪录中的第一个坐标对重复上一个记录最后一个坐标对。每一个记录中空余的坐标位置用空值 Φ 表示。

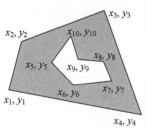

GID	ESEQ	ETYPE	SEQ	X	Y	X	Y	X	Y	X	Y	X	Y
1	1	3	1	x_1	y_1	x_2	y_2	x_3	y_3	x_4	y_4	x_1	y_1
1	2	3	1	x_5	y_5	x_6	y_6	x_7	y_7	x_8	y_8	x_9	y_9
1	2	3	2	x_9	y_9	x_{10}	y_{10}	x_5	y_5	Φ	Φ	Φ	Φ

图 4-13　常规关系实现的 Geometry Table 表示例

以 BLOB 形式实现的 Geometry Table 表直接在表中字段里存储二进制表示的坐标数据，OGC 定义了这种二进制的存储形式为 WKB 格式，WKB 是 Well-Known Binary 的缩写，它规定了空间要素坐标的二进制格式。使用这种格式，可以直接用 C 语言中的结构体 struct 把二进制数据读取出来而不需要转换。下面以多边形要素为例，说明 WKB 的存储格式。

```
enum wkbGeometryType {
    wkbPoint = 1,                    wkbLineString = 2,
    wkbPolygon = 3,                  wkbMultiPoint = 4,
    wkbMultiLineString = 5,          wkbMultiPolygon = 6,
    wkbGeometryCollection = 7
};
enum wkbByteOrder {
    wkbXDR = 0,                      // Big Endian
    wkbNDR = 1                       // Little Endian
};
Point {
    double x;
    double y;
};
LinearRing {
    uint32 numPoints;
    Point  points[numPoints];
};
WKBPolygon {
    byte        byteOrder;
    uint32      wkbType;             // 3
    uint32      numRings;
    LinearRing  rings[numRings];
};
```

一个多边形如果采用 WKB 的二进制方式存储,可以表示成如图 4-14 所示的形式。二进制数据是以一个完整的字节序列组织的,其中,byte 为 1 个字节的长度,uint32 为 4 个字节长度的无符号整型数,而 double 则为 8 个字节长度的浮点数。当然,不同的计算机系统可以根据需要使用大端序或小端序的字节顺序。

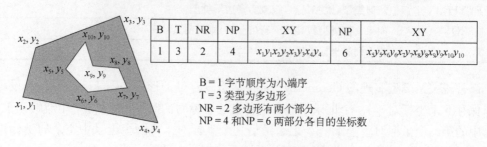

B	T	NR	NP	XY	NP	XY
1	3	2	4	$x_1y_1x_2y_2x_3y_3x_4y_4$	6	$x_5y_5x_6y_6x_7y_7x_8y_8x_9y_9x_{10}y_{10}$

B = 1 字节顺序为小端序
T = 3 类型为多边形
NR = 2 多边形有两个部分
NP = 4 和 NP = 6 两部分各自的坐标数

图 4-14　WKB 格式的多边形数据示例

除了上述的多边形数据之外,OGC 还定义了一个空间要素的层次结构,如图 4-15 所示。该 UML 图表示了不同空间要素之间的关系,有三角形符号表示的**泛化**(Generalization)关系,即 Is-a 关系;也有菱形符号表示的**聚合**(Aggregation)关系,即 Has-a 关系;以及箭头表示的**关联**(Association)关系。

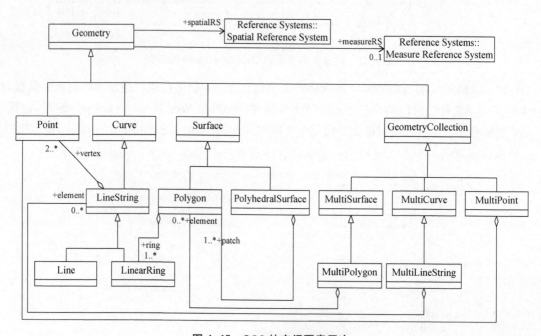

图 4-15　OGC 的空间要素层次

同样,OGC 也定义了空间数据库 SQL 语言需要扩展出的一些空间查询操作,例如表 4-3 简单地罗列了一些空间查询功能,各个数据库厂商也都相应实现了这些功能,并有所拓展。

表 4-3　OGC 定义的部分 SQL 空间查询功能

空间查询功能	说明	空间查询功能	说明
STArea	查询面积	STLength	查询长度
STAsBinary 或 STAsText	查询坐标数据	STGeometryType	查询空间要素类型

空间查询功能	说明	空间查询功能	说明
STDimension	查询空间要素维数	STNumGeometries	查询几何对象个数
STNumPoints	查询坐标点个数	STSrid	查询空间参照信息
STEquals	判断是否相等	STIsEmpty	判断是否为空要素
STIsClosed	判断是否闭合	STDisjoint	判断是否分离
STDistance	查询距离	STBuffer	生成缓冲区
STUnion	生成并集	STIntersection	生成交集
STSymDifference	生成对称差异	STDifference	生成差异

4.6.2 Microsoft SQL Server 空间数据库

微软 SQL Server 数据库系统从 2008 版本开始支持地理空间数据类型的存储,同时也加入了一部分空间计算功能。SQL Server 支持的地理空间数据类型有 2 个,一个是 Geometry,另一个是 Geography。Geometry 类型用来保存欧氏坐标表达的地理空间要素,通常是 x 和 y 坐标(也可以有 z 和 m 表示的点、线、多边形等地理空间要素。而 Geography 类型则用来保存以地理坐标表达的地理空间要素,通常也是点、线和多边形,例如 GPS 接收的经纬度数据。但和 Geometry 相比,基于地理坐标的地理空间要素,其空间计算功能(例如曲面长度计算等)与基于平面坐标的地理空间要素的计算功能(例如平面长度计算等)就有很大的区别了。

常规的 SQL Server 数据库中,Geometry 和 Geography 数据类型一共支持 16 种空间数据对象或实例类型。但是,只有其中的 11 种可以**实例化**(Instantiate),也就是可以被用户在数据库中实际创建。在图 4-16 中,可以被实例化的类型用实线框表示,不可以实例化的用虚线框表示。此外,Geography 类型还有一个额外的可以实例化的类型 FullGlobe 没有表示在图中。

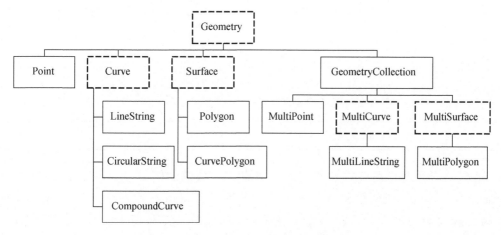

图 4-16 SQL Server 支持的空间数据类型

Geometry 类型和 Geography 类型的区别主要表现在坐标点连接成线的方式上。LineString 和 Polygon 都是通过连接**顶点**(Vertex)坐标实现的。然而,对于 Geometry 类型的 LineString 和 Polygon,两个顶点之间使用直线段连接;而对于 Geography 类型的 LineString 和 Polygon,两个顶点之间使用**大椭圆弧段**(Great Elliptic Arc)连接。地球椭球面上一个**大椭圆**(Great Ellipse)是椭球与一个通过其中心的平面的交集,一个大椭圆弧段是椭球体上经过两个顶点的大椭圆上的一段弧线。其他的区别可以参考微软网站上 SQL Server Spatial 的相关网页。下表 4-4 列出了 SQL Server 支持的可以实例化的空间类型。

表 4-4 **SQL Server 支持的可以实例化的空间类型**

类型	说明	举例
Point	平面直角坐标 x, y, $[z,[m]]$,或经纬度坐标(λ, φ)表示点	
LineString	2 个顶点及以上坐标点连成的线,可以自交,也可以封闭成环(ring)	
CircularString	一系列顶点每 3 个生成一个圆弧,圆弧首尾相接形成的曲线	
CompoundCurve	由一个或多个 LineString 和 CircularString 首尾衔接而成	
Polygon	由至少 3 个顶点组成的一个环或多个内外环构成	
CurvePolygon	由 CircularString 和 Compound Curve 作为内或外边界形成的多边形	
MultiPoint	由多个 Point 组合成的要素	
MultilineString	由多个 LineString 组合成的要素	
MultiPolygon	由多个 Polygon 组合成的要素	
GeometryCollection	由不同类型的要素组成的复合要素,如包含 LineString 和 Polygon	

　　图 4-17 所示是使用微软 SQL Server 存储空间数据的例子,使用微软的 SQL Server Management Studio 进行管理,可以看到美国数据库表 states 中包含一个名为 geom 的字段,属于 geography 类型,存储了美国各个州的空间数据。在 Spatial results 选项卡里,可以查看这些空间数据的图形显示。可以使用某个文本字段(如 STATE_NAME)对各个州的名称在地图上进行标注,同时可以选择不同的地图投影进行坐标的变换,这里选用了 Robinson 投影。还可以对地图进行缩放和平移等操作。

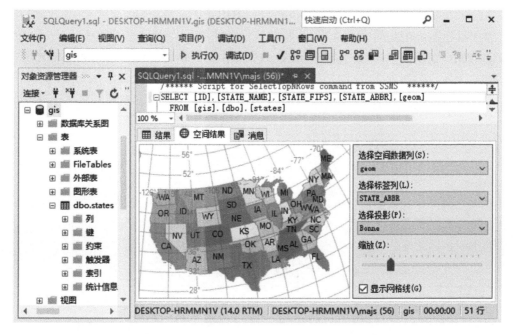

图 4-17 SQL Server 中存储和显示的空间数据

4.6.3 Oracle 空间数据库

Oracle 空间数据库早先叫 Oracle Spatial,现在叫 Oracle Spatial and Graph。支持在 Oracle 数据库中存储各种图形相关的数据,可以支持 AM/FM(Automated Mapping/Facilities Management)和 GIS 等领域的应用。

Oracle 空间数据库支持简单要素的矢量数据,也支持拓扑和网络空间数据,还可以有效地支持栅格数据。这种支持通常是采用**对象-关系**(Object-Relational)模型来实现的,即在 Oracle 数据库的一个字段里使用 BLOB 形式存储空间数据,这个字段通常名为 SDO_GEOMETRY,它和 OGC 的定义是一致的。简单要素的几何类型包括 Points and Point Clusters、Line Strings、N-point Polygons、Arc Line Strings、Arc Polygons、Compound Polygons、Compound Line Strings、Circles 以及 Optimized Rectangles,其各自代表的图形如图 4-18 所示。这些几何类型的名称与 OGC 略有不同,和微软的 SQL Server 也有区别。

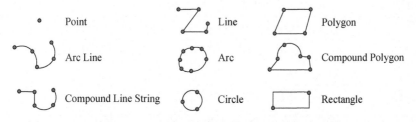

图 4-18 Oracle 空间数据库支持的简单矢量几何类型

Oracle 支持的空间关系运算符 SDO_RELATE 可以根据九交模型来查询满足空间拓扑关系的空间要素。**九交模型**(Nine-Intersection Model)是 Egenhofer 在 1994 年提出的描述二维平面空间里各种空间要素之间拓扑关系的一种方案。这个方案被 OGC 采纳用来描述各种空间要素之间的拓扑关系,也用来设计空间数据库的基于空间关系的查询功能。

九交模型使用九个交集组成的 3×3 矩阵的取值来决定两个空间要素之间的空间关系。设二维平面上有 2 个空间要素 A 和 B，我们把它们各自分成内部、边界和外部三个部分，分别用 A° 表示 A 的内部，∂A 表示 A 的边界，A^{-} 表示 A 的外部。要素 B 的三个部分也用相同的方式表示，于是，A 和 B 的拓扑关系 Γ_9 可以用下面的九个交集组成的 3×3 矩阵来表示

$$\Gamma_9(A,B) = \begin{bmatrix} A^{\circ} \cap B^{\circ} & A^{\circ} \cap \partial B & A^{\circ} \cap B^{-} \\ \partial A \cap B^{\circ} & \partial A \cap \partial B & \partial A \cap B^{-} \\ A^{-} \cap B^{\circ} & A^{-} \cap \partial B & A^{-} \cap B^{-} \end{bmatrix}$$

这个矩阵九个元素的取值可以是 0（表示空）和 1（表示非空），通过不同的取值可以定义 2 个空间要素之间的拓扑关系。例如，我们假设 A 和 B 都是多边形面要素，则可以组成表 4-5 的空间拓扑关系。

表 4-5 九交模型表示的多边形拓扑关系

相离 $\begin{bmatrix}0&0&1\\0&0&1\\1&1&1\end{bmatrix}$	包含 $\begin{bmatrix}1&1&1\\0&0&1\\0&0&1\end{bmatrix}$	在内部 $\begin{bmatrix}1&0&0\\1&0&0\\1&1&1\end{bmatrix}$	相等 $\begin{bmatrix}1&0&0\\0&1&0\\0&0&1\end{bmatrix}$
相接 $\begin{bmatrix}0&0&1\\0&1&1\\1&1&1\end{bmatrix}$	覆盖 $\begin{bmatrix}1&1&1\\0&1&1\\0&0&1\end{bmatrix}$	被覆盖 $\begin{bmatrix}1&0&0\\1&1&0\\1&1&1\end{bmatrix}$	交叠 $\begin{bmatrix}1&1&1\\1&1&1\\1&1&1\end{bmatrix}$

Oracle 空间数据库支持对表 4-5 所示的拓扑关系进行查询，这些查询**谓词**（Predicate）的说明如表 4-6 所示。

表 4-6 Oracle 空间数据库查询谓词

谓词	说 明
DISJOINT	相离：A 和 B 的边界和内部都不相交
CONTAINS	包含：B 的边界和内部都完全处于 A 的内部，A 包含 B
INSIDE	在内部：和包含的意义相反，A 在 B 的内部等价于 B 包含 A
EQUAL	相等：A 和 B 具有相同的边界和内部
TOUCH	相接：A 和 B 边界相交，但内部不相交
COVERS	覆盖：B 的内部完全处于 A 的内部或边界，B 和 A 的边界相交，则 A 覆盖 B
COVEREDBY	被覆盖：和覆盖相反，A 被 B 覆盖等价于 B 覆盖 A
OVERLAP	交叠：A 和 B 的内部和边界都相交

运用上述的谓词，可以在 Oracle 空间数据库中写下如下的查询语句来查找与 ID 代码为 1 的 B 多边形有相接和覆盖关系的 A 多边形的 ID。

```
SELECT A.gid
  FROM polygons A, query_polys B
  WHERE B.gid = 1
  AND SDO_RELATE(A.Geometry, B.Geometry,
                 'mask = touch + coveredby') = 'TRUE';
```

4.6.4 PostgreSQL 空间数据库 PostGIS

PostgreSQL 空间数据库的扩展称为 PostGIS，通过 PostGIS，PostgreSQL 数据库管理系统就具备了处理几何数据的能力。PostGIS 遵循 OGC 的简单要素 SQL 标准，可以采用扩展了空间功能的 SQL 语言处理空间数据。由于 PostgreSQL 是对象关系数据库系统，所以要把空间要素的坐标直接保存到属性表的几何字段里面。下面以一个简单的示例来说明如何在 PostgreSQL 中使用空间数据。

例如，首先创建一个存储点要素的表 points_table，在其中创建 2 个字段，第一个字段名为 gid，属于代理键形式的主键（用 serial PRIMARY KEY 来说明其类型），是用来存放空间要素的 ID 码的；第二个字段名为 attr，是一个 8 字节的字符型字段（用 char(8) 来说明其类型），该字段用来存储某一属性如名称。创建该表的 SQL 语句如下：

```
CREATE TABLE points_table (
    gid serial PRIMARY KEY,
    attr char(8)
);
```

然后用下面的 SQL 语句在该表中添加一个支持空间数据的字段 geom，该字段中存放点坐标数据。由于是点要素，所以可以使用 POINT 参数来说明。如果是线要素或者面要素，则分别使用 LINESTRING 和 POLYGON 参数来说明。最后指定坐标维数，如果只有经纬度或 XY 坐标，则维数是 2；如果再加上高程坐标，则维数是 3。

```
SELECT AddGeometryColumn
    ('points_table', 'geom', 4326, 'POINT', 2);
```

上述语句中的"4326"表示坐标数据的空间参照系统为 WGS84，WGS84 的编码采用 EPSG 编码即 4326 表示。EPSG（European Petroleum Survey Group）组织成立于 1986 年，负责维护和发布地理坐标参照系统的数据集参数，每一个地理坐标系统都有一个对应的编码，编码可以在其官网（http://www.epsg.org/）上查找。该编码被很多 GIS 和空间数据库系统所采用。

接下来向表中添加点坐标数据，这可以在 SQL 语句中使用 WKT（Well-Known Text）形式的坐标来实现。WKT 形式的坐标数据是以文本的方式呈现的，例如，点坐标可以写成 'POINT(0 0)'，线坐标可以写成 'LINESTRING(1 1，2 2，3 4)'，多边形坐标可以写成 'dPOLYGON((0 0，0 1，1 1，1 0，0 0))'，等等。在表中添加 2 个表示城市的点要素记录的 SQL 语句如下所示：

```
INSERT INTO points_table (geom,attribute) VALUES
    (ST_PointFromText('POINT(-10 5)',4326), 'City 1');

INSERT INTO points_table (geom,attribute) VALUES
    (ST_PointFromText('POINT(5 5)',4326),  'City 2');
```

这里使用了 PostGIS 的函数 ST_PointFromText 从 WKT 表示的数据中得到点要素的坐标,而对于以 WKT 形式表示的线要素或多边形要素的坐标数据,则可以使用 ST_LineFromText 函数或 ST_PolygonFromText 函数来获得。

PostGIS 也支持基于九交模型的空间关系函数进行查询,这些函数主要有 Equals、Disjoint、Intersects、Touches、Crosses、Overlaps、Within 和 Contains 等。不过 PostGIS 查询语句中的 ST_Relate 和 Oracle 中的略有不同,PostGIS 是基于**维数扩展九交模型**(Dimensionally Extended Nine-Intersection Model,DE-9IM)矩阵的。

DE-9IM 和常规的九交模型相比,它使用九个交集的维数来组成矩阵。设 a 和 b 是两个几何对象,$I(a)$、$B(a)$ 和 $E(a)$ 分别是 a 的内部、边界和外部,对 b 也是如此。dim 是求两个几何对象交集的最大维数,维数的计算如表 4-7 所示,则 DE-9IM 定义如下

$$DE\text{-}9IM(a,b) = \begin{bmatrix} \dim(I(a)\bigcap I(b)) & \dim(I(a)\bigcap B(b)) & \dim(I(a)\bigcap E(b)) \\ \dim(B(a)\bigcap I(b)) & \dim(B(a)\bigcap B(b)) & \dim(B(a)\bigcap E(b)) \\ \dim(E(a)\bigcap I(b)) & \dim(E(a)\bigcap B(b)) & \dim(E(a)\bigcap E(b)) \end{bmatrix}$$

表 4-7 维数扩展九交模型中维数的定义

	定义	维数
内部 Interior	点的内部:点自身	点的内部维数:0 维
	线的内部:2 个端点之间的点	线的内部维数:1 维
	多边形的内部:边界以内的部分	多边形的内部维数:2 维
边界 Boundary	点的边界:空集	点的边界维数:F(False)
	线的边界:2 个端点	线的边界维数:0 维
	多边形的边界:组成内外边界的环	多边形的边界维数:1 维
外部 Exterior	点、线、多边形的外部都是指除了内部和边界以外的部分	点、线、多边形的外部维数都是 2 维

因此,如果在 PostGIS 中使用如下带有 ST_Relate 的 SQL 查询语句,就可以得到两个多边形要素拓扑关系的 DE-9IM 的矩阵元素结果。假设两个多边形表 A 和 B 中各有一个多边形 a 和 b,它们是 Overlaps 的拓扑关系,则如下的 SQL 语句可以得到这样的 DE-9IM 的矩阵元素结果字符串"212101212",该字符串中的维数顺序是按照模型矩阵的行优先顺序排列的。该结果的图示说明见表 4-8。

```
SELECT ST_Relate(A.geom, B.geom)
    FROM polygon_table_1 A, polygons_table_2 B;
```

本章前面介绍过常规的关系数据表之间的**连接**(Join)操作,这种连接通常是借助两个表中相同的键值来把两个表的数据合并成一张表的。而 PostGIS 还在 SQL 语言中扩展了**空间操作符**(Spatial Operator),其中的**相交**(Intersection)操作可以实现**空间连接**(Spatial Join)的操作。

空间连接则是判断两个空间数据表中空间要素之间是否具有空间相交或包含等关系,当两个空间数据表中的空间要素之间存在指定的空间关系的时候,则将这些空间要素的交集及其属性数据合并到一个新的空间数据表中。所以,空间连接结果的几何对象其维数总是两个空间要素中维数低的那个。例如,点要素和多边形要素进行空间连接,其结果是点要素;线要素和多边形要素进行空间连接,其结果是线要素;等等。

表 4-8　PostGIS 支持的维数扩展九交模型示例(多边形 Overlaps)

下面的 SQL 语句实现了在两个多边形数据表 A 和 B 之间基于 Intersection 的空间连接生成新的多边形数据表 Polygon_Spatial_Join 的情况,这里新的多边形表没有设置主键。

```
CREATE TABLE Polygon_Spatial_Join AS
    SELECT A.attributes as att1, B.attributes as att2,
    ST_Intersection(A.geom, B.geom)
    FROM polygon_table_1 A, polygons_table_2 B;
```

除了上述 Intersection(类似逻辑"与"操作)外,PostGIS 还实现了一些 GIS 空间叠加运算的操作符,主要有:Union(类似逻辑"与"操作)、SymDifference(即 Symmetric Difference,类似集合"异或"操作)、Difference(类似集合"差"操作)等。两个多边形要素之间的空间叠加操作可以借用**文氏图**(Venn Diagram)的形式来说明,如表 4-9 所示。

表 4-9 多边形空间操作符的集合解释

Intersection $A \cap B$	Union $A \cup B$	Symmetric difference $A \Delta B$	Difference $A \setminus B$

4.6.5 MySQL 空间数据库

现在 MySQL 数据库被 Oracle 收购并由 Oracle 来维护,但是它在因特网应用中的地位依然很高。MySQL 也遵循 OGC 的标准支持各种空间数据类型的存储,同样可以通过 SQL 创建带有几何字段的空间数据库,也同样支持通过 WKT 和 WKB 的形式输入空间要素的坐标数据。MySQL 可以通过其内部的空间数据格式进行数据查询和操作,也可以把查询出的空间数据转成 WKT 或 WKB 的形式以供使用。下面的三个 SQL 语言在 MySQL 空间数据库中的空间数据表 geom 里分别以内部格式、WKT 格式和 WKB 格式查询出空间数据,其中第一个语句生成了一个新的空间数据表 new_geom。

```
CREATE TABLE new_geom (g GEOMETRY)
    SELECT g FROM geom;
SELECT ST_AsText(g) FROM geom;
SELECT ST_AsBinary(g) FROM geom;
```

MySQL 的具体内容可以参考其官方网站。这里我们只能一带而过,不可能做深入细致的阐述。除了上述一些支持空间数据库的系统以外,还必须简单提一下著名的 SpatiaLite。SpatiaLite 可以作为嵌入型数据库系统的 SQLite 的空间扩展,在很多移动系统中应用广泛。SpatiaLite 也同样支持 OGC 模型,支持 SQL 的各种空间功能,更何况具有体积小、效率高的优点,所以无论是 ESRI 的 ArcGIS 或者开源的 QGIS 都支持 SpatiaLite 的数据库连接。

写到这里,有感于整个空间数据库领域知识内容甚广,有很多非常优秀的教材和专业书籍可以参考学习。在此强烈推荐有兴趣进一步深化空间数据库知识的读者去参阅下列一些书籍。

对于关系数据库方面的知识,可以参考 David M. Kroenke 和 David J. Auer 合著的 *Database Concepts*,该书已经出了第 8 版。对于空间数据库的基本知识,Shashi Shekhar 和 Sanjay Chawla 合著的 *Spatial Database A Tour* 是一本非常好的入门读物。进一步的空间数据库学习可以参考 Albert K. W. Yeung 和 G. Brent Hall 合著的 *Spatial Database Systems:Design,Implementation and Project Management*。当然,要想运用 ESRI 的地理数据库系统,Michael Zeiler 的 *Modeling Our Word:The ESRI Guide to Geodatabase*

Concepts(第二版）是不二的选择。下面我们简单地介绍一下 ESRI 的地理数据库 Geodatabase。

4.6.6 ESRI 的 Geodatabase

1）空间数据库的结构

ESRI 为自己的空间数据库取名为 Geodatabase,相对于上述其他的空间数据库解决方案,ESRI 的 Geodatabase 有自己的独特优势。首先,Geodatabase 是一个完整的空间数据库解决方案,不仅支持各种矢量数据模型,还支持各种栅格数据模型;不仅可以用栅格的形式存储 DEM 数据,还可以用 TIN 的形式存储高程数据。此外,还支持建立复杂的网络数据模型,这些都超出了 OGC 的标准。

其次,Geodatabase 使用了**空间数据库引擎**(Spatial Database Engine,SDE)技术在底层的关系数据库基础上,实现了空间数据库的扩展。所以,使用 ESRI 的 ArcSDE 这个**中间件**(Middleware)可以把空间数据存放在各种关系数据库系统中,例如微软的 SQL Server 和 Oracle 等。这样屏蔽了底层的复杂性,用户可以直接通过 ArcSDE 和各种数据库中的空间数据进行连接。

Geodatabase 的结构也更符合 GIS 使用者的习惯,例如 Geodatabase 把空间数据库组织成三个层次的结构,如图 4-19 所示,最上层是地理数据库层,其下是**要素数据集**(Feature Dataset),最下面是**要素类**(Feature Class),三个层次呈现嵌套的关系。所有归属于同一个要素数据集中的空间数据都共享统一的空间参照系统,这就不需要为每一层空间数据(要素类)单独指定空间坐标系了,非常方便大量数据的应用。

USA.mdb	地理数据库 Geodatabase
StatesVectorDataSet	要素数据集 Feature Dataset
statesc	点要素类 Point Feature Class
statesl	线要素类 Polyline Feature Class
statesp	多边形要素类 Polygon Feature Class
StatesTopology	拓扑规则 Topological Rules

图 4-19　Geodatabase、要素数据集、要素类和拓扑规则

此外,Geodatabase 能够支持多种新的数据类型,例如,支持存储 LiDAR 点云数据的 LAS 数据集,支持多分辨率动态 TIN 结构的 Terrain 数据集等。这些新的应用都可以通过 Geodatabase 来实现。

2）空间拓扑规则

Geodatabase 针对空间数据之间可能存在的空间关系,让用户可以选择性地在各空间数据之间建立**拓扑规则**(Topological Rule)。一旦数据库中某个用户自定义了拓扑规则的要素数据集中有空间数据违背拓扑规则,则可以自动提示存在数据错误,以帮助用户修改可能错误的空间数据。

例如,如果用户建立的是一个美国各个州的范围数据,则可以建立两个拓扑规则,一个表明所有州的多边形不能相互交叠(Must Not Overlap),另一个表明所有州的多边形之间也不能存在空隙(Must Not Have Gaps)。一旦 Geodatabase 发现有些州的多边形由于数字化的误差造成有相互交叠或存在空隙的情况,如图 4-20 所示,则可以告诉用户这些地方存在拓扑错误,需要用户进行数据编辑加以改正。

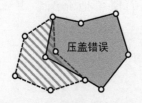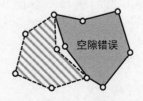

图 4-20 Geodatabase 中违反 Must Not Overlap 和 Must Not Have Gaps 拓扑规则的错误

Geodatabase 中用户可以定义的拓扑规则有几十种，一般可以分成多边形拓扑规则、线拓扑规则和点拓扑规则。这些规则可以建立在同一要素类（同一个数据层）之中的要素之间，也可以建立在同一要素数据集中不同的要素类之间。具体的拓扑规则可以参考 ESRI 的网站。

第 5 章　地理空间数据输入

GIS 需要用到大量的地理空间数据进行分析计算,可见地理空间数据对于 GIS 来说是非常重要的一环,其重要性要高于 GIS 的硬件和软件系统。在 GIS 中首先就需要用一种方法把地理空间数据输入到计算机中,以供 GIS 使用。本章的主要内容就是解决地理空间数据的输入问题。

地理空间数据通常是空间坐标数据,包括地理要素的经纬度坐标、平面直角坐标以及海拔高度坐标(高程坐标)等。要输入这些数据,有多种方法可以采用。例如采用地图数字化、遥感、摄影测量以及实地测量等技术方法;也可以通过向相关部门或数据生产企业购买获得;或者在因特网的相关网站所提供的数据交换中心下载相关的地理空间数据,经过处理以后输入 GIS 使用。其中,地图数字化是 GIS 中输入数据最常用的方法。

5.1　数字化

GIS 中的**数字化**(Digitizing)是将数据由模拟形式转化为数字形式的过程。这里所谓的模拟形式,就是指地图上采用地图符号表达地理空间要素的形式,例如,山峰采用一个三角形几何符号来表示其位置;河流采用一条或两条线状符号来表示其位置;湖泊采用封闭的不规则多边形符号来表示其范围;等等。而所谓的数字形式,就是在计算机中用数字来存储上述地理空间要素的坐标,从而确定其在地球上的位置。

5.1.1　手扶跟踪数字化

在 GIS 发展历程的初期,采用手扶跟踪数字化进行地理空间数据的输入是最常用的一种数据录入方式。该方法不但用在 GIS 中,而且在其他的图形设计领域(甚至是服装设计领域)也都有运用。所谓手扶跟踪数字化,就是使用如图 5-1 所示的手扶跟踪**数字化仪**(Digitizer)或称**数字化板**(Digitizing Tablet),把要数字化的地图贴在数字化板上,手扶着一个连接到数字化板叫做**游标**(Cursor 或 Puck)的采集器,对准地图上的图形采集位置坐标,并把坐标通过数字线路传送到所连接的计算机中保存起来。

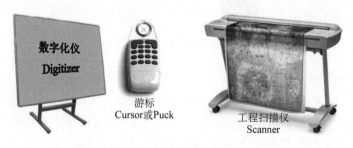

图 5-1　数字化仪及其游标、工程扫描仪

数字化仪的平板下面有一个内置的用来感知手持的游标相对于平板位置的电子网格,数字化的时候,使用者只需将游标的十字丝对准测量点后按下游标按钮,即可采集到被测

量点的相对 x、y 坐标(设备坐标)数据并传送到所连接的计算机中。大尺寸数字化仪的绝对精度通常可以达到 0.001 吋(约 0.003 cm),其相对坐标通常是以该设备坐标表达的,单位为吋或毫米等。

1) 数字化仪的连接

几乎所有的 GIS 软件都含有用于手扶跟踪数字化仪的数字化模块。该软件模块可以通过 RS232 串行接口、并行接口或者 USB 接口等与数字化仪进行全双工的数据通信,对数字化仪发送命令,并接收数字化仪发送过来的地理空间要素的坐标数据,还可以实时地把坐标数据显示在计算机屏幕上,供数字化工作的人员进行数据检查和错误的修改等编辑工作。

2) 仿射变换与坐标配准

数字化仪采集的坐标通常是以吋或毫米等为单位的设备坐标。这种设备坐标不能直接被 GIS 使用,还要进行一种坐标变换,把设备坐标系里的坐标数据转换成地理空间要素所在的真实地面上的坐标,也就是地图投影坐标系里的坐标。这一转换过程在 GIS 中称为**几何变换**(Geometric Transformation),所用的数学原理就是**解析几何**(又叫做**坐标几何** Coordinate Geometry)的相关内容。

GIS 中通常有很多种方法进行几何变换,常见的几何变换按照从简单到复杂可以分为四种,即等面积变换(欧氏变换)、相似变换、仿射变换和射影变换。上述这些几何变换的原理都很相似,都是由对坐标系进行平移、旋转和缩放等基本的变换经过组合得到的结果。而不同之处在于组合不同的基本变换从而得到保留不同几何特征的结果,下面分别加以论述(图 5-2):

• **等面积变换**(Equal Area 或 Euclidean Transformation)仅仅允许两个坐标系之间进行平移和旋转等基本变换,从而保持了原有地理空间要素的形状和大小不随变换而改变的特性。

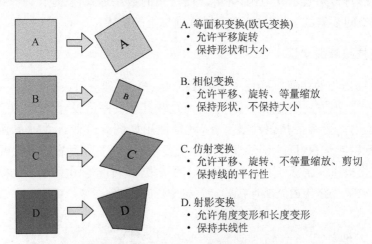

图 5-2　GIS 中常用的几何变换类型及性质

• **相似变换**(Similarity Transformation)允许两个坐标系之间进行平移、旋转和等量缩放等基本变换,但保持形状不变,即形状的相似性保持不变而大小允许发生变化。

• **仿射变换**(Affine Transformation)除了允许平移、旋转和不等量缩放等基本变换以外,还允许进行剪切变换,即角度的变化,但保持原有的平行性不变。原来的矩形可以变为平行四边形,虽然各个边之间的夹角发生了变化,但原来相互平行的边在变换之后仍然保持平行的性质。

• **射影变换**(Projective Transformation)允许角度和长度的变形,不保持原有平行直线的平行性。

从解析几何的角度来看,除了射影变换各种变换都是由一次多项式函数来实现的。此外,也可以用高次多项式实现复杂非线性变换。通过地图进行数字化的时候,一般情况下从设备坐标系到地图平面坐标系的变换采用低次多项式如仿射变换就完全可以达到精度要求,只有在非常特殊的情况下才会需要用到射影变换或高次多项式函数的非线性变换。所以,下面主要介绍仿射变换的原理。

仿射变换从几何意义上解释包含四种基本的变换形式,即**平移**(Translation)、**不等量缩放**(Differential Scaling)、**旋转**(Rotation)和**剪切**(Skew 或者 Shearing),如图 5-3 所示。也就是说,如果我们把一个平面直角坐标系的坐标在平面中进行这些形式的改变,最终我们得到的效果就是仿射变换的结果。

仿射变换的公式是 6 个待定系数的二元一次方程组,公式如下

$$\begin{cases} X = a_0 + a_1 x + a_2 y, \\ Y = b_0 + b_1 x + b_2 y \end{cases}$$

其中 x,y 是输入设备坐标,X,Y 是输出地图坐标,a_0,a_1,a_2 和 b_0,b_1,b_2 是 6 个变换的系数。

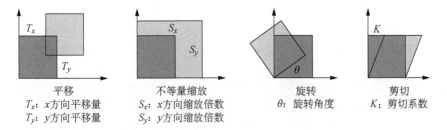

平移	不等量缩放	旋转	剪切
T_x:x方向平移量 T_y:y方向平移量	S_x:x方向缩放倍数 S_y:y方向缩放倍数	θ:旋转角度	K:剪切系数

图 5-3　仿射变换的四种几何变换形式

对上述 6 个变换系数可以从几何的角度加以解释。如果我们把四种基本的几何变换用矩阵的乘法来表示,那么二维平面中的平移可以表示成下面的 3×3 矩阵,其中,T_x 和 T_y 分别表示在 x 和 y 方向的平移量。

$$\begin{bmatrix} 1 & 0 & T_x \\ 0 & 1 & T_y \\ 0 & 0 & 1 \end{bmatrix}$$

因此,二维平面中的一个点(x,y)的平移,可以用公式 $X = x + T_x$ 和 $Y = y + T_y$ 来实现,其中(X,Y)是转换后的坐标位置,这里的坐标点(x,y)和(X,Y)都以齐次坐标的形式写成一个 3×1 矩阵。平移写成矩阵乘法的形式就是

$$\begin{bmatrix} X \\ Y \\ 1 \end{bmatrix} = \begin{bmatrix} 1 & 0 & T_x \\ 0 & 1 & T_y \\ 0 & 0 & 1 \end{bmatrix} \begin{bmatrix} x \\ y \\ 1 \end{bmatrix}$$

同理,以这样的形式可以得到按不同比例缩放的变换矩阵,其中,S_x 和 S_y 分别表示在 x 和 y 方向上缩放的比例,比例大于 1 则放大,比例小于 1 则缩小,比例如果是 −1 则形成镜像。

$$\begin{bmatrix} S_x & 0 & 0 \\ 0 & S_y & 0 \\ 0 & 0 & 1 \end{bmatrix}$$

围绕 xOy 坐标系原点 O 的旋转可以写成如下的变换矩阵,其中,θ 是围绕原点旋转的角度。

$$\begin{bmatrix} \cos\theta & -\sin\theta & 0 \\ \sin\theta & \cos\theta & 0 \\ 0 & 0 & 1 \end{bmatrix}$$

剪切变换有时候也叫错切、错位或扭曲变换,其变换矩阵如下所示,其中,当考虑沿着 x 方向发生剪切的时候,K_x 是沿着 x 方向的剪切系数,K_y 等于 0;当考虑沿着 y 方向发生剪切的时候,K_y 是沿着 y 方向的剪切系数,K_x 等于 0。

$$\begin{bmatrix} 1 & K_x & 0 \\ K_y & 1 & 0 \\ 0 & 0 & 1 \end{bmatrix}$$

上述四个变换组合起来,就可以形成仿射变换的矩阵,其中我们假定只考虑沿着 x 方向的剪切,剪切系数为 K,即 K 是沿着 x 方向剪切的角度的正切值。这里的剪切角度是以方位角来计算的,y 轴的正方向为 0,顺时针旋转为正。则仿射变换的矩阵如下

$$\begin{bmatrix} 1 & 0 & T_x \\ 0 & 1 & T_y \\ 0 & 0 & 1 \end{bmatrix} \begin{bmatrix} \cos\theta & -\sin\theta & 0 \\ \sin\theta & \cos\theta & 0 \\ 0 & 0 & 1 \end{bmatrix} \begin{bmatrix} 1 & K & 0 \\ 0 & 1 & 0 \\ 0 & 0 & 1 \end{bmatrix} \begin{bmatrix} S_x & 0 & 0 \\ 0 & S_y & 0 \\ 0 & 0 & 1 \end{bmatrix}$$
$$= \begin{bmatrix} S_x\cos\theta & S_y(K\cos\theta - \sin\theta) & T_x \\ S_x\sin\theta & S_y(K\sin\theta + \cos\theta) & T_y \\ 0 & 0 & 1 \end{bmatrix}$$

所以,仿射变换的公式 $X = a_0 + a_1 x + a_2 y$ 和 $Y = b_0 + b_1 x + b_2 y$ 中的 6 个系数可以理解成:a_0 和 b_0 分别表示坐标系在 x 和 y 轴方向上的平移量 T_x 和 T_y,而剩下的 a_1,a_2,b_1 和 b_2 四个系数则体现了旋转、缩放和剪切的综合效应,可以用如下的方程组,解出 S_x,S_y,θ 和 K。

$$a_1 = S_x\cos\theta$$
$$a_2 = S_y(K\cos\theta - \sin\theta)$$
$$b_1 = S_x\sin\theta$$
$$b_2 = S_y(K\sin\theta + \cos\theta)$$

如果能够计算出仿射变换的 6 个系数,就可以在两个坐标系之间建立仿射变换的公式,从而把一个设备坐标代入公式就可以计算出一个对应的地图坐标系的数值。因此,要实现仿射变换,关键就在于如何计算出这 6 个系数。在 GIS 中这通常是通过控制点来实现的。**控制点**(Control Point)是我们已经事先知道它的地图坐标数值(X 和 Y),同时在地图上也是非常易于找到的点,比如地图坐标系方里网的网格线交叉点、图廓点、重要地物位置点(如已知坐标的三角测量点)等,这些点的设备坐标可以通过数字化仪的游标在地图上直接采集。

回顾上面所述的仿射变换二元一次方程组,当有一个已知控制点的时候,就可以将其

已知的地图坐标(X 和 Y)以及数字化仪的游标采集的设备坐标(x 和 y)代入该公式,形成 2 个方程。而当我们有不在同一条直线上的 3 个控制点的时候,我们就可以形成 6 个方程。这 6 个方程联立方程组的解,就是我们要求的 6 个变换系数。寻找控制点的过程叫做**地理配准**(Georeferencing)。

实际应用中,为了获得更高精度的 6 个变换系数,最大限度地减少转换的误差,通常采集多于 3 个的控制点,并使用最小二乘法来计算这 6 个系数。设 Δx_i、Δy_i 表示控制点 i 的地图坐标和估算地图坐标之差,则有

$$\begin{cases} \Delta x_i = X_i - (a_0 + a_1 x_i + a_2 y_i), \\ \Delta y_i = Y_i - (b_0 + b_1 x_i + b_2 y_i) \end{cases}$$

按上述差值平方和最小的条件,可得到下列 6 个法方程

$$\frac{\partial \sum\limits_{i=1}^{n} (\Delta x_i)^2}{\partial a_0} = 0, \quad \frac{\partial \sum\limits_{i=1}^{n} (\Delta x_i)^2}{\partial a_1} = 0, \quad \frac{\partial \sum\limits_{i=1}^{n} (\Delta x_i)^2}{\partial a_2} = 0$$

$$\frac{\partial \sum\limits_{i=1}^{n} (\Delta y_i)^2}{\partial b_0} = 0, \quad \frac{\partial \sum\limits_{i=1}^{n} (\Delta y_i)^2}{\partial b_1} = 0, \quad \frac{\partial \sum\limits_{i=1}^{n} (\Delta y_i)^2}{\partial b_2} = 0$$

其中,n 为控制点的个数;x_i, y_i 为控制点 i 的数字化坐标;X_i, Y_i 为控制点 i 的已知地图坐标。根据上述法方程,计算出仿射变换的 6 个法方程的具体形式如下

$$\begin{cases} a_0 n + a_1 \sum\limits_{i=1}^{n} x_i + a_2 \sum\limits_{i=1}^{n} y_i = \sum\limits_{i=1}^{n} X_i \\ a_0 \sum\limits_{i=1}^{n} x_i + a_1 \sum\limits_{i=1}^{n} x_i^2 + a_2 \sum\limits_{i=1}^{n} x_i y_i = \sum\limits_{i=1}^{n} x_i X_i, \\ a_0 \sum\limits_{i=1}^{n} y_i + a_1 \sum\limits_{i=1}^{n} x_i y_i + a_2 \sum\limits_{i=1}^{n} y_i^2 = \sum\limits_{i=1}^{n} y_i X_i \end{cases} \begin{cases} b_0 n + b_1 \sum\limits_{i=1}^{n} x_i + b_2 \sum\limits_{i=1}^{n} y_i = \sum\limits_{i=1}^{n} Y_i \\ b_0 \sum\limits_{i=1}^{n} x_i + b_1 \sum\limits_{i=1}^{n} x_i^2 + b_2 \sum\limits_{i=1}^{n} x_i y_i = \sum\limits_{i=1}^{n} x_i Y_i \\ b_0 \sum\limits_{i=1}^{n} y_i + b_1 \sum\limits_{i=1}^{n} x_i y_i + b_2 \sum\limits_{i=1}^{n} y_i^2 = \sum\limits_{i=1}^{n} y_i Y_i \end{cases}$$

写成矩阵形式如下

$$\boldsymbol{A} \begin{bmatrix} a_0 \\ a_1 \\ a_2 \end{bmatrix} = \begin{bmatrix} \sum\limits_{i=1}^{n} X_i \\ \sum\limits_{i=1}^{n} x_i X_i \\ \sum\limits_{i=1}^{n} y_i X_i \end{bmatrix}, \quad \boldsymbol{A} \begin{bmatrix} b_0 \\ b_1 \\ b_2 \end{bmatrix} = \begin{bmatrix} \sum\limits_{i=1}^{n} Y_i \\ \sum\limits_{i=1}^{n} x_i Y_i \\ \sum\limits_{i=1}^{n} y_i Y_i \end{bmatrix}$$

其中,$\boldsymbol{A} = \begin{bmatrix} \sum\limits_{i=1}^{n} 1 & \sum\limits_{i=1}^{n} x_i & \sum\limits_{i=1}^{n} y_i \\ \sum\limits_{i=1}^{n} x_i & \sum\limits_{i=1}^{n} x_i^2 & \sum\limits_{i=1}^{n} x_i y_i \\ \sum\limits_{i=1}^{n} y_i & \sum\limits_{i=1}^{n} x_i y_i & \sum\limits_{i=1}^{n} y_i^2 \end{bmatrix}$

解方程得

$$\begin{bmatrix} a_0 \\ a_1 \\ a_2 \end{bmatrix} = \mathbf{A}^{-1} \begin{bmatrix} \sum\limits_{i=1}^{n} X_i \\ \sum\limits_{i=1}^{n} x_i X_i \\ \sum\limits_{i=1}^{n} y_i X_i \end{bmatrix}, \quad \begin{bmatrix} b_0 \\ b_1 \\ b_2 \end{bmatrix} = \mathbf{A}^{-1} \begin{bmatrix} \sum\limits_{i=1}^{n} Y_i \\ \sum\limits_{i=1}^{n} x_i Y_i \\ \sum\limits_{i=1}^{n} y_i Y_i \end{bmatrix}$$

3) 均方根误差

通过使用上述的最小二乘法,计算出 6 个变换系数以后,如何能够知道使用这 6 个系数进行坐标系变换所得到的变换精度是高还是低呢? 或者换一句话说,我们选取的用来估算这 6 个变换系数的控制点是否选择的比较合适? 是否能够满足我们应用中的精度需求? 为了回答上述这个问题,需要使用**均方根误差**(Root Mean Square Error,RMSE)统计的方法来达到这一目标。

所谓均方根误差,在变换中也称为控制点的**残差**(Residual),就是控制点的已知地图坐标值和通过 6 个系数的仿射变换公式求得的估计坐标值之间的偏差。这个偏差的大小可以用来定量地说明仿射变换的精度。对于一个控制点而言,其均方根误差的计算公式如下所示

$$\sqrt{(X_a - X_e)^2 + (Y_a - Y_e)^2}$$

其中,X_a、Y_a 是该控制点已知的实际地图坐标值,而 X_e、Y_e 是该控制点通过仿射变换公式估算出的坐标值。对于所有选定的控制点,则可以计算平均的均方根误差,其计算公式如下所示

$$\sqrt{\left[\sum_{i=1}^{n} (x_{a,i} - x_{e,i})^2 + \sum_{i=1}^{n} (y_{a,i} - y_{e,i})^2 \right] / n}$$

其中,n 为选定的控制点的个数。

当计算出的控制点的平均的均方根误差小于某个数值的时候,我们就可以认为运用该系数进行的仿射变换是符合精度要求的。例如,在 1∶50 000 的地图上进行仿射变换的结果,控制点的平均的均方根误差小于 10 米,则认为符合精度要求。否则,说明控制点选取存在精度问题,可以通过重新选择更合适的控制点,重新进行 6 个变换系数的求解和均方根误差统计,直到误差的数值满足要求为止。

进行仿射变换,除了前面讲到的可以在数字化的过程中将采集的设备坐标变换到地图坐标系中去的作用外,还有一个附带的作用就是纠正了原来地图上的几何变形误差。一般纸质的地图在保存和使用过程中都会由于折叠或卷曲等造成几何变形,这会造成在纸质地图上采集坐标数据的误差。通过仿射变换,可以消除掉这一部分的误差,恢复地图原有的几何精度。

4) 手扶跟踪数字化

手扶跟踪数字化的过程,通常是先连接数字化仪和计算机,在 GIS 软件中开启数字化功能模块,用数字化仪上的游标在数字化仪面板上面移动,采集 3 个以上的控制点的设备坐标,输入控制点对应的地图坐标值,进行仿射变换的配准工作,并观察各个控制点的均方根误差的数值是否符合要求。正式开始数字化以后,将游标上的十字丝对准要数字化的点、线或者多边形的边界,按下游标上面的某个按钮,就会将那个点位置的坐标采集到,并通过

连接数据线传输到电脑中,由 GIS 软件记录下来。

单个点要素的数字化比较简单,只要对准那个要数字化的点,按下游标按钮就行了。但对于线或多边形要素的数字化,则要数字化线或者多边形边界上的许多点。这时可以采用两种数字化模式,一种叫点模式,另一种叫流模式。采用点模式,操作者需逐个选择线或者多边形边界上的点来进行数字化;而采用流模式,操作者只需把游标沿着线或者多边形边界移动,数字化仪会按照预设好的时间间隔或距离间隔来进行采点数字化。使用点模式比流模式建立的空间数据规模要小,并且以直线分段来数字化简单的线要素效率更高。

在对具有公共边界的不同数据层进行数字化的时候,例如某一地区的土壤、植被和土地利用类型等三个数据层可能享有共同的边界,即土壤类型、植被类型和土地利用类型的多边形边界在某些地方是重合的。对这些多边形边界只进行一次数字化,并且应用到各个数据层中,这样不但可以节省数字化的时间,而且可以确保各个数据层之间的相互匹配。当然,分别数字化各个数据层也是可以的,后面拓扑编辑的部分将会介绍如何对于多个具有公共边界的数据层进行边界数据的处理,从而实现边界完全匹配的方法。

在使用数字化仪进行数字化的过程中,需要注意的一个问题是,对线或多边形要素边界仅需数字化一次,但是由于人为的疏忽可能会造成同一条线或多边形边界被数字化了两次甚至多次。这时,若干次数字化同一条线形成的几条线之间会产生一系列小的破碎的多边形,这在对数据进行手工编辑中较难改正,所以,避免出现一条线被多次数字化的方法是:在要数字化的地图上蒙一张透明纸,当一条线被数字化之后随即就在透明纸上做出标记。该方法还可以有效地减少某些线没有被数字化情况的发生。

5.1.2 扫描及屏幕数字化

使用数字化仪进行地理空间数据的数字化工作通常是一项艰苦的任务,一是数字化的时候需要操作者弯腰伏在数字化板上手持游标进行操作,时间一长就会消耗很大的体力;二是对于复杂的地图如土壤类型图和地质图等,由于图上的内容太多、图斑破碎繁杂,哪些要素已经数字化过了,而哪些要素还没有数字化实在是不容易弄清楚,由此会造成重复数字化同一个要素或漏掉一些要素没有数字化的错误。所以,GIS 工作者尤其希望有一种更好使用的数字化方式来替代手扶跟踪数字化。随着计算机软硬件技术的发展,扫描及屏幕数字化方式的出现,彻底解决了手扶跟踪数字化的上述难题。

1) 地图扫描

该方法首先要对需要数字化的地图使用工程扫描仪进行扫描,工程扫描仪可以扫描大幅面的地图(如图 5-1 所示),生成高分辨率的彩色数字图像。这就像给纸质的地图拍了一张高分辨率的彩色照片一样,而扫描仪扫描出的地图彩色图像几何变形是很小的,这和使用数码相机拍摄的图像总存在镜头的几何畸变是不可同日而语的。

这个扫描的过程实际上已经实现了把模拟形式的地图内容转变成数字形式的彩色图像,也就是实现了模数转换。但是这个地图的数字图像还不是 GIS 可以利用的数字形式,还要进一步处理成 GIS 所要求的矢量数据形式。这个处理过程可以按照地图要素的类型分成两种方式,其一,当地图是点要素时,采用屏幕手工数字化方式;其二,当地图是线要素或者面要素的边界时,既可以采用屏幕手工数字化,还可以采用自动跟踪数字化方式。

2) 数字图像的地图坐标配准

当地图被扫描成数字图像以后,可以在 GIS 软件中直接打开显示该数字图像。而在进行屏幕数字化工作之前,还需要对扫描的数字图像进行地图坐标系的配准工作,这和使用数字化仪进行数字化之前要做地图的配准是一样的,也就是在扫描的数字图像坐标系(像元的行列值表达的图像坐标系)和地图坐标系之间建立仿射变换的数学模型。

图像配准的过程与数字化仪的配准过程相似,即首先在数字图像上用鼠标点击选取若干个控制点,GIS 软件会自动获取其图像坐标值,输入对应的地图坐标值,GIS 软件计算出仿射变换的 6 个待定系数和各个控制点的均方根误差。一旦误差满足要求,即可实现图像的配准。这种对数字图像的配准常又称为几何校正。

如图 5-4 所示的是 GIS 软件图像配准时的一个例子,从中可以看出一共选择了 12 个控制点,X Source 和 Y Source 是控制点的图像坐标,X Map 和 Y Map 是控制点对应的地图坐标。后面的三列分别是经过仿射变换后在 x、y 方向及总的残差。这里选择的是一次多项式的仿射变换(1st Order Polynomial(Affine))。

当然,用户也可以根据误差的实际情况选择高次多项式进行变换。由于原理基本是一致的,所以通常的 GIS 软件都支持高次多项式变换。但是随着多项式次数的增大,需要计算的变换系数也会增多,从而造成计算的复杂性等问题。况且太高的幂次对误差的消除和变换模型精度的提高往往也作用有限,所以,通常不会选择过高的幂次多项式。

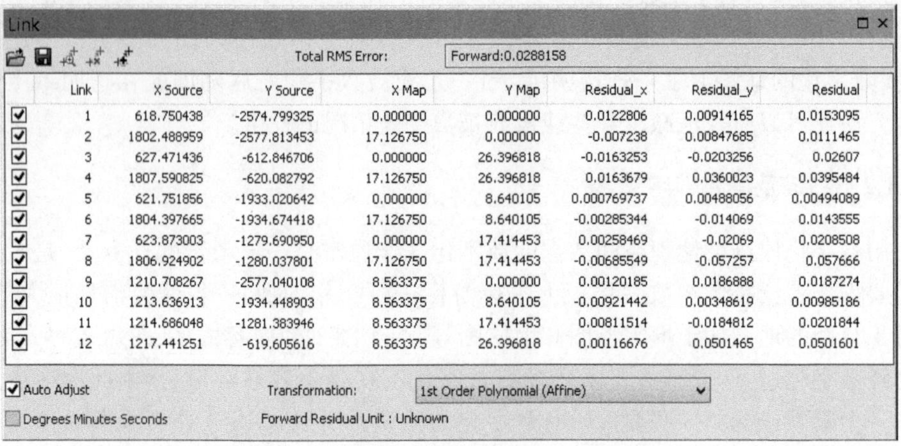

Link	X Source	Y Source	X Map	Y Map	Residual_x	Residual_y	Residual
1	618.750438	-2574.799325	0.000000	0.000000	0.0122806	0.00914165	0.0153095
2	1802.488959	-2577.813453	17.126750	0.000000	-0.007238	0.00847685	0.0111465
3	627.471436	-612.846706	0.000000	26.396818	-0.0163253	-0.0203256	0.02607
4	1807.590825	-620.082792	17.126750	26.396818	0.0163679	0.0360023	0.0395484
5	621.751856	-1933.020642	0.000000	8.640105	0.000769737	0.00488056	0.00494089
6	1804.397665	-1934.674418	17.126750	8.640105	-0.00285344	-0.014069	0.0143555
7	623.873003	-1279.690950	0.000000	17.414453	0.00258469	-0.02069	0.0208508
8	1806.924902	-1280.037801	17.126750	17.414453	-0.00685549	-0.057257	0.057666
9	1210.708267	-2577.040108	8.563375	0.000000	0.00120185	0.0186888	0.0187274
10	1213.636913	-1934.944903	8.563375	8.640105	-0.00921442	0.00348619	0.00985186
11	1214.686048	-1281.383946	8.563375	17.414453	0.00811514	-0.0184812	0.0201844
12	1217.441251	-619.605616	8.563375	26.396818	0.00116676	0.0501465	0.0501601

Link   Total RMS Error: Forward:0.0288158

Auto Adjust   Transformation: 1st Order Polynomial (Affine)
Degrees Minutes Seconds   Forward Residual Unit : Unknown

图 5-4   屏幕数字化之前图像的配准信息

3) 屏幕手工数字化和自动跟踪数字化

配准好坐标系的数字图像,就可以在屏幕上面进行数字化了。对于点要素,在 GIS 里面首先创建一个点要素的数据层,使得该点要素的数据层和配准好的数字图像是同一个地图坐标系。其次将该点要素的数据层打开,和下面的数字图像叠加在一起。这时候,手工操作鼠标移动屏幕上的数字化光标对准图像上的点要素位置,按下鼠标按键,就可以在该位置生成一个点要素。与此同时,还可以使用键盘,对刚刚创建的点要素在属性数据表里面自动新建的属性记录里添加上相应的属性数值,如点要素的名称、类型等。这就是目前 GIS 中常规的屏幕数字化数据输入方式。

线状的要素或者多边形面状要素的屏幕数字化,仍然可以采用上述的手工操作数字化方式来实现线上的点的采集和多边形边界上的点的采集,和点要素手工屏幕数字化的不同之处在于,点要素按一下鼠标数据就采集好了,而线和多边形要素的手工屏幕数字化要沿着线采集许多点。所以,当沿着线采集到最后一点的时候,要告知 GIS 软件数字化一条线结束,这通常可以通过双击鼠标按钮或右键弹出上下文菜单选择结束输入命令来实现。线或多边形屏幕数字化后输入属性数据的方式和点要素完全一样。

对于地图上常见的等高线这种形式上比较单一而数据量又较大的线状要素的扫描数字化,如果使用手工的屏幕数字化方式逐条线、逐个点地采集,则效率会相当低下。而等高线又是那么重要,很多应用中都涉及等高线、等深线的数字化。所以对等高线如何高效地进行数字化是 GIS 一个重要的功能需求。此外,地图上还有大量的河流水系等线状要素,这些不规则的线状要素的数字化同样也是需要高效解决的方案。

实现上述线状要素的快速屏幕数字化的方法就是线段**自动跟踪矢量化**(Raster Tracing),如图 5-5 所示。因为屏幕数字化的本质就是把栅格形式的数字图像转变成矢量数据形式,所以在 GIS 中可以直接使用栅格自动转换成矢量的技术方法,生成矢量形式的线状要素。这种矢量化方法的原理就是对组成线状要素的栅格(即图像数据中的像元)进行跟踪,从线状要素的一个端点的像元开始,记录其坐标,再查找该像元周边表示该线状要素的相同性质的像元,记录其坐标。重复该过程直到线的另一个端点结束,记录的一系列坐标就是矢量形式的线要素。

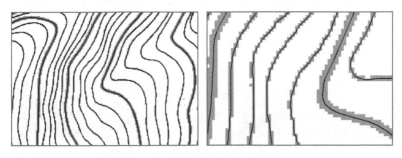

图 5-5　线要素的自动跟踪矢量化

要对线要素图像数据进行跟踪,前提条件是把数字图像转变成二值图的形式。所谓**二值图**(Binary Image),就是数字图像中的所有像元只有两种数值——0 和 1。假设 0 值代表没有线要素的背景区域,而 1 值代表线要素的位置。这样,GIS 软件就可以根据 1 值所在的位置,把线要素和背景区别开而跟踪出来。GIS 软件通常提供了全自动跟踪线要素和手动跟踪线要素的操作方式。

使用扫描和屏幕数字化的好处是可以在计算机的屏幕上自由地放大或缩小要数字化的地图,比在数字化仪的平板上数字化要更加易于看清需要数字化的地图要素,提高了数字化的精度。且由于是坐在计算机前,不需要弯腰伏在数字化仪的平板上工作,使得劳动强度大大降低,效率也大幅度提升。同时,由于数字化的矢量数据可以采用不同的颜色和下面叠放在一起的数字图像相区别,所以哪些要素已经数字化过了,哪些要素还没有数字化则一目了然,极大地降低了数字化过程中出错的概率。因此,目前大多数 GIS 数字化的工作都是使用扫描仪和屏幕数字化来完成的。

经过上述的数字化工作后,地图上表示的地理要素的几何信息与属性信息都已经存储到了 GIS 中,可以供分析处理之用。但如果空间数据是通过购买的方式获得的,或从网上**地理空间数据中心**(Geospatial Data Clearinghouse)以及**地理空间数据门户网站**(Geoportal)下载的,往往因为这些数据还不能完全满足我们的应用要求,还需要做一些特殊的处理才能输入 GIS 进行后续分析。这些特殊的数据处理工作通常有数据编辑和格式转换等。下面分别进行说明。

5.2 数据编辑

GIS 中地理空间要素的数据编辑包括要素编辑和拓扑编辑两个部分,所谓要素编辑就是直接改变几何要素(点、线、面)的几何形状,以满足应用的需求;而拓扑编辑则是建立几何要素之间的空间关系,以利于检查数据中存在的错误,并进行某些特定的空间分析,如网络空间分析等。

5.2.1 要素编辑

1) 融合

GIS 中有时需要把几个多边形要素合并成一个多边形要素,例如,把美国各个州的数据根据地理位置重新组合成四个地理区域,则所有同为一个地理区域的州的多边形数据需要合并成一个单独的多边形区域,原先各个州之间的边界就需要消除掉,只保留四个地理区域的边界线,如图 5-6 所示。这个多边形要素根据相同的属性进行合并的过程叫做**融合**(Dissolve)。

图 5-6　多边形融合

融合的实现一般是首先把需要融合在一起的多边形边界按照拓扑关系分解成弧段线数据;其次把所有弧段中具有相同属性的重复弧段去除,留下的即是融合后的多边形外边界弧段;最后利用一种叫做左转算法的方法,把多边形的边界弧段依次连接起来,以达到完整的多边形的要求。

左转算法是从一条多边形的边界弧段开始,考虑该弧段的终止节点应该继续连接该多边形的哪一条弧段。判断的方法就是比较该节点上连接的所有弧段的方位角,找出一条按方位角正方向(顺时针方向)离该弧段角度差值最小的弧段作为多边形的下一条边界弧段,如图 5-7 所示。

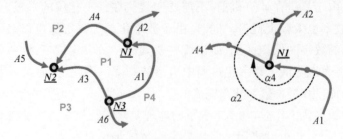

图 5-7　边界弧段生成多边形的左转算法原理

例如要生成图 5-7 所示的 $P1$ 多边形,先找到弧段 $A1$,起始节点是 $N3$,终止节点是 $N1$。找到 $N1$ 以后,节点 $N1$ 上除了弧段 $A1$,还有弧段 $A2$ 和 $A4$,这时候计算按顺时针顺序从 $A1$ 到 $A4$ 和 $A1$ 到 $A2$ 的夹角,分别为 $\alpha4$ 和 $\alpha2$。由于 $\alpha4$ 小于 $\alpha2$,所以,取 $\alpha4$ 所在的

弧段 $A4$ 为多边形下一条边界弧段。如此再在节点 $N2$ 处找到下一条弧段 $A3$。至此又回到了最初的起始节点 $N3$,多边形 $P1$ 的边界就都依次找到了。

上述的左转算法不能自动生成多边形中的洞多边形(即包含在其他多边形中的多边形),如图 5-8 所示的德国柏林在勃兰登堡州内部,但不属于勃兰登堡州。同样的例子还有南非内部的莱索托。所以还需要对生成的所有多边形进行包含检验,把被包含在其他多边形内部的洞作为外面包含它的多边形的内部边界来处理。有的时候,这种多边形的包含关系十分复杂,还会像俄罗斯套娃那样层层嵌套,所以使用左转算法时要仔细处理这些拓扑关系。

图 5-8　多边形内部洞的实例

2) 裁剪

在许多情况下都需要用到几何图形的裁剪,通常是用一个矩形区域作为裁剪输出的区域,落在该矩形区域里面的几何要素在区域的边界处进行裁剪,落在区域内的部分保留,落在区域外的部分舍弃。GIS 中的几何要素通常是点、线、面三种,点的矩形裁剪比较简单,就是判断点是否落在矩形区域内。而线和面的裁剪相对复杂,存在把线和面切割成内外两部分的情况。下面分别从线段的矩形窗口裁剪和多边形的矩形窗口裁剪以及多边形和多边形的裁剪来加以说明。

① 线段的矩形窗口裁剪

线段裁剪算法比较简单,但却非常重要,是复杂几何图形裁剪的基础。因为复杂的线要素可以通过折线段来近似,从而裁剪问题也可以化为直线段的裁剪问题。

常用的线段裁剪算法有 Cohen-Sutherland 算法、中点分割算法以及梁友栋-Barskey 算法等。这里仅仅拿 Cohen-Sutherland 作为例子进行说明。

Cohen-Sutherland 裁剪算法的思想是对于线段 P_1P_2 分为三种情况处理:若 P_1P_2 完全在窗口内,则取整条线段;若 P_1P_2 明显在窗口外,则丢弃该线段;若线段不满足上述两个条件,则在线段与窗口交点处把线段分为两段,其中一段完全在窗口外,舍弃。

为使计算机能够快速判断一条直线段与窗口属于何种关系,采用如下编码方法。延长窗口的边,将二维平面分成九个区域。每个区域赋予 4 位编码 $C_tC_bC_rC_l$,各位编码的定义如下

$$C_t = \begin{cases} 1, & y > y_{max}, \\ 0, & \text{else}, \end{cases} \quad C_b = \begin{cases} 1, & y < y_{min}, \\ 0, & \text{else}, \end{cases}$$

$$C_r = \begin{cases} 1, & x > x_{max}, \\ 0, & \text{else}, \end{cases} \quad C_l = \begin{cases} 1, & x < x_{min}, \\ 0, & \text{else} \end{cases}$$

其中,x_{max},y_{max},x_{min},y_{min} 是裁剪窗口的上下左右坐标值。因此,二维空间中这九个区域编码如图 5-9 所示。

x_{min}		x_{max}	
1001	1000	1010	
0001	窗口 0000	0010	y_{max}
0101	0100	0110	y_{min}

图 5-9　裁剪窗口编码

区域编码的计算代码如下所示：

```
// Cohen-Sutherland 裁减算法
Enum                                // 定义裁剪窗口的四条边的编码
{
    LEFT = 1, RIGHT = 2, BOTTOM = 4, TOP = 8
};

double Xmin, Ymin, Xmax, Ymax;       // 四个变量定义窗口边界的坐标

int Encode ( x, y ) // 求一个点(x, y)落在 9 个区域中的某个区域的编码
{
    int code = 0 ;
    if ( x < Xmin ) code | = LEFT;
    if ( x > Xmax ) code | = RIGHT;
    if ( y < Ymin ) code | = BOTTOM;
    if ( y > Ymax ) code | = TOP;

    retrun c ;
}
```

裁剪一条线段 P_1P_2 时，先求出端点 P_1 和 P_2 各自所在的区号 code1 和 code2，若 code1＝0，且 code2＝0，则线段 P_1P_2 完全在窗口内，符合第一种情况；若按位与运算 code1& code2≠0，则说明两个端点同在窗口的上方、下方、左方或右方，由此可判断线 P_1P_2 段完全在窗口外，符合第二种情况，舍弃该线段。否则，按第三种情况处理，求出线段与窗口某边的交点，在交点处把线段一分为二，其中必有一段在窗口外，可弃之。再对另一段重复上述处理。该算法的伪代码如下：

```
// 窗口裁剪端点为(x1,y1),(x2,y2)的线段，最终(x1,y1)和(x2,y2)为窗口内的线段
void ClipLine( x1, y1, x2, y2 )
{
    code1 = Encode( x1, y1 ) ;               // 求两端点的编码
    code2 = Encode( x2, y2 ) ;

    while ( code1 != 0 || code2 != 0 )  // 线段不完全在窗口内
    {   if ( code1 & code2 != 0 )          // 线段完全在窗口外，舍弃
            return ;

        code = code1 ;                // 线段与窗口相交，code 为窗外点的编码
        if ( code1 == 0 )   code = code2 ;

        double x, y ;                       // x, y 是和窗口边界的交点
        if ( LEFT & code != 0 )
            求与窗口左边相交的交点坐标x, y (略)
        else if ( RIGHT & code != 0 )
            求与窗口右边相交的交点坐标x, y (略)
        else if ( BOTTOM & code != 0 )
            求与窗口下边相交的交点坐标x, y (略)
        else if ( TOP & code != 0 )
            求与窗口上边相交的交点坐标x, y (略)

        if ( code == code1 ) {               // 第一点在窗口外，裁剪掉第一点
            x1 = x ;    y1 = y ;    code1 = Encode ( x, y ) ;
        }
        else {                              // 第二点在窗口外，裁剪掉第二点
            x2 = x ;    y2 = y ;    code2 = Encode ( x, y ) ;
        }
    }
}
```

② 多边形的窗口裁剪

多边形的窗口裁剪是以线段裁剪为基础的。由于多边形是由若干条首尾相连的线段连接而成的,其中的第 i 条线段的终点必定是第 $i+1$ 条线段的起点,因此裁剪后的多边形仍应保持原多边形各边的连接顺序。另外,多边形是封闭的图形,经裁剪后的图形仍应是封闭的,而不是一些孤立的线段。Sutherland-Hodgman 算法是多边形裁剪法中比较常用的算法。

Sutherland-Hodgman 算法被称为逐边裁剪法,具体做法是:依次用窗口 4 条边界中的一条边界对多边形进行裁剪,把落在窗口外部的多边形部分去掉,只保留窗口内部区域,并把它作为下一次待裁剪的多边形。因而,需要两个数组来保存初始多边形的顶点坐标及被某条窗口边界裁剪后生成的新多边形的顶点坐标。

该算法中窗口的每条边界和一条多边形边界线段之间的关系可以有 4 种不同的情况,分别采取不同的处理方法,如图 5-10 所示。

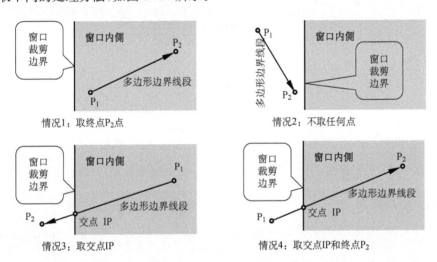

图 5-10　Sutherland-Hodgman 算法的四种不同情况

对于线段 P_1P_2 两端点都在窗口内的第一种情况,取终点 P_2 存入结果多边形顶点集合中;对于线段两端点都在窗口外的第二种情况,不取任何点;对于起点 P_1 在窗口内、终点 P_2 不在窗口内的第三种情况,取线段与裁剪边界的交点 IP 存入结果多边形顶点集合中;对于终点 P_2 在窗口内、起点 P_1 不在窗口内的第四种情况,取线段与裁剪边界的交点 IP 以及终点 P_2 存入结果多边形顶点集合中。下面是该算法的伪代码。

```
// 判断点在窗口内侧, ClipEdge 为窗口裁剪边
bool Inside( Point, ClipEdge )
{   if( ClipEdge 是窗口下边 && Point 的 y 坐标大于等于 ClipEdge 的 y 坐标 )
        Return true;
    if( ClipEdge 是窗口上边 && Point 的 y 坐标小于等于 ClipEdge 的 y 坐标 )
        Return true;
    if( ClipEdge 是窗口右边 && Point 的 x 坐标小于等于 ClipEdge 的 x 坐标 )
        Return true;
    if( ClipEdge 是窗口左边 && Point 的 x 坐标大于等于 ClipEdge 的 x 坐标 )
        Return true;
    Return false;    // 不在窗口内侧
}
```

```
// 直线段p1p2和窗口边界求交, 返回交点 IntersectPt
void Intersect( p1, p2, ClipEdge, IntersectPt )
{ ...(略) }

// 用一条ClipEdge裁剪多边形的所有边界线段上的顶点 InVerArray,
// 裁剪结果顶点保存在 OutVerArray 数组中
void EdgeClip( InVerArray, OutVerArray, ClipEdge )
{
    // 循环处理 InVerArray 中每两个相邻顶点构成的线段p1p2
    For every p1p2 in InVerArray
    {
        if ( Inside( p2, ClipEdge ) )          // P2 在窗口内
        {
            if ( Inside( p1, ClipEdge ) )  // P1P2 在窗口内, 情况1
                把 P2 点加入 OutVerArray 数组中 (略)
            else                               // 情况4, 起点 P1 在窗口外
            {
                Intersect( p1, p2, ClipEdge, IP );// 求交点 IP
                把交点 IP 点加入 OutVerArray 数组中 (略)
                把 P2 点加入 OutVerArray 数组中 (略)
            }
        }
        else if( Inside( p1, ClipEdge ) )   // P1在窗口内,P2在窗口外,情况3
        {
            Intersect( p1, p2, ClipEdge, IP );// 求交点 IP
            把交点 IP 点加入 OutVerArray 数组中 (略)
        }
    }
}

// Sutherland-Hodgman 算法
void Sutherland-Hodgman( InVertexArray, OutVerArray )
{
    EdgeClip( InVerArray, OutVerArray, LeftEdge );   // 裁剪窗口左边界
    EdgeClip( InVerArray, OutVerArray, BottomEdge );// 裁剪窗口下边界
    EdgeClip( InVerArray, OutVerArray, RightEdge );// 裁剪窗口右边界
    EdgeClip( InVerArray, OutVerArray, TopEdge );   // 裁剪窗口上边界
}
```

③ 多边形窗口裁剪多边形

如果裁剪的范围不是矩形窗口,而是不规则的多边形,此时裁剪更加复杂,实际上它就是 GIS 中多边形和多边形的 Intersect 叠加运算(参见数据库部分)。首先用裁剪多边形的每一条边界线段与被裁剪多边形的每条边界线段进行求交,如果存在交点,则求出交点坐标处切割被裁剪多边形的边界。最后,将切割后位于裁剪多边形以外的边界线段舍弃,位于裁剪多边形以内的线段按照上述的左转算法,重新建立多边形。

5.2.2 拓扑编辑

拓扑编辑(Topological Editing)是用来去除空间数据中存在的拓扑错误的操作。所谓**拓扑错误**(Topological Error)主要指的是空间要素在位置关系上的错误。这些拓扑错误可能发生在同一数据层内,也可能发生在不同的数据层之间。GIS 通常要使用不同的编辑方法来纠正这些错误。

同一数据层内的拓扑错误可以发生在线要素和多边形要素上面,线要素的常见拓扑错

误有**过伸**(Overshoot)和**未及**(Undershoot),如图 5-11 所示。当一条线要和另一条线相接的时候,如果超出了节点所在的位置则是过伸;相反,如果未到节点的位置,则是未及。过伸和未及都会产生一个**悬挂节点**(Dangling Node)。同一数据层内的多边形拓扑错误有空隙和**交叠**(Overlap)等。如图 5-12 所示,两个相邻行政区的多边形要素之间边界不重合,则可能存在空隙或压盖。

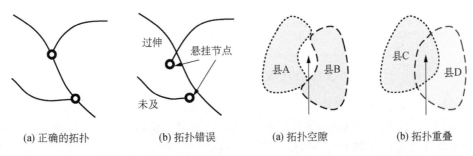

| (a) 正确的拓扑 | (b) 拓扑错误 | (a) 拓扑空隙 | (b) 拓扑重叠 |

图 5-11　线要素拓扑错误示意图　　　图 5-12　多边形要素拓扑错误示意图

不同数据层之间的拓扑错误常常表现为相邻区域的线要素数据没有准确地衔接在一起,也可能是多边形要素共同的边界没有**完全重合**(Coincident)。如图 5-13 所示,左边的线要素是 A 县数据层中的公路,右边的线要素是相邻 B 县数据层中的公路。它们在县边界处原本应该准确地衔接,但由于这两个数据是分别采集制作的,在县的边界处产生了不能衔接在一起的拓扑错误。再如图 5-14 所示,土壤类型数据层和同一地区的用地类型数据层之间,有一条从左到右的类型边界应该是重合的,但由于土壤数据和用地类型数据分别被数字化,造成这一边界不重合的拓扑错误。

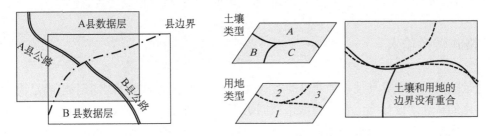

图 5-13　不同线要素层之间的拓扑错误　　　图 5-14　不同多边形要素层之间的拓扑错误

对于上述的这些拓扑错误,通常 GIS 软件有下列的方法和步骤进行拓扑编辑。以 ArcGIS 为例,在 Geodatabase 中用户可以选择在一层数据或多层数据之间创建拓扑关系规则。通常这些拓扑关系规则有数十种之多,用户根据自己数据的实际情况来选择合适的拓扑规则。如图 5-15 所示,左边的下拉列表框列出了同一个数据层中线要素之间可以建立的一些拓扑规则,例如 Must Not Intersect 表示线要素之间不能相交,可以用于等高线数据。右边的下拉列表框列出了同一个数据层中多边形要素之间可以建立的一些拓扑规则,例如 Must Not Have Gaps 表示多边形之间不能有空隙,可以用于行政区划这样的多边形要素数据。

用户还需要根据实际情况指定一个**容差**(Tolerance),也就是误差的大小。然后让 ArcGIS 自动根据容差和拓扑规则来检查数据中是否有拓扑错误,例如是否有悬挂节点(图 5-15 线要素拓扑规则中的 Must Not Have Dangles),如果一个线要素的节点只有一条线相

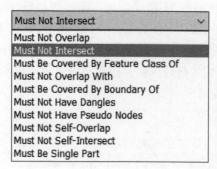

Must Not Intersect ▽	Must Not Have Gaps ▽
Must Not Overlap	Must Not Overlap
Must Not Intersect	**Must Not Have Gaps**
Must Be Covered By Feature Class Of	Must Not Overlap With
Must Not Overlap With	Must Be Covered By Feature Class Of
Must Be Covered By Boundary Of	Must Cover Each Other
Must Not Have Dangles	Must Be Covered By
Must Not Have Pseudo Nodes	Boundary Must Be Covered By
Must Not Self-Overlap	Area Boundary Must Be Covered By Boundar
Must Not Self-Intersect	Contains Point
Must Be Single Part	Contains One Point

图 5-15　ArcGIS 支持的同一数据层中线要素和面要素的拓扑规则(部分)

连,且到另一条线要素的距离小于容差,则判定其为疑似悬挂节点错误。ArcGIS 会生成一个包含拓扑错误位置的数据层,在其中标出该疑似错误的位置。用户可以据此修改错误,或认为是例外情况而不属于拓扑错误,则不需改正。

如果是在多个数据层之间建立拓扑规则,还可以由用户设定各个数据层的优先级别。例如,当用户设定了两个多边形数据层之间边界应该重合的拓扑规则,如果 ArcGIS 检查出两个数据层边界之间的距离小于容差,则会自动将优先级别较低的边界移动到优先级别较高的边界处,形成重合的边界,从而消除拓扑错误。

在使用屏幕数字化方法生成新的空间数据时,拓扑编辑也有作用。通常用户可以设定一个**捕捉**(Snapping)的容差,当在屏幕上移动光标到距离已有的空间数据(坐标点或线段)在容差以内的时候,光标会自动捕捉到已有的空间数据,这时候如果按下鼠标键,则新增的坐标点和已有的空间数据重合,从而避免了产生悬挂节点和边界不重合的拓扑错误。运用拓扑编辑,还可以在生成一个多边形相邻的多边形时,不用重复生成公共的边界。

5.3　格式转换输入

通过购买或下载等其他途径获得的空间数据,往往数据存储的格式不一定满足应用的要求。比如从规划设计部门获得的城市空间数据,常常就是以 AutoCAD 的文件格式存储的。这些数据在 GIS 软件中使用前必须将格式转换成 GIS 所支持的文件格式。但是,这种转换常常伴随着很多问题,比如一种空间数据格式里的信息在转换成另一种空间数据格式时可能会出现数据丢失的问题等。所以,进行数据格式转换的时候,需要格外小心。

5.3.1　AutoCAD 格式 DXF 的输入

AutoCAD 的 DXF 数据格式属于中性格式,中性格式是指数据交换的一种实际或公共的格式。由于 AutoCAD 成名较早,在 20 世纪 80 年代就得到较为普遍的运用,那时还没有在微机上普遍适用的 GIS 软件,所以,大多数 GIS 研究和应用都借用 AutoCAD 作为数据采集、处理和绘图的软件,造成当时很多空间数据都是用 AutoCAD 的文件格式保存的。

AutoCAD 的主要文件格式是 DWG 格式,DWG 格式是一个二进制的文件格式,但是只在 AutoCAD 软件内部使用,文件结构并不对外公开。而另一种 DXF(Drawing Exchange Format)数据文件格式主要是 AutoCAD 用来和其他 CAD 软件交换数据用的文本格式,文件结构是公开的。所以,一般情况下,要想在别的软件里使用 AutoCAD 数据,就要先使用 AutoCAD 把内部的 DWG 格式的文件转换输出成 DXF 格式的文件。网上也有很多第三方的转换工具软件,可以帮助我们把 DWG 格式转换为 DXF 格式。

随着 GIS 应用的深入,早期的 AutoCAD 系统已经不能满足 GIS 属性数据存储和空间分析等方面的应用需求。主要体现在:① CAD 仅注重图纸的设计,它的数据只是图形符号表达,而 GIS 要求数据是地理要素的空间坐标和属性信息;② CAD 系统属性表达功能弱,地图图层和注记标注是基本的属性描述,不能进一步存储大量信息的属性数据库。这导致很多早前用 AutoCAD 系统采集的空间数据成为信息孤岛,得不到充分利用。因此,AutoCAD 数据和 GIS 数据之间的转换成为实现信息共享的关键。

虽然 AutoCAD 的软件生产商 AUTODESK 公司意识到这一问题,并推出了 AutoCAD Map 3D 等面向 GIS 应用的软件,解决了属性数据库和栅格数据的运用问题,但目前市场上大多数的 GIS 应用还是采用了把 AutoCAD 数据直接转为 GIS 数据,并在专门的 GIS 软件(如 ArcGIS 等)中进行分析处理的方法。

DXF 格式是 AutoCAD 图形文件中所包含的全部信息的一种文本表示方法,既包含了图形的坐标,又包含了图形的相应属性如符号、颜色、大小等。由于 DXF 格式是公开的文本 ASCII 码文件,且一直是 AutoCAD 标准的交换格式文件,所以大多数 GIS 软件都能够直接读取 DXF 数据实现空间数据的转换输入。

ASCII 格式的 DXF 文件可以用常规的文本编辑器软件打开进行查看。DXF 文件的基本组成可以去 AUTODESK 公司的网站 www.autodesk.com 上查看,在那里能够找到详细的格式说明。当然,目前虽然 AutoCAD 的内部 DWG 文件格式没有公开,但有一个叫 Open Design Alliance 的非营利性行业协会对 DWG 文件进行了逆向工程,得到了 DWG 的文件格式,有兴趣的可以去他们的网站 www.opendesign.com 看看,包括 ESRI 在内很多公司都是他们的合作伙伴。ESRI 的 ArcGIS 中直接读取 DWG、DXF 文件的功能就是得益于这个协会的工作。

AutoCAD 的 DXF 文件格式:
    HEADER 部分: 图的总体信息。每个参数都有一个变量名和相应的值。
    CLASSES 部分: 包括应用程序定义的类的信息。
    TABLES 部分: 这部分包括命名条目的定义。
        Application ID (APPID) 表
        Block Recod(BLOCK_RECORD)表
        Dimension Style (DIMSTYPE) 表
        Layer (LAYER) 表
        Linetype (LTYPE) 表
        Text style (STYLE) 表
        User Coordinate System (UCS) 表
        View (VIEW)表
        Viewport configuration (VPORT) 表
    BLOCKS 部分: 包括 Block Definition 实体,用于定义每个 Block 的组成。
    ENTITIES 部分: 这部分是绘图实体,包括 Block References 在内。
    OBJECTS 部分: 非图形对象的数据,供 AutoLISP 和 ObjectARX 应用程序所使用。
    THUMBNAILIMAGE 部分: 包括 DXF 文件的预览图。
    END OF FILE

话说回来,在转换过程开始前,还必须认清 AutoCAD 数据是否符合 GIS 的矢量数据要求。例如,点的符号只能转换它的一个定位坐标位置到 GIS 中,而不能转换它所有的图形表达坐标;文字注记如何与它所对应的空间要素结合也是要考虑的问题。

5.3.2 MapInfo 格式的输入

MapInfo 是美国 MapInfo 公司于 1986 年推出的 GIS 系统,是世界上最早的一个运行在个人计算机上的桌面 GIS 商用软件。那时的 ArcGIS 前身 ArcInfo 还是工作站的版本,对于普通微机用户的支持远不及 MapInfo。MapInfo 最初是基于 DOS 版本,从 1991 年开始,出现了 MapInfo for Windows 的 16 位程序,从 1995 年的 4.0 版本开始,MapInfo Professional 成为 32 位的 Windows 程序。到了 2014 年 MapInfo 新增了 64 位的版本。

虽然 MapInfo 在空间数据库管理和地图制图方法上简单易学,但是其 GIS 空间分析功能相对于 ArcGIS 而言还是较弱一点,起初只有矢量数据的处理能力,后来又增加了处理栅格数据的能力,可以进行以数字高程模型为基础的数字地形分析。所以很多时候需要把 MapInfo 格式的数据添加到 ArcGIS 平台中进行处理。

MapInfo 中每张地图被称为一个表。每个表由图形和数据构成,分别被存放到.TAB(包含相关的其他文件信息的 ASCII 文件)、.DAT(属性数据文件,通常是 dBase III DBF 文件格式)、.MAP(空间数据文件)和.ID(空间数据的索引文件)四个文件中。网上可以找到一些开源的代码来读写 MapInfo 的 TAB 文件,例如 http://mitab.maptools.org/上有一个开源的 C++库可以用来读写 TAB 文件。此外,MapInfo 还给出了用于格式交换的数据结构,即 MIF 文件和 MID 文件。

MapInfo 格式的数据可以通过直接转换成为 Shapefile 格式的数据,然后输入到 GIS 平台中。直接转换是指在 GIS 软件包中用算法将空间数据从一种格式转换成另一种格式。在数据标准和开放式 GIS 发展以前,直接转换往往是数据转换的唯一方法。

5.3.3 文本文件输入

文本文件也属于中性格式,很多 GIS 软件包都可以将含有 x, y(也可有 z)坐标的文本文件导入 GIS。常见的文本文件是 CSV 格式文件,CSV 即**逗号分隔值**(Comma-Separated Values)的英文缩写,通常都是纯文本文件。当然,很多 GIS 软件也支持数值之间用空格或 Tab 来分割的文本文件。例如 ArcGIS 支持一种 xyz 格式的文本文件,该文本文件由若干行组成,每一行是三个以空格分开的 xyz 坐标值,表示点的三维空间坐标。ArcGIS 还支持一种 GENERATE 格式的文本文件,这个文本文件可以记录点、线和面的坐标并可输入到 GIS 中。该文件的格式如图 5-16 所示。

ArcGIS 的 GENERATE 格式分为点格式、线或面格式,点格式通常是一个点占一行,以点的 ID 编码开始,后面是空格分开的 x、y 和 z 坐标。线或面格式则是用若干行表示一条线或一个面的边界坐标,一条线或一个面以 ID 编码开头,ID 编码独占一行,后面跟着 x、y 和 z 坐标串,每个坐标占一行。一条线或一个面的边界结束则用一行"END"表示。无论是点还是线或面 GENERATE 文件格式,最终文件结束都是用单独一行的"END"表示。如图 5-16 所示。不过,这样的线或面 GENERATE 文件只能表达单线或单面,不能表示多个部分组成的线或面。

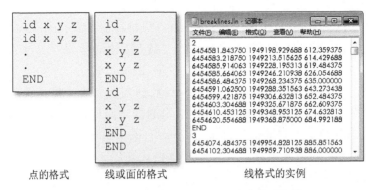

点的格式　　　线或面的格式　　　　　　　线格式的实例

图 5-16　ArcGIS 的 GENERATE 文本格式文件

5.3.4　GML 和 KML

GML 和 KML 都是基于 XML 格式的用于表达地理空间数据的文件。

1）GML

GML（Geography Markup Language）即地理标记语言，是由 OGC 定义的用于表达地理特征的 XML（eXtensible Markup Language）语法。GML 可以作为 GIS 空间数据的建模语言，也可以充当 Web 上空间数据的交换格式。GML 语言可以描述所有形式的空间信息，不仅可以描述传统的矢量数据和栅格数据，还可以描述属性数据和拓扑数据，甚至可以表达遥感图像数据以及地理空间坐标系等。

由于 GML 包罗万象，所以通常分成若干个 Profile 来管理，每个 Profile 负责一种空间数据类型。例如，GML Simple Features profile 用来表达矢量数据，这样的矢量数据通常用在 Web GIS 的**网络要素服务**（Web Feature Service，WFS）上；GML profile for GMLJP2 用来表达可地理定位的 JPEG 2000 图像数据。

GML 通常由 Schema 来定义其使用的标签和结构，Schema 放在扩展名为.xsd 的文件中，具体的数据按照 Schema 的定义放在扩展名为.gml 的文件中。下面的例子〈ogr：geometry Property〉是美国 50 个州的.gml数据文件的一部分，表达了美国马萨诸塞州的多边形坐标数据和属性数据（州名称等）。有关 GML 的详情请参考 OGC 网站。

```
<ogr:geometryProperty> ……此处有省略
          <gml:Polygon>
                  <gml:outerBoundaryIs>
                          <gml:LinearRing>
                                  <gml:coordinates>
                                          -71.3198318,41.7720947   ……坐标数据省略
                                  </gml:coordinates>
                          </gml:LinearRing>
                  </gml:outerBoundaryIs>
          </gml:Polygon> ……此处有省略
</ogr:geometryProperty>
<ogr:STATE_NAME>Massachusetts</ogr:STATE_NAME>
```

2）KML

KML（Keyhole Markup Language）即 Keyhole 标记语言。Keyhole 公司最先开发了显示全球卫星遥感数据的软件，实现了一种基于 XML 语法格式的用于描述地理信息（如点、

线、图像、多边形和 3D 建筑模型等)的编码规范即 KML。2004 年 Keyhole 公司被谷歌公司收购,2005 年推出 Google Earth 和 Google Maps,风靡一时。2008 年 Google 公司放弃对 KML 的控制权并由 OGC 接管,使得 KML 成为一个国际标准。

KML 主要用来表达三维地球表面的空间数据,既可以表达三维矢量形式的点线面数据,又可以借助于一种名叫 COLLADA 的 XML 数据表达三维模型。关于三维数据模型 KML 的部分会在后续的有关章节里面叙述,这里的例子同样是上述美国马萨诸塞州的空间数据以 KML 多边形形式存储的文件部分。KML 的文件一般以.kml 为扩展名,有的时候为了网络传输的效率,将其用 ZIP 压缩成.kmz 格式进行保存和传输。关于 KML 标准可以参考 OGC 的官方网站。

```xml
<Placemark>
    <Style>
        <LineStyle><color>ff0000ff</color></LineStyle>
        <PolyStyle><fill>0</fill></PolyStyle>
    </Style>
    <MultiGeometry>
        <Polygon>
            <altitudeMode>absolute</altitudeMode>
            <outerBoundaryIs>
                <LinearRing>
                    <altitudeMode>absolute</altitudeMode>
                    <coordinates>
                        -71.3198318,41.7720947 ... 坐标数据省略
                    </coordinates>
                </LinearRing>
            </outerBoundaryIs>
        </Polygon>
    </MultiGeometry>
</Placemark>
```

5.3.5 GeoJSON

GeoJSON 是基于 JavaScript 对象表示法的地理空间信息数据交换格式。GeoJSON 对象可以表示点、线、面、多点、多线、多面和几何集合。GeoJSON 里的特征包含一个几何对象和其他属性,特征集合表示一系列特征。一个完整的 GeoJSON 数据结构总是一个对象,对象由名/值对(也称作成员的集合)组成。对每个成员来说,名字总是字符串。成员的值可以是字符串、数字、对象、数组等。GeoJSON 也通常用于 Web GIS 的数据表达,其文件扩展名为.geojson。下面同样是上述美国空间数据以 GeoJSON 格式表达的片段。

```json
{   "type": "FeatureCollection",
    "features": [
    {   "type": "Feature",
        "properties":
        {   "STATE_NAME": "Massachusetts", "STATE_FIPS": "25",
                  "STATE_ABBR": "MA"  },
        "geometry":
        {   "type": "MultiPolygon",
            "coordinates": [ [ [ [ -71.319831848144531,
                  41.7720947265625 ], [...] ] ] ] }
    },
    ... 省略其他州的数据
    }
}
```

地理信息系统基础原理与关键技术

5.3.6 GDAL

为了能够在各种不同的 GIS 系统之间建立数据共享,也就是想直接使用其他来源的现成的空间数据,人们常常不得不对其他数据进行转换。所以大家都盼望着能有一种通用的方法来转换,也就是发展一种抽象的空间数据结构,用来支持尽可能多的空间数据格式。于是,就产生了一个叫 GDAL 的库,即目前使用最广泛的空间数据转换方法,被很多 GIS 软件所采用,例如 ArcGIS 和 QGIS。

GDAL 目前的名称应该是 GDAL/OGR,GDAL 常常被人们念成"骨朵"或"几斗",其全称是 Geospatial Data Abstraction Library,即地理空间数据抽象库。GDAL 刚开始的时候是设计用来读写栅格数据文件的,后来加入了 OGR 部分,这部分 OGR 是用来读写遵循 OGC 标准的矢量数据文件的,所以 OGR 的意思可能是 Open Geospatial Reference。现在 GDAL 和 OGR 逐渐在结构上融为了一体。

GDAL 是自由软件和开源软件(Free and Open-Source Software,FOSS),人们可以从其官网 www.gdal.org 上下载并使用它,也可以对其源代码进行更新。GDAL 最早在 1998 年由 Frank Warmerdam 开始开发,是一个跨平台软件,支持现在大多数主流操作系统,无论是 UNIX、Linux、Mac OS X 或者 Windows 都可以安装使用。GDAL 是使用 ANSI C 和 C++开发的,且运用了 C++ 11 的标准,所以,通过网络下载了 GDAL 的源代码之后,要用支持 C++ 11 标准的 C++编译器来编译生成库文件。目前可以使用的编译器主要有 Linux 上的 GCC4.8.1 以上版本、Mac OS X 上的 Clang 9.0 以及 Windows 上的 Visual C++ 14.0 以上版本。

现在 GDAL 的开发主要是由开源地理空间基金会(OSGeo)来管理,OSGeo(Open Source Geospatial Foundation)成立的宗旨在于支持和建立高品质的开源地理空间软件,并推动社区项目的协作开发和使用。希望开发和使用开源 GIS 的人可以通过其网站 https://www.osgeo.org/来参与其过程。

第6章 地理空间数据处理与变换

上一章讨论了将地理空间数据输入到 GIS 中的一些技术方法,着重考虑的是矢量数据的输入,因为矢量地理空间数据是目前 GIS 中使用最广泛的数据模型。

然而,由于矢量数据结构上的特点,一方面使得连续型的地理要素比如地形、地貌等的表达不够直观,另一方面在进行某些 GIS 空间分析时,计算方法过于复杂化,从而影响分析计算的效率。所以,GIS 中除了具有矢量数据模型表达的地理空间数据以外,还有一种栅格空间数据模型。

栅格数据模型既可以用来表达连续的地形、降雨量分布、人口密度分布等自然与社会经济现象,也可以用来表达矢量数据所表达的几何点、线、面要素。用栅格数据模型进行某些 GIS 的空间分析比使用矢量数据模型更加直接方便。所以,在这种情况下,输入的矢量地理空间数据常常需要转换成栅格数据模型来使用。这就是数据模型的转换处理过程。

此外,当使用从其他的数据源获得的地理空间数据时,还可能遇到地理坐标系不匹配的问题,例如,获得的某些数据采用的是地理坐标系(经纬度)数据,而应用中需要使用我国标准的地图投影坐标系数据,这就要求进行地图投影转换的空间数据处理。

本章首先论述数据模型的转换,包括矢量数据和栅格数据之间的转换。然后,再讲述地图投影变换,包括地理坐标系和投影坐标系之间的转换。

6.1 数据模型转换

GIS 中的数据模型转换包括了 2 个相反的转换过程,一个是从矢量数据模型转换成栅格数据模型,这个过程叫做矢量栅格化,简称**栅格化**(Rasterization);另一个就是从栅格数据模型转换成矢量数据模型,这个过程叫做栅格矢量化,简称**矢量化**(Vectorization)。正是由于矢量数据和栅格数据之间在一定的条件下是可以相互转化的,所以,在 GIS 的应用中只要有了矢量数据,就可以转换成对应的栅格数据形式,反之亦然,这给 GIS 应用中的空间分析带来了很大的灵活性。

6.1.1 矢量数据的栅格化

GIS 中的数据模型为什么采用既有矢量又有栅格的双轨制,其实这也是个无奈之举。因为矢量数据和栅格数据各有优势,且优缺点互补,所以在目前的技术条件下,矢量数据和栅格数据还会在 GIS 中并存很长的时间。对于栅格数据而言,在空间叠置计算、与遥感数据集成分析等方面有着明显的优势,矢量数据向栅格数据的转换使得 GIS 用户可以利用栅格数据的优点。

前面的章节讨论过栅格数据有不同的存储结构,例如栅格矩阵形式、游程编码形式和四叉树编码形式。这里讨论的矢量数据的栅格化,不涉及具体的存储格式,主要从逻辑结构的角度来阐述。所以,栅格数据就采用常规的栅格矩阵形式来表示空间要素的特征与属性,它将空间按照行和列划分为大小均等的栅格单元。

矢量数据通常包含点、线和面(多边形)三类几何要素,它们的栅格化方法各不相同,其中,点要素的栅格化是基础,在此基础上可以实现线要素的栅格化和面要素的栅格化。从栅格化的结果来看,点线面的栅格化分别形成如下形式的栅格数据(如图 6-1 所示):一个矢量点转成一个其所在的栅格单元;一条矢量线转成一串其经过的栅格单元;一个矢量面转成一片其覆盖的栅格单元。

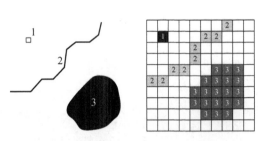

图 6-1 矢量点线面及其栅格化结果

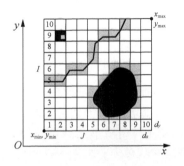

图 6-2 矢量和栅格数据坐标系的对应关系

栅格化过程首先要确定栅格矩阵,也就是确定栅格的行列数,然后根据具体需要转换的矢量数据类型,分别采用基于点的栅格化、基于线的栅格化和基于面(多边形要素)的栅格化等不同方法,以下逐一对其进行论述。

1) 确定栅格矩阵

在转换之前需要确定栅格单元的大小,如 6-2 图中的 d_x 和 d_y,栅格单元的大小又可以理解为栅格图像的空间分辨率,它直接决定了栅格数据的精度。矢量数据转换成栅格数据后,图形的几何精度通常要降低,所以选择栅格尺寸的大小要根据实际情况尽量满足精度要求,使之不损失过多的地理信息。

为了提高精度,栅格需要细化,栅格单元的尺寸减小,也就是增加了行列的数量;但栅格细化,栅格的数据量将以平方指数递增。栅格数据量的大幅度递增,会相应地造成对栅格数据的处理、分析、计算等的开销增大、运算效率降低等问题。因此,精度和数据量是确定栅格大小的最重要的影响因素,必须在此两者之间找到一个平衡点,既符合精度要求,又兼顾数据量的大小。

确定了栅格单元的大小以后,就可以建立起栅格数据坐标系和矢量数据坐标系的对应关系。如图 6-2 所示,设 x_{min},y_{min},x_{max} 和 y_{max} 为矢量数据的空间范围,d_x 和 d_y 是设定的栅格单元的大小,通常 GIS 软件默认 d_x 等于 d_y,也就是栅格单元采用正方形,边长为 d_r。一个栅格单元在栅格矩阵中的行数用字母 I 来表示,列数用字母 J 来表示。

有的 GIS 软件在表达栅格数据行列坐标的时候,是把行列坐标的原点(I 等于 1,且 J 也等于 1 的栅格单元)设定在区域的左上角位置,行坐标向下递增。而另一些 GIS 软件中栅格数据的行列坐标原点被设定为区域的左下角,行坐标向上递增。其实无论是哪一种原点设置,其结果都没有本质的区别,就像三维坐标系可以设为左手坐标系,也可以设为右手坐标系一样。

2) 基于点要素的栅格化

点要素的栅格化是线要素和面要素栅格化的基础。点要素到栅格数据的转换实际上是简单的坐标转换。设 $P(x, y)$ 点为待转换的矢量数据点。P 点的栅格行列数 I_p 和 J_p 分别为(假设行列坐标从 1 开始)

$$I_p = \left[\frac{y - y_{\min}}{d_r} \right] + 1, \ J_p = \left[\frac{x - x_{\min}}{d_r} \right] + 1$$

其中,[ ]为取整函数,$d_r = d_x = d_y$ 为栅格的大小。

运用上述公式时,需要对一种特殊的情况进行特殊处理,这种情况就发生在矢量点恰巧落在栅格单元的边界上的时候。所以,需要规定一种将点要素转换为栅格数据时应遵守的边界规则。

以 ArcGIS 为例,其边界规则是:如果点要素落在栅格单元横向的边界上,则使用它上面的栅格单元;如果它上面没有栅格单元,则使用它下面的栅格单元。如果点要素落在栅格单元纵向的边界上,且左侧有一个栅格单元,则使用此栅格单元;如果左侧没有栅格单元,则使用右侧的栅格单元。如图 6-3 所示。所以,在运用上述点的栅格化计算公式时,通常还要对取整函数中的计算部分判断是否能够整除,在整除的情况发生时,运用边界规则。

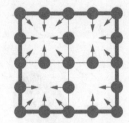

图 6-3　点要素栅格化的边界规则
（据 ESRI 修改）

此外,在点的栅格化算法中,还可能出现一种非常特殊的情况,也就是在一个栅格单元的内部,同时有不止一个矢量数据点存在。这种情况下,会造成对该栅格单元赋属性值的困难。那么,到底该栅格单元应该具有哪一个矢量点的属性值,这可以通过用户设置两个可以选择的参数来实现。一个参数是指定点要素的某个属性值作为优先级,哪一个矢量点的优先级高,栅格单元就赋值该点的属性。另一个参数是统计方法,由用户对落在栅格单元中的所有点的属性值进行指定的统计量计算,比如最大值、最小值、值域、平均数、标准差等。最后把计算的统计量作为属性值赋值给该栅格单元。

下面是 ArcGIS 所使用的栅格化属性值赋值方法:

- 若在栅格单元中仅有一个矢量点,则栅格单元的值即为该点的属性值。
- 优先级字段仅与 MOST_FREQUENT 选项一同使用。
- 如果一个栅格单元中存在多个点,而且:
  - 未设置优先级或优先级相同
    - 属性均不相同,则使用要素 ID 最小的矢量点的属性值。
    - 否则,选择具有最常用属性的点的值,若仍然有相等点的话,则使用要素 ID 最小的矢量点的属性值。
  - 优先级不同
    - 属性不同时,选择具有最高优先级的矢量点的属性值。
    - 属性相同时,选择具有最常用属性的点的值,必要的话再使用要素 ID 最小的矢量点的属性值。

3) 基于线要素的栅格化

① 矢量线状数据的线段分解

将矢量线状数据转化为栅格数据,首先要对矢量线进行线段分解。线要素在 GIS 中可以看成是由若干**直线段**(Segment)组成的**折线**(Polyline),要对线要素进行栅格化,可以先将线要素按坐标顺序进行线段分解,每两个相邻坐标之间分解成一条直线段,整个线要素被分解成首尾相连的一串直线段,如图 6-4 所示,一条 8 个坐标点组成的折线,可以被分解成 7 条直线段。然后依次对各个直线段进行栅格转换。每条直线段的栅格化都可以采用相

　　　　　　　　　　　　　　　　　　　　地理信息系统基础原理与关键技术

同的计算方法。

图 6-4　线要素的直线段分解

② 直线段的栅格转换计算

组成线要素的直线段的栅格转换计算有两种常用的方法,即 DDA 法和 Bresenham 法。这两种算法都是从计算机图形学里借鉴过来的。

DDA(Digital Differential Analyzer)法即数字微分分析法。该方法的基本依据是直线的 $\Delta y/\Delta x$ 为常数。通过同时对 x 和 y 各增加一个小增量来计算下一步的 x、y 值,即这是一种增量算法。

设直线段的两个端点 a 和 b 的坐标分别为(x_a, y_a)和(x_b, y_b),直线段与栅格网的交点为(x_i, y_i),则

$$\begin{cases} x_{i+1}=x_i+\Delta x, \\ y_{i+1}=y_i+\Delta y \end{cases}$$

其中,$\begin{cases} \Delta x=\dfrac{x_b-x_a}{n}, \\ \Delta y=\dfrac{y_b-y_a}{n}, \end{cases}$ $n=\dfrac{\max(\mid x_b-x_a \mid,\ \mid y_b-y_a \mid)}{d_r}$

如此计算直线与栅格格网的 n 个交点坐标,对其取整即为该点的栅格数据。在该算法中,必须以浮点数表示坐标并计算,且每次都要四舍五入取整,因此,尽管算法正确,但速度不够快。

Bresenham 算法是计算机图形学领域使用最早且最广泛的平面直线栅格化方法,广泛用于计算机显示硬件设备上的直线生成。该算法是由美国计算机专家 Jack Elton Bresenham 于 1962 年在 IBM 的 San Jose 开发实验室工作时,在一台 IBM 1401 计算机上控制 Calcomp 绘图仪完成的。顺便提一下,当年大名鼎鼎的 Calcomp 公司从 1959 年开始,就生产出了世界上最早的商用绘图仪。

Bresenham 算法的原理是由直线的斜率确定选择在 x 方向或 y 方向上每次递增(减)1 个栅格单元,另一变量的递增(减)量为 0 或 1 个单元,它取决于实际直线与最近栅格点的距离,这个距离的最大误差为 0.5 个栅格单元。

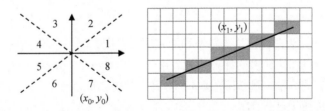

图 6-5　Bresenham 算法中的 8 个"卦限",以及第一"卦限"中线段的例子

根据直线的斜率,可把直线分为 8 个"卦限"。下面以斜率在第一"卦限"的情况为例(图

6-5),其余"卦限"的情况类似。假定(x_0, y_0)和(x_1, y_1)是直线的两个端点的栅格坐标(x_0，y_0和x_1, y_1都取整数)，在第一"卦限"内有$x_0 < x_1$且$y_0 < y_1$，斜率k在$0 \sim 1$之间（即$x_1 - x_0$长于$y_1 - y_0$)。此时，只需考虑x方向每次递增1个栅格单元，决定y方向每次递增0或1个栅格单元。

此时，直线方程可以写为

$$\frac{y - y_0}{y_1 - y_0} = \frac{x - x_0}{x_1 - x_0}$$

每次有了列x坐标，代入上面的直线方程，就可以通过取整，算出y行坐标，即

$$y = \left[\frac{y_1 - y_0}{x_1 - x_0}(x - x_0) + y_0 \right]$$

这里，$(y_1 - y_0)/(x_1 - x_0)$是直线的斜率k（假设x_1不等于x_0)，可以预先计算出来备用。而对应x从x_0开始，每次递增1个栅格单元，y的实际值都是从y_0开始，每次递增斜率k。

而实际上在算法里不一定非要用y值来递增，可以使用一个介于-0.5到0.5个栅格单元的误差e来递增。这个误差就是在当前x坐标下，y的实际值和y取整后代表的栅格行值之间的误差。同样，每次x递增1个栅格单元，误差e也递增一个斜率k。如果e大于0.5，y的栅格坐标就要递增1个栅格，e自身减去1。

下面就是基本的Bresenham算法的伪代码：

```
Function Bresenham(int x0, y0, x1, y1)
{
    real deltax = x1 - x0
    real deltay = y1 - y0
    real error = 0.0
    real deltaerr = abs(deltay / deltax)
    // Assume deltax != 0 (line is not vertical)
    int y = y0
    for x from x0 to x1
    {
        mark(x,y)
        error = error + deltaerr
        if error ≥ 0.5 then
            mark(x, y)
            y = y + sign(y1 - y0)
            error = error - 1.0
    }
}
```

上述Bresenham算法在计算直线斜率和误差项时要用到浮点运算和除法，采用整数算术运算和避免除法运算可以加快算法的计算速度。由于上述Bresenham算法中只用到误差项（初值$\text{Error} = \Delta y / \Delta x - 0.5$)的符号，因此只需做如下的简单变换：$\text{NError} = 2 \times \text{Error} \times \Delta x$，即可得到整数算法，这使该算法便于硬件实现。整数形式的算法如下Function line代码所示。

4）基于面要素的栅格化

面要素的栅格化主要就是把矢量数据的面要素边界以内的所有栅格都赋以面要素的属性值。具体有很多种不同的算法，下面介绍几个常见的算法。

```
Function line(int x0, y0, x1, y1)
{
    int x = x0;           int y = y0;
    int Δx = x1-x0;       int Δy = y1-y0

    //initialize e to compensate for a nonzero intercept
    int NError = 2 * Δy - Δx           //Error = Δy / Δx - 0.5
    for i = 1 to Δx
        mark(x,y)
        if NError >= 0 then
            y = y + 1
            NError = NError - 2 * Δx    //Error = Error - 1
        end if
        x = x + 1
        NError = NError + 2 * Δy    //Error = Error + Δy / Δx
    next i
}
```

① 种子填充算法

该算法也叫内点填充法,使用该算法的前提条件是先使用上述的线要素矢量数据栅格化算法,把多边形的边界栅格化。然后,在每个多边形的内部找到任意一个栅格点作为所谓的种子点(内点)。从这个栅格种子点开始,向其周围 4 个或 8 个方向的相邻栅格点扩散,判断各个相邻的栅格点是否为多边形边界上的栅格点。如果是,则该相邻栅格点不作为新的种子点;否则,把相邻的非边界栅格点作为新的种子点与原种子点一起进行新的扩散运算,并将该种子点赋予多边形的属性值。重复上述过程,直到所有种子点填满该多边形并遇到边界为止,如图 6-6 所示。

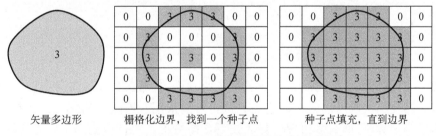

矢量多边形　　栅格化边界,找到一个种子点　　种子点填充,直到边界

图 6-6　面要素(多边形)栅格化的种子填充算法

该种子填充算法是一个典型的递归算法,实现起来非常简单。四连通的种子填充算法的递归伪代码如下 Function seed_fill_4_recursive 所示,如果是八连通算法,相应增加一些语句即可实现。

也可以使用一个栈结构来缓存种子点,从而以非递归的形式来实现。其算法描述如下:首先用某一种线要素栅格化算法实现多边形面要素的边界栅格化。其次在多边形内部寻找一个栅格点作为种子点,将该种子点压入栈中。循环检测栈中的元素,如果栈为空,则算法结束;否则,从栈中弹出一个种子点,把这个种子点标记为多边形的栅格属性值。然后依次判断与该种子点相邻的四连通或八连通栅格点是否为边界栅格点或已经置成多边形的属性值,若不是,则将该相邻栅格点作为新的待判断种子点压入栈中。最后重复上述的循环操作。非递归算法如下 Function seed_fill_4 所示。

```
Function seed_fill_4_recursive( cell c )
{           // 多边形属性值标记种子栅格点
    mark_cell( c, polygon_attribute_value );
    if( 种子栅格点 c 上方的栅格 uc 不是边界, 也没被多边形属性标记 )
        seed_fill_4_recursive( uc );
    if( 种子栅格点 c 下方的栅格 lc 不是边界, 也没被多边形属性标记 )
        seed_fill_4_recursive( lc );
    if( 种子栅格点 c 左方的栅格 tc 不是边界, 也没被多边形属性标记 )
        seed_fill_4_recursive( tc );
    if( 种子栅格点 c 右方的栅格 rc 不是边界, 也没被多边形属性标记 )
        seed_fill_4_recursive( rc );
}
```

```
Function seed_fill_4( cell c )
{
    push_stack( c );            // 把种子栅格点 c 压入栈

    // 测试栈是否为空
    while( not empty stack )
    {
        c = pop_stack();        // 种子栅格点出栈

        // 多边形属性值标记种子栅格点
        mark_cell( c, polygon_attribute_value );

    if( 种子栅格点 c 上方的栅格 uc 不是边界, 也没被多边形属性标记 )
        push_stack( uc );
    if( 种子栅格点 c 下方的栅格 lc 不是边界, 也没被多边形属性标记 )
        push_stack( lc );
    if( 种子栅格点 c 左方的栅格 tc 不是边界, 也没被多边形属性标记 )
        push_stack( tc );
    if( 种子栅格点 c 右方的栅格 rc 不是边界, 也没被多边形属性标记 )
        push_stack( rc );
    }
}
```

　　需要注意的是,如果使用的是四连通种子填充算法,那么其前提条件中的多边形边界的线要素栅格化算法既可以采用四连通算法也可以采用八连通算法实现。但是如果使用八连通种子填充算法,那么多边形边界的线要素栅格化算法就只能采用四连通算法实现,以防种子填充超出多边形的边界范围。

　　扩散算法程序简单,但在一些特殊情况下也会有问题,比如在一定栅格精度上,如果复杂图形的同一个多边形的两条边界落在同一个或相邻的两个栅格内,那么会造成同一个多边形内部变得不连通,即一个种子点不能完成整个多边形的填充。

　　② 铅垂线或射线算法

　　该算法对栅格数据中所有的栅格点进行逐点判别,看栅格点是在某多边形外或在某多边形内,以此决定是否赋予该栅格点多边形的属性。判断方法是:由该栅格点的位置向某一方向作射线,如果是横向作射线,则叫做射线算法;如果是垂直方向作射线,则叫做铅垂线算法。至于向哪个方向作射线,其结果是没有区别的。判断该射线与某多边形所有边界相交的总次数,如相交 0 次或偶数次,则待判点在多边形的外部;如相交奇数次,则待判点在多边形内部。图 6-7 为五个栅格点 *abcde* 分别作铅垂线与多边形 *ABCDEA* 相交的情况。

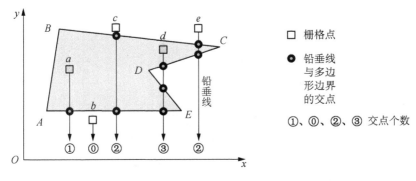

图 6-7　面要素(多边形)栅格化的铅垂线(射线)算法

③ 夹角和算法

该算法对每个栅格点判断其在多边形内外的方法与上述的铅垂线算法不同,该方法是依次计算和多边形边界上的相邻坐标顶点之间形成的夹角的和,以此作为判断的依据。

如图 6-8 所示,有多边形 $ABCDEA$,点 P 表示某一需要判断的栅格点,依次将点 P 与 A、B、C、D、E 各顶点相连,令夹角 $\alpha_i(i=1,2,\cdots,5)$ 分别为 $\angle APB$、$\angle BPC$、$\angle CPD$、$\angle DPE$ 和 $\angle EPA$ 等五个夹角,若夹角之和为 0,则说明点 P 在多边形 $ABCDEA$ 外;若夹角之和的绝对值为 2π,则说明点 P 在多边形 $ABCDEA$ 内。夹角 α_i 的大小及方向,可由下式求得。以 $\angle APB$ 为例,$|\alpha_i|$ 可由余弦定理求出,即

$$\alpha_1=\arccos\left(\frac{AP^2+BP^2-AB^2}{2\cdot AP\cdot BP}\right),\quad T_1=\begin{vmatrix} x_A-x_P & y_A-y_P \\ x_B-x_P & y_B-y_P \end{vmatrix}$$

而 α_1 的方向可以用 T_1 来定义:若 $T_1<0$,则 α_1 为顺时针方向角;若 $T_1>0$,则 α_1 为逆时针方向角。

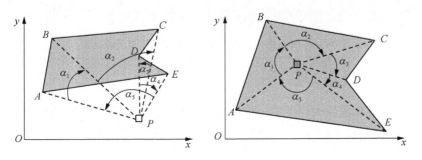

图 6-8　夹角和算法

④ 边界代数法

先使用线要素栅格化方法确定多边形边界上的栅格,再沿着多边形边界栅格环绕多边形一圈,如果下一个边界栅格是向上环绕的,则把边界左边一行中所有的栅格单元的数值都减去属性值;如果下一个边界栅格是向下环绕的,则把下一个边界栅格连同左边一行中所有的栅格单元的数值都加上属性值;如果下一个边界栅格与当前栅格在同一行内,则仅仅将当前栅格加上属性值。由此,多边形外部的栅格正负数值抵消,而多边形内部的栅格被赋以属性值,如图 6-9 所示。

⑤ 扫描算法

该算法是基于多边形的拓扑弧段数据来实现的。首先对整个要进行栅格化的范围按

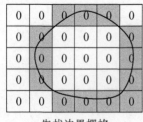 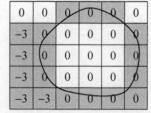 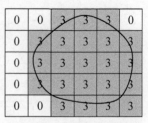

先找边界栅格　　　　　沿着边界向上环绕，左边减去属性值　　　　　向下环绕，左边加上属性值

图 6-9　多边形栅格化的边界代数法

行(或者按列)作行的中心扫描线。对每一条扫描线,求与所有矢量多边形的边界弧段的交点,记录其坐标,并用点的栅格化方法求出交点的栅格坐标行列值。然后根据弧段的左右多边形信息判断并记录交点左右多边形的数值。最后通过对一行所有交点按其坐标 x 值从小到大进行排序,并参照左右多边形的配对情况,逐段生成栅格数据。直到全部扫描线都完成从矢量数据向栅格数据的转换为止,这样就可以生成游程编码形式的栅格数据。如图 6-10 所示。

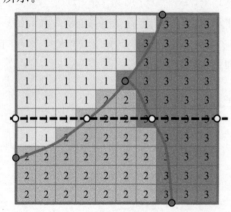

某一行扫描线生成的栅格数据

交点	列	左多边形	右多边形
1	1	-	1
2	4	1	2
3	7	2	3
4	10	3	-

- - - - 一行中心扫描线

○　扫描线与弧段的交点

●━●　多边形弧段及其节点

图 6-10　基于拓扑多边形弧段数据的扫描线栅格化算法

6.1.2　栅格数据的矢量化

栅格数据结构向矢量数据结构的转换称为矢量化。矢量化是上述栅格化的逆过程,所以,也同样存在表示点、线和面的栅格数据如何转换成矢量的点要素、线要素和面要素的不同方法。

1) 点栅格的矢量化

由于栅格是有大小的,而矢量数据的点要素是没有大小的,所以在把由一个栅格数据表示的点转成矢量数据的点要素时,通常是把栅格的中心位置作为矢量点要素的坐标位置,如图 6-11 左图所示。设栅格单元行列值为 I、J,转换后的中心点坐标为 (x,y),栅格单元的 x 和 y 方向的大小为 d_x 和 d_y(通常情况下 d_x 等于 d_y),栅格坐标系在矢量坐标系中最小的矢量坐标为 x_{min}, y_{min},则有

$$x = x_{min} + \left(J - \frac{1}{2}\right) d_x, \quad y = y_{min} + \left(I - \frac{1}{2}\right) d_y$$

这里之所以要减去二分之一的栅格大小,就是因为取的是栅格数据的中心点坐标的缘

故。同时也假定栅格数据的坐标是以(1，1)为原点的。

2）线栅格的矢量化

栅格线通常是一串相连的同质栅格单元，所以，将其转换为矢量线要素就可以从这些栅格单元一端的那个端点栅格开始，根据其栅格位置用上述点矢量化的公式计算出其矢量数据坐标，然后在该栅格单元周围的 8 个相邻栅格单元中寻找下一个同质栅格单元，并记录下它的矢量坐标。再以新找到的这个栅格单元为起点，重复上面的过程，直到找到线的另一个端点为止。这个算法称为线要素矢量化的跟踪算法，如图 6-11 右图所示。

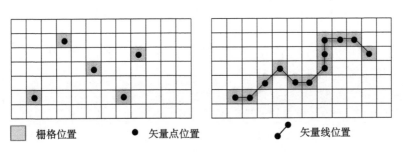

栅格位置　　　●　矢量点位置　　　●—●　矢量线位置

图 6-11　点和线的栅格数据矢量化

不过这样找到的线要素通常都是由大量锯齿形的短线段组成，要想得到光滑的曲线，还要进行简化处理。这里的简化处理包括使用 Douglas-Peucker 算法进行线要素上过多坐标点的去除，以及使用光滑算法进行线要素的光滑处理。

这里简单介绍一下 Douglas-Peucker 算法，该算法有时又叫做 Ramer-Douglas-Peucker 算法，它是 Urs Ramer、David H. Douglas 和 Thomas K. Peucker 在 1972 至 1973 年期间提出的，是对线要素上坐标点数量的压缩算法。其原理是：用户首先设定一个距离**阈值**（Tolerance），然后生成一条连接线要素首尾端点的直线段，并计算原始折线上的坐标点到该直线段的垂直距离，如图 6-12(a)所示。

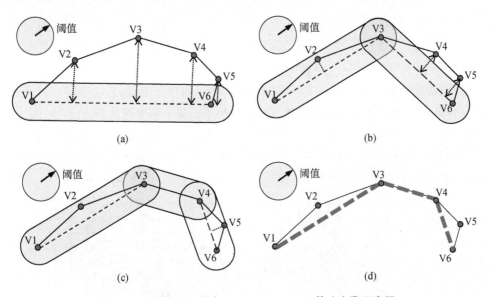

图 6-12　道格拉斯-普克(Douglas-Peucker)算法步骤示意图

如果所有折线上的点到直线段的距离都小于预先设定的阈值，那么这条直线段就被用来代替原来的那条折线;如果有些点到直线段的距离大于阈值,那么距离最远的那一点保留,并将原折线分成两段,如图 6-12(b)所示。对两段折线重复上述过程,如图 6-12(c)所示,最后保留下来的点就是经过数据压缩的折线,如图 6-12(d)中虚线所示。

Douglas-Peucker 算法可以采用递归的方法实现,其递归算法非常简单,但在数据量很大的情况下,或者一条线上面的坐标点太多的情况下,或者线的形状特别复杂的情况下,算法递归的深度可能会太深,通常会降低算法的运算效率,所以,一般可以采用栈的形式把递归算法改写成非递归的算法。当然,也可以适当采用并行算法来加速算法运算效率,具体可以参考马劲松、沈婕和徐寿成的《利用 Douglas-Peucker 并行算法在多核处理器上实时综合地图线要素》一文。

下面是采用递归方法实现 Douglas-Peucker 算法的伪代码,其中 PointList 是线上坐标点的数组,Tolerance 是设定的距离阈值。

```
Function DouglasPeucker(PointList[], Tolerance)
{
    // 找到距离最大的点,距离保存在 dmax 中,点的数组下标保存在 index 中
    dmax = 0, index = 0,   end = length(PointList)
    for i = 2 to end - 1 {
        d = Distance(PointList[i], Line(PointList[1], PointList[end]))
        if ( d > dmax ) {
            index = i,  dmax = d
        }
    }
    // 如果最大的距离大于阈值,则将折线从 index 点处分为两段,对每一段递归执行
    if ( dmax > Tolerance ) {
        Results1[] = DouglasPeucker(PointList[1...index], Tolerance)
        Results2[] = DouglasPeucker(PointList[index...end], Tolerance)

        // 合并两段简化了的折线
        ResultList[] = {Results1[1...length(Results1)-1],
            Results2[1...length(Results2)]}
    } else {
        ResultList[] = {PointList[1], PointList[end]}
    }
    return ResultList[]
}
```

3) 面(多边形)栅格数据的矢量化

面栅格数据要转换成矢量多边形要素,与线和点的情况不同,它需要把一片面栅格的边界找到,组成边界矢量线。而面栅格内部的栅格单元是不需要考虑的。

面栅格的边界从拓扑上看是由边界弧段组成的,一条弧段连接两个节点。所以,面栅格矢量化的第一步是找出所有的弧段节点。弧段节点的位置在栅格数据中可以通过寻找一个有三个不同属性值的栅格单元围绕的点来确定,如图 6-13 左图所示。

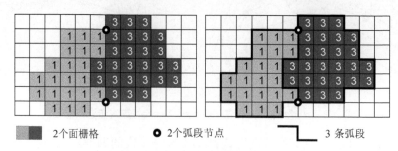

图 6-13　面栅格矢量化的步骤

接着,就以上述方法找到的弧段节点为起点,跟踪组成面边界的弧段。弧段的位置是通过寻找有两个不同属性值的栅格单元的边界来确定的,如图6-13右图所示。从一个节点出发,跟踪到另一个节点结束。

在找到所有的面边界弧段以后,可以再使用上一章介绍过的左转算法,把弧段顺次连接成封闭的面即多边形的边界。

6.2 地图投影变换

地理空间数据所依据的坐标系主要有两个,一个是在地球表面的地理坐标系,另一个是在地图平面上的地图投影坐标系。由于地理坐标系的经纬度实质上是一个球面的坐标系,所以无论是在地图上绘制或者在计算机屏幕上显示地理空间数据,都需要将地理坐标系表示的球面位置变换为地图投影坐标系表示的平面位置。这一节的内容主要介绍将地理坐标系向地图投影坐标系的转换方法。

6.2.1 地球形状与地理坐标系

1) 旋转椭球体与大地水准面

GIS中的空间数据是以坐标的形式记载地理要素位置的。要想精确得到地球表面上任意点的坐标,通常是进行大地测量,获得其经纬度坐标。经纬度坐标的测量在人类历史上算是一项非常重要的工作,西方在地图学家托勒密所在的古罗马时代就能够有效地进行经纬度测量了。而我国最早的经纬度测量可能是在明朝万历年间进行的。

当时,意大利来华传教士利玛窦在南京进行了经纬度的测量工作,并同明朝的官员徐光启一起出版了一本测量学的著作《测量法义》(图6-14)。在他制作的著名地图《坤舆万国全图》(南京博物院镇院之宝,为现存四种刻本之一,原图已佚)中,有大段的文字论述了地球的形状和经纬度的关系。其中提到"南京离中线以上三十二度,离福岛以东一百廿八度。"这里的"中线"应该指的是赤道,而"福岛"指的是加那利群岛,是当时测量经度的本初子午线所在地。

图6-14 《测量法义》、《坤舆万国全图(图名部分)》、利玛窦与徐光启

准确地测量经纬度离不开一个坐标起算的基准面,但地球的自然表面是一个高低起伏的复杂不规则曲面,世界最高峰珠穆朗玛峰海拔高达8 844.43 m,而世界最低点马里亚纳海沟则低于海平面约11 000 m。如此复杂的地表很难用数学公式加以概括,故无法作为测量和地图制图等需要精确坐标系统的基准面。

由于地球表面超过三分之二都是海洋,所以,人们可以假想有一个完全处于静止状态并延伸到大陆内部的海水面,且保持处处与当地铅垂线互相正交,这样的一个连续的闭合曲面,叫做**大地水准面**(Geoid)。大地水准面是地球的重力等位面,即物体沿该面运动时,重力不做功。也就是在水准面上,水是不会流动的。大地水准面通常被作为描述地球形状的物理参考面,正因为其物理含义,也被用来作为测量海拔高度(高程)的起算面。

然而由于地表地形的起伏以及地球内部质量分布不均,导致地球上各地引力存在差异,所以重力的铅垂方向也存在变化,造成大地水准面依然是一个相对复杂的不规则曲面,有正负一百多米的高差起伏。因此,大地水准面也不能用简单的数学模型表达,同样不能作为测量经纬度的基准面。

因此,测量中常常选择一个形状与大地水准面十分接近,并且能够用数学模型表达的曲面来代替大地水准面,这个曲面称为旋转椭球面,它所包围的几何体是由一个椭圆绕其短轴旋转而成的**旋转椭球体**(Ellipsoid)。测量经纬度的工作就是测量地面上的点相对于这个旋转椭球体表面测量基准的位置。所以,这个旋转椭球体要尽量接近真实地球即大地水准面所包围的地球体的大小。

描述旋转椭球体的大小需要两个基本参数,一个是**长半经**(Semi Major Axis)的长度,通常用 a 表示,它是从旋转椭球体的球心到赤道上的距离;另一个是**短半经**(Semi Minor Axis)的长度,通常用 b 表示,它是从旋转椭球体的球心到南极或北极的距离。如图 6-15 所示。

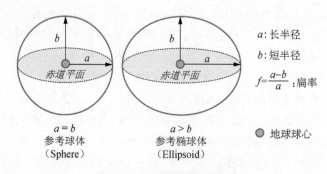

图 6-15 旋转椭球体的参数

1687 年,牛顿(Newton,1643—1727)出版了著名的科学著作《自然哲学的数学原理》,书中第一次证明了地球是旋转的扁的椭球体,也就是 a 是大于 b 的。这一理论被 18 世纪测量不同纬度的经线弧长实验所证实。a 比 b 大的比例可以用另一个参数 f 来表示,f 称为**扁率**(Flattening),其计算公式为:$f=(a-b)/a$。地球的扁率 f 通常在三百分之一左右,也就是两极半径比赤道半径短了接近三百分之一。有时,在表达旋转椭球体参数时,会用 $1/f$ 代替 b,$1/f$ 称为**扁率倒数**(Inverse Flattening),也就是有了 a 和 $1/f$ 就可以知道旋转椭球体的大小,如图 6-15 所示。

历史上很多测量学家都通过测量经线的弧长来估算旋转椭球体的大小,于是出现了一系列以这些测量学家的名字命名的椭球体,如表 6-1 所示。随着卫星测量技术的发展,旋转椭球体的大小测量也越来越精准。目前,像美国的 WGS84(World Geodetic System 1984)椭球体的球心已经极其接近地球的质量中心,误差也就在 2 cm 以内,其大小最适合进行整个地球的高精度坐标测量。所以,WGS84 椭球体成为 GPS 测量经纬度的基准。

表 6-1　部分历史时期测量得到的参考椭球体及其参数

参考椭球名称及年代	赤道半径(m)	极半径(m)	扁率倒数	使用国家或地区
Maupertuis(1738)	6 397 300	6 363 806.283	291	法国
Airy(1830)	6 377 563.396	6 356 256.909	299.324 964 6	英国
Bessel(1841)	6 377 397.155	6 356 078.963	299.152 812 8	欧洲、日本
克拉克 Clarke(1866)	6 378 206.4	6 356 583.8	294.978 698 2	北美
海福特 Hayford(1910)	6 378 388	6 356 911.946	297	美国、中国(1952 年前)
克拉索夫斯基 Krassovsky(1940)	6 378 245	6 356 863.019	298.3	苏联、中国(1954—1980)
GRS80(1979)	6 378 137	6 356 752.314 1	298.257 222 101	全球 ITRS
WGS84(1984)	6 378 137	6 356 752.314 2	298.257 223 563	全球 GPS

2) 经度、纬度和高程

经纬度坐标测量的是旋转椭球表面的位置,**经度**(Longitude)测量东西方向,**纬度**(Latitude)测量南北方向。经度相等的点连接成**经线**(Meridian),经线穿过地球的南北两极形成一个椭圆。纬度相等的点连接成**纬线**(Parallel),纬线都是平行于**赤道**(Equator)的圆圈。经线和纬线处处正交,构成地球表面的**坐标网**(Graticule),如图6-16所示。

其实经纬线的本意是中国古代传统织布机上纵横两个方向上的两组丝线,所以经和纬都是绞丝旁的字。由于经线是南北方向的线,而我国古代常常在测量方向时使用罗盘(如图 6-17 所示),罗盘上用天干地支来表示方位,北方是子,南方是午,所以南北方向的经线在我国又常常被称为子午线。

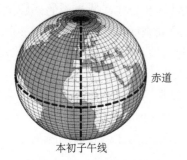

图 6-16　地球表面的经纬网　　图 6-17　中国传统罗盘上的方向及子午线

从大地测量角度来看,旋转椭球体表面上的一点,其经度是过该点和地球南北极间的地轴所确定的平面与本初子午线所在平面之间的夹角,如图 6-18 所示,用希腊字母 λ 来表示。**本初子午线**(Prime Meridian)是经度为 0 的经线,历史上各个国家曾经设定过不同的地点作为 0°经线,直到 1884 年在美国华盛顿开了一个国际会议,决定将经过伦敦格林尼治皇家天文台的经线作为本初子午线。

本初子午线以东半个地球的经度从 0°递增到东经 180°,本初子午线以西半个地球的经度从 0°递增到西经 180°,从而和东经 180°重合。在 GIS 中,通常东经用正数表示,西经用负数表示。也可以用度分秒的形式表示,例如南京的经度为 118°46'40"E,E 表示东经(西经为 W),还可以用十进制小数表示为 118.777 777 8°。不过在数学计算中,常常要将度数转变成**弧度**(Radian)来完成三角函数的计算,特别是在后面谈到的地图投影计算中。

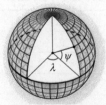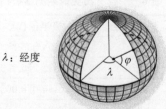

λ：经度

(a) 地心纬度ψ (b) 大地测量纬度φ

图 6-18　地心纬度与大地测量纬度的区别

纬度用希腊字母 ψ 和 φ 来表示，分为**地心纬度**（Geocentric Latitude）和**大地测量纬度**（Geodetic Latitude）两种。地心纬度是椭球体表面上一点与地心的连线同赤道平面之间的夹角，如图 6-18(a)所示；而大地测量纬度是指椭球体表面上一点的法线（垂直于该点椭球体表面的线）与赤道面的夹角，如图 6-18(b)所示，该法线与赤道面的交点一般不通过地球的球心。在椭球体表面上，只有赤道（纬度 0°）和南北两极（纬度正负 90°）的地方地心纬度和大地测量纬度是一致的，其他地方的地心纬度一般都小于大地测量纬度。GIS 中通常都是使用大地测量纬度。北纬的度数结尾用 N 表示，如南京的纬度是 32°03′42″N，南纬则用 S 表示。

地心纬度与大地测量纬度之间的关系可以用下面的公示表示

$$\psi(\varphi) = \arctan((1-f)^2 \tan \varphi)$$

其中，ψ 为地心纬度，f 为扁率，φ 为大地测量纬度。

高程（Elevation）是用来确定地球表面上地理要素的第三维坐标。有了经纬度，仅仅可以得到一个点在椭球体表面的投影位置，需要再加上第三维高程才能准确地定位一个点在地球表面的实际位置。高程可以用地球表面上的一点沿椭球体表面的法线到椭球面的距离来测量，这种高程叫做**大地高**（Geodetic Height）或**椭球高**（Ellipsoidal Height）；也可以用地球表面上的一点沿铅垂线方向（即重力方向）到大地水准面的距离来测量，这时就叫做**大地水准高**（Orthometric Height）或**正高**（Normal Height），也叫做海拔高度。

大地高只有几何意义，不存在物理意义，所以常用的具有物理意义的高程是大地水准高即正高。某处的正高可以通过该处的大地高减去该处的**大地水准面差距**（Geoid Height）得到。大地水准面差距是某地大地水准面相对于该处椭球体表面的距离。大地水准面高于椭球面时为正，反之为负，如图 6-19 所示。

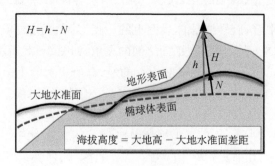

图 6-19　海拔高度(正高)、大地高(椭球高)和大地水准面差距的关系

我国的世界第一高峰珠穆朗玛峰的高度一般是按照大地水准高来测量的，如果从几何角度来计算，由于赤道向外鼓出，所以，距离地心最远也就是几何意义上最高的山峰是位于

　　　　　　　　　　　　　　　　　　　地理信息系统基础原理与关键技术

赤道附近厄瓜多尔的钦博拉索山(Chimborazo)。钦博拉索山是一座圆锥形的死火山,海拔6 272 m。由于距离赤道近,顶峰距地心的厚度为6 384.10 km,而珠穆朗玛峰距地心的距离仅为6 381.95 km,比钦博拉索山少2.15 km。所以那里常常被称为是地球上最厚的地方。1802年,德国著名地理学家洪堡在厄瓜多尔考察,曾经攀登到距离雪山顶峰海拔差只有150 m的高度。

3) 经线弧长、纬线弧长

不同纬度的纬线长度是不同的,赤道一圈的纬线长度最长,随着纬度向南北两极增加,纬线的长度减小,到达南北两极点处纬线长度减小到0。在椭球体表面上,纬线圈都是圆,所以,不同纬度 φ 的纬线圈长度可以用下面的纬线圈半径 $N(\varphi)$ 乘 2π 来计算,其中, a 为长半轴, e 为**偏心率**(Eccentricity)也称为第一偏心率(注意,地图投影公式里的 e 通常是偏心率的符号,不是数学上自然对数的底 e,千万不要混淆)。而某一段纬线的长度可以通过纬线平面上的经度差乘纬线圈半径 $N(\varphi)$ 得到。

$$e^2 = 1 - \frac{b^2}{a^2}$$

$$N(\varphi) = \frac{a\cos\varphi}{(1 - e^2\sin^2\varphi)^{\frac{1}{2}}}$$

由于经线圈是椭圆,所以经线的长度计算比纬线复杂,通常要计算椭球体表面上一点到赤道的长度,也就是计算某一个纬度到赤道的**经线弧**(Meridian Arc)的长度。在地球椭球体的一条椭圆经线上,某一纬度附近的经线曲率半径可以用下面的公式来计算,设纬度 φ 处的曲率半径为 $M(\varphi)$,椭球体的长半轴 a 和短半轴 b 已知,则有

$$M(\varphi) = \frac{(ab)^2}{\left[(a\cos\varphi)^2 + (b\sin\varphi)^2\right]^{\frac{3}{2}}}$$

如果使用第一偏心率 e,则 $M(\varphi)$ 为

$$M(\varphi) = \frac{a(1 - e^2)}{(1 - e^2\sin^2\varphi)^{\frac{3}{2}}}$$

因此,无穷小的一段经线弧长就是 $M(\varphi)\mathrm{d}\varphi$,而从赤道到纬度 φ 的经线弧长是

$$m(\varphi) = \int_0^\varphi M(\varphi)\mathrm{d}\varphi = a(1 - e^2)\int_0^\varphi (1 - e^2\sin^2\varphi)^{-\frac{3}{2}}\mathrm{d}\varphi$$

反过来,如果知道了从赤道到某一纬度 φ 的经线弧长 m,需要求该纬度 φ 的数值,可以根据下面的公式采用牛顿迭代法来计算,迭代到收敛为止。

$$\varphi_{i+1} = \varphi_i - \frac{m(\varphi_i) - m}{M(\varphi_i)}$$

4) 大地测量基准

大地测量基准(Geodetic Datum)是地球的一个数学模型及其参数,是用于测量地球上某个点的地理坐标的参考与基础。它包括**平面基准**(Horizontal Datum)和**高程基准**(Vertical Datum)。平面基准用来测量经纬度,高程基准用来测量高程。

平面基准包括旋转椭球体的大小参数和椭球体的定位两部分。不同国家和地区会采用不同参数的椭球体,同一个国家在不同的历史时期也会采用不同参数的椭球体。例如,表 6-2 列出了中国和美国使用过的不同椭球体及其椭球参数。

表 6-2　中美两国大地测量基准的椭球体参数及其坐标系

国家	椭球体及年代	长半轴 $a(\text{m})$	扁率倒数 $1/f$	大地原点	坐标系	地图投影
中国	海福特 Hayford 1910	6 378 388	297.0	南京大石桥	南京坐标系	兰勃特等角圆锥投影
	克拉索夫斯基 Krassovsky1940	6 378 245	298.3	列宁格勒普尔科沃	北京 54坐标系	高斯-克吕格投影
	IAG 1975	6 378 140	298.257 221 01	陕西省泾阳县永乐镇	西安 80坐标系	高斯-克吕格投影
	CGCS 2000	6 378 137	298.257 222 101	地球质心	2000 国家大地坐标系	高斯-克吕格投影
美国	克拉克 Clarke 1866	6 378 206	294.978 698 214	堪萨斯州 Meades Ranch	NAD 27	横轴墨卡托投影
	GRS 80	6 378 137	298.257 222 101	地球质心	NAD 83	横轴墨卡托投影
	WGS 84	6 378 137	298.257 223 563	地球质心	WGS 84	横轴墨卡托投影

在民国时期,地形图的测量采用海福特 1910 椭球体,大地原点在南京大石桥陆地测量局内,所以称为南京坐标系,是一个参心坐标系(即椭球的球心是由椭球参数决定的,并非地心的真实位置)。大地原点的作用,就是在确定好椭球体的大小参数以后,还要确定椭球体的定向,即椭球体和地球之间的位置关系。在大地原点上,大地水准面与椭球体表面完全重合。这样可以使得椭球体与该区域的大地水准面最为贴合,测量精度高。但这样形成的坐标系是一个局部的坐标系,在中国区域测量精度高,但在地球的其他区域就不适用了。

从 1954 年起,我国采用了苏联的测量坐标系,椭球采用了克拉索夫斯基 1940,大地原点在苏联欧洲部分的列宁格勒(圣彼得堡)南部的普尔科沃天文台,坐标系为北京 54 坐标系。这也是一个参心坐标系,且较为适合苏联境内的测量,在我国境内与大地水准面差距较大,因此测量误差比较大。

1980 年,我国建立了新的国家大地坐标系,选用 1975 年国际大地测量和地球物理学联合会在第十六届大会推荐的国际椭球,即 1980 年国家大地坐标系,其坐标原点位于陕西省泾阳县永乐镇,因靠近西安,故称为西安 80 坐标系。

我国于 2008 年启用 2000 国家大地坐标系(CGCS2000),2000 国家大地坐标系是全球地心坐标系,其原点为包括海洋和大气的整个地球的质量中心。Z 轴指向 BIH1984.0 定义的协议极地方向(BIH 国际时间局),X 轴指向 BIH1984.0 定义的零子午面与协议赤道的交点,Y 轴按右手坐标系确定。

美国的情况和我国相似,在 1927 年以后,USGS(美国地质调查局)采用了基于克拉克1866 椭球的北美测量基准 NAD 27(North American Datum)坐标系,这也是一个参心坐标系,大地原点在美国中部的堪萨斯州的 Meades Ranch。而到了 1983 年以后,随着卫星测量技术的提升,USGS 推出了基于 GRS 80 椭球的北美测量基准 NAD 83,以及由此生成的地心坐标系。美国的 GPS 卫星则是使用 WGS84 椭球进行经纬度与高程的测算。

高程基准的作用是作为水准测量获得高程数值的基准面,0 米高程就是大地水准面的位置。各个国家或地区会采用各自的平均海水面作为自己的局部高程基准。这个确定平均海水面的工作是通过验潮来实现的,即在海边的海水里建立一个水位标尺,每天定时观察记录海水面的高度,长年累月地记录数据(一般要记录 19 年以上,因为月球有一个 18.61 年的周期,而月球的引潮力是海水面涨落潮高度升降的重要影响因素)。最后取海水面高度的平均值作为高程 0 米的基准面。

我国在 1956 年之前有各种高程基准,例如渤海的大沽口基准面、黄海的青岛基准面、长江口的吴淞基准面等,标准并不统一。从 1956 年以后,全国统一采用青岛验潮站的平均海水面作为我国的高程基准面,即认为这个平均海水面就是大地水准面,由此建立了 1956 年黄海高程系作为水准测量的基准。1985 年,又进一步采用青岛验潮站 1952—1979 年 27 年间的验潮资料重新推算了精度更高的基准面,称为 1985 国家高程基准。

6.2.2　坐标系和基准转换

1) 大地坐标系与 ECEF 坐标系的变换

ECEF(Earth-Centered Earth-Fixed)是一个地球三维笛卡儿坐标系,又可以叫做 ECR(Earth-Centered Rotational)坐标系,通常以米为单位,用 X、Y、Z 来表示。坐标原点(0, 0, 0)定义在地球的质量中心,其 Z 轴指向协议地球极的北极,X 轴指向本初子午线与地球赤道的交点,而 X、Y、Z 三轴一

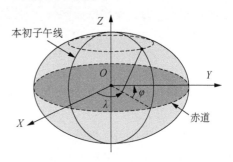

图 6-20　ECEF 坐标系与大地坐标系的关系

起构成右手直角坐标系。所以,ECEF 坐标系是固定在地球上随着地球一起旋转的坐标系,它和地球之间的相对位置是不变的。大地坐标系与 ECEF 坐标系的关系如图 6-20 所示。

已知一点的大地经度 λ、大地纬度 φ 和大地高 h(椭球高),可以用下面的公式求得该点的 ECEF 坐标(X, Y, Z),即

$$X = (N(\varphi) + h)\cos\varphi\cos\lambda,\ Y = (N(\varphi) + h)\cos\varphi\sin\lambda,\ Z = \left(\frac{b^2}{a^2}N(\varphi) + h\right)\sin\varphi,$$

$$N(\varphi) = \frac{a^2}{\sqrt{a^2\cos^2\varphi + b^2\sin^2\varphi}} = \frac{a}{\sqrt{1 - e^2\sin^2\varphi}}$$

如果已知 ECEF 坐标(X, Y, Z),设地心纬度 ϕ,地心距离 R:

$$\phi = \arctan\left(\frac{Z}{\sqrt{X^2 + Y^2}}\right),\ R = \sqrt{X^2 + Y^2 + Z^2}$$

则可以用下面的公式求得大地纬度 φ、大地经度 λ 和大地高 h。

$$\begin{cases} \varphi = \arctan\left(\tan\phi\left(1 + \dfrac{ae^2}{Z}\dfrac{\sin\varphi}{(1 - e^2\sin^2\varphi)^{\frac{1}{2}}}\right)\right) \\[3mm] \lambda = \arctan\left(\dfrac{Y}{X}\right) \\[3mm] h = \dfrac{R\cos\phi}{\cos\phi} - N(\varphi) \end{cases}$$

由于 φ 和 h 的公式里面还有 φ，所以，需要先给 φ 一个初值，再采用牛顿迭代法，通过几次迭代，得到满足精度要求的 φ 值。

2）大地测量基准之间的转换

大地测量基准之间的转换是经常要进行的一项工作，比如把 GPS 测量得到的坐标转换成中国的 2000 国家大地坐标系的坐标，就是要在 WGS84 基准和我国所采用的 CGCS2000 基准之间进行转换。

通常转换有三种方式，第一种转换是直接从一个大地基准的地图投影坐标转成另一个大地基准的地图投影坐标，如图 6-21 最上部分所示。这种转换是在二维平面中实现的，可以采用低次的二元多项式插值的方法在两个二维平面坐标系之间建立转换方程。例如，平面四参数转换方法是指两个投影平面坐标系之间的转换包含四个转换参数，即两个平移参数、一个旋转参数和一个尺度参数。这需要 2 个以上的公共控制点来求解四参数并计算残差。可采用的变换次序有两种，一种是先旋转，再平移，最后变换尺度，即采用公式

$$\begin{bmatrix} x' \\ y' \end{bmatrix} = (1+k)\left(\begin{bmatrix} \Delta x \\ \Delta y \end{bmatrix} + \begin{bmatrix} \cos\alpha & -\sin\alpha \\ \sin\alpha & \cos\alpha \end{bmatrix} \begin{bmatrix} x \\ y \end{bmatrix} \right)$$

其中，x'，y' 是转换后的投影坐标系的坐标，k 是缩放比例，Δx 和 Δy 是平移量，α 是旋转角度以逆时针方向为正，x，y 是转换前的投影坐标。

也可以采用另一种变换次序，即先平移，再旋转，最后变换尺度。公式如下

$$\begin{bmatrix} x' \\ y' \end{bmatrix} = (1+k) \begin{bmatrix} \cos\alpha & -\sin\alpha \\ \sin\alpha & \cos\alpha \end{bmatrix} \left(\begin{bmatrix} \Delta x \\ \Delta y \end{bmatrix} + \begin{bmatrix} x \\ y \end{bmatrix} \right)$$

第二种转换是在不同基准的两个空间三维坐标系之间转换，如在两个 ECEF 坐标系之间转换，常用的方法叫做七参数转换法（3 个平移参数、3 个旋转参数和 1 个尺度参数）。七参数转换法至少需要 3 个公共点的已知坐标，但我们通常使用 4 个以上的点，这样可以得到更多的多余观测值并计算残差。七参数模型中常用的有 Helmert 模型和 Molodensky-Badekas 模型。如图 6-21 最下部分所示。

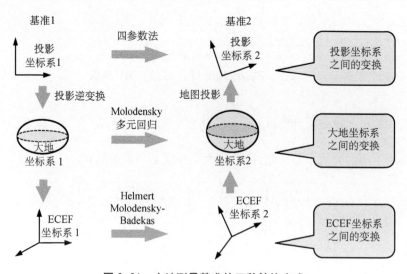

图 6-21　大地测量基准的三种转换方式

第三种转换是在两个不同基准的大地测量坐标系之间进行的，这种转换通常有 Molodensky 模型和多元回归模型方法。如图 6-21 中间部分所示。

有了上述这三种变换的方法，一个大地基准的投影坐标可以用四参数法直接转成另一个基准的投影坐标，也可以间接地投影反解成大地坐标系坐标，然后用 Molodensky 模型方法转到另一个基准的大地坐标系上，最后通过地图投影正变换得到另一个基准的投影坐标。或者首先把大地坐标系坐标转成 ECEF 坐标，其次用 Helmert 模型或 Molodensky-Badekas 模型方法转到另一个基准的 ECEF 坐标，然后把 ECEF 坐标转成另一个基准的大地测量坐标，最后通过投影正变换实现转到另一个基准的投影坐标的目标。这一过程如图 6-21 所示，不过上述这些转换的内容超出了本书的范畴，读者可以参考相应的测量学书籍。

6.2.3　地图投影

前几年有一本美国作家 Thomas L. Friedman 的畅销书叫《世界是平的：21 世纪简史》（*The World Is Flat：A Brief History of the Twenty-first Century*），大意是说 21 世纪的全球化让世界逐渐处在一个层面上。我不知道这个观点是否正确，不过如果世界真的是平的，至少地图学家们要高兴坏了。因为自从人们知道人类的家园是在一个球面上的这几百年来，地图学家一直在为如何把地球的球面画成地图的平面这个问题烦恼不已，至今也没想出个十全十美的方法来解决这个难题。

解决这个问题的方法虽然做不到十全十美，但总归能部分奏效。说起这种方法，让我想起了中国的科幻作家刘慈欣写的科幻小说《三体》，书中讲述了一个高度发达的外星文明是如何毁灭地球的，其使用的方法叫做"降维打击"，也就是把三维的地球压扁成了二维的形式。这个降维方法就是地图学家在制作地图的时候一直在用的方法，叫做**地图投影**（Map Projection）。好在地图投影是使用数学的方法把地球从三维降到二维平面上画成地图，而不是用外星文明那样的物理降维方法。

地图投影是在测量和制作地图的时候，将地球椭球体表面位置用数学方法转换成地图平面位置的技术。说得更明确一点，地图投影就是建立一种数学函数，把地球椭球体表面的地理经纬度坐标 (λ, φ) 映射到平面直角坐标 (x, y) 的一种方法。这种投影后形成的平面直角坐标系，就叫做地图投影坐标系。地图投影与地图投影坐标系是两个既相互联系，又有区别的概念，不能混淆。

地图投影的方法和种类有很多，常用的地图投影就有几十种，不同投影的性质差异很大，其分别形成的地图投影坐标系也各不相同。所以，要先了解一下地图投影有哪些种类，了解其分类方法对理解投影有益。

一种地图投影的分类方法是按照变形性质来分类。把地球球面转成平面总会造成球面上几何图形的变形。主要有三种变形，分别是角度变形、面积变形和长度变形。不同投影其变形性质与大小是不同的，按照变形的性质，一般把地图投影分成三类：等角投影、等面积投影和任意投影。

我们可以用一个 **Tissot 指标**（Tissot's Indicatrix）的概念来说明投影变形的性质，这个方法是法国数学家 Nicolas Auguste Tissot 在 19 世纪发明的。假设在地球曲面上有一个无穷小的圆形（称为微分圆），这个圆使用不同类型的投影后在地图平面上不一定仍为圆形，可能是一个椭圆，所以统称为**变形椭圆**（Ellipse of Distortion），如图 6-22 所示。

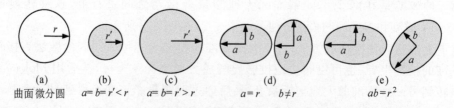

(a)	(b)	(c)	(d)	(e)
曲面微分圆	$a = b = r' < r$	$a = b = r' > r$	$a = r$　　$b \neq r$	$ab = r^2$

图 6-22　Tissot 指标微分圆投影后的各种变形

不同类型的投影形成的变形椭圆是不同的,以变形椭圆的长、短半径 a 和 b 来考量,可以确定投影性质。图 6-22(a)为地球曲面上半径为 r 的微分圆。若投影后如图 6-22(b)和 6-22(c)所示仍为圆,即形状无变化,但 r' 不等于 r,即圆的大小发生变化,则具有这类性质的投影称为**正形**(Conformal)投影或等角投影;若投影后如图 6-22(d)和 6-22(e)所示形状均发生了变化,其中图 6-22(d)中的半径有一个与 r 相等,此时称为**等距离**(Equidistant)投影;而图 6-22(e)中长、短半径符合 $ab = r^2$ 的条件,即投影后的面积大小无变化,则称为**等面积**(Equal Area)投影;若椭圆长、短半径均不为 r,其性质既不属于等角又不属于等面积,则称为任意投影。

地图投影还可以按投影面的形状来分类。投影面是一个可以展开成平面的曲面,如圆锥面、圆柱面等。把地球表面先投影到投影面上,再将投影面展开成平面即可实现投影的目的。因此,这类投影可以分为**圆锥投影**(Conic Projection)、**圆柱投影**(Cylindrical Projection)和方位投影(Azimuthal Projection)。圆锥投影的投影面为圆锥面,圆柱投影的投影面为圆柱面,方位投影的投影面为平面,如图 6-23 所示。

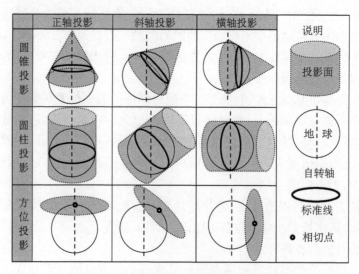

图 6-23　按投影面形状和位置分类示意图

地图投影还可以按投影面与地球的相对**方向**(Aspect)分为**正轴**(Regular)投影、**斜轴**(Oblique)投影和**横轴**(Transverse)投影。正轴投影投影面的旋转轴与地球自转轴重合,比如**正轴圆锥**(Regular Conic)投影;横轴投影投影面的旋转轴与地球自转轴垂直,比如**横轴圆柱**(Transverse Cylindrical)投影;既不重合也不垂直的则是斜轴投影,比如**斜轴方位**(Oblique Azimuthal)投影。对于方位投影,相对于正轴的情况是投影面处在南极或北极,也叫做**极方位**(Polar Azimuthal)投影,如图 6-23 所示。

此外，如果按照投影面和地球的相交状况，则可以分为**相切**（Tangent）和**相割**（Secant）两种投影。切圆锥投影和地球表面相交于一条线，称为**标准线**（Standard Line），因为在这条线上投影后的长度与地球面上的长度保持不变。正轴切圆锥投影的标准线正好是一条纬线，如图 6-24 中所示的虚线，所以就叫**标准纬线**（Standard Parallel）。而割圆锥投影和地球表面相交于两条标准线。圆柱投影的情况和圆锥投影相类似。切方位投影与地球相切于一点，而割方位投影与地球相交于一条标准线。

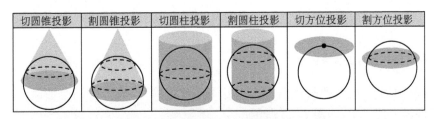

图 6-24　正轴投影的相切和相割示意图

有了上述这些地图投影的知识，我们可以具体地看一些重要的投影。这里限于篇幅，只能把最常用的几种投影略加说明，分别是墨卡托投影、Web 墨卡托投影、横轴墨卡托投影、兰勃特等角圆锥投影和阿尔伯斯等面积圆锥投影等。

1）墨卡托投影（Mercator Projection）

人类历史上第一个真正意义上的地图投影是佛兰德斯（Flanders）的一个地图生产厂的老板及地图印刷版雕刻师墨卡托（Gerardus Mercator，1512—1594）于 1569 年发明并制成地图的，所以最终就以他的名字命名。墨卡托制作并销售了大量精美的地球仪，因此他赚了很多钱，并开办了一个荷兰制图学校。不过，墨卡托并没有直接给出墨卡托投影的数学形式，只是以这样的投影制作了著名的世界地图。最终墨卡托投影的计算公式是由英格兰人 Edward Wright（1558—1615）在 1599 年给出的。

墨卡托投影有这样的一些特点，经线投影后都成了平行的直线，且经度差相同的经线之间投影后的直线也等间距竖直排列，如图 6-25 所示。纬线投影后也都成了平行的直线，并且处处和经线垂直正交。不过，相等纬度差的纬线投影以后的间距并不相同，在赤道处间距小，越向两极地区同纬度差纬线之间的间距越大。这是由于墨卡托投影是等角投影，经线本来是向两极汇聚到一点的，现在被投影"横向拉开"成平行线，所以纬度方向也要相应地"竖直拉开"以保持等角条件的形状不变，但由此就造成了距离和面积变形很大。极端的例子就是高纬度地区的格陵兰岛，本来其面积只有南美洲的八分之一，但在墨卡托投影上面积比整个南美洲还要大。

墨卡托投影的一个特点是**等角航线**（Rhumb Line 或 Loxodrome），这对航海航空特别有用。例如，如果想从一点出发到达另外一点，只要在墨卡托投影的地图上把这两点用直线连接起来，该直线和所有经线之间的夹角（方位角）会保持恒定不变，人们按照这个方位角用罗盘指引方向航行，总能到达目的地。不过，等角航线不一定是两点之间的最短路线，球面上两点的最短路线是**大圆航线**（Great Circle），即过球面两点与球心形成的平面和球面的交线，如图 6-26 所示。

墨卡托投影属于圆柱投影，又可命名为"正轴等角切圆柱投影"。首先想象一个直径与地球赤道直径相同的圆柱竖直套在地球外，和地球相切于赤道，如图 6-27(a)所示。其次想象（也仅仅是想象，实际并不是这样做的）地球中心有一盏灯，放出的光把地球表面上的物

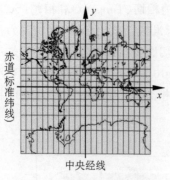

图 6-25　墨卡托投影世界地图

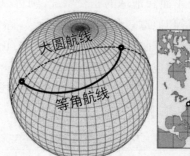

图 6-26　等角航线和大圆航线

体投影到圆柱面上。最后把圆柱面沿着它的一条母线剪开,展开成一个平面,得到的结果就是地球的墨卡托投影,如图 6-28 所示。

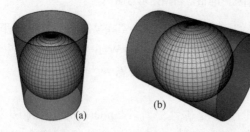
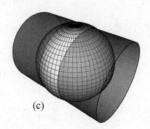

图 6-27　墨卡托投影(a)、高斯-克吕格投影(b)、UTM 投影(c)示意图

　　墨卡托投影的计算可以基于**球体**(Sphere),也可以基于**椭球体**(Ellipsoid)。一般在制作小比例尺的地图时使用基于球体的墨卡托投影,在制作大比例尺的地图时使用基于椭球体的墨卡托投影。但无论是哪一种情况,通常形成的坐标原点都处在赤道上,赤道的投影形成 x 轴,且赤道没有长度变形,所以赤道是墨卡托投影的标准纬线。此外,还要选择一条经线作为**中央经线**(Central Meridian),也就是投影后作为 y 轴的直线。中央经线与赤道相交为墨卡托投影的**坐标系原点**(Origin)。

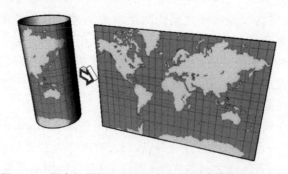

图 6-28　墨卡托圆柱投影面展开成平面的圆柱投影示意图

　　基于球体的墨卡托投影正变换公式如下。这里所谓的**正变换**(Forward)是指把经纬度坐标投影成平面直角 x、y 坐标。公式具体的推导过程限于篇幅就省略了,读者可以进一步参考相关的地图投影书籍,在此推荐美国化学工程师、业余地图投影学者 John Parr Snyder(1926—1997)总结出的 USGS 所使用的地图投影书 *Map Projections—A Working Manual*。

　　　　　　　　　　　　　　　　　　　　　　　地理信息系统基础原理与关键技术

$$x = R(\lambda - \lambda_0), \quad y = R\ln[\tan(\pi/4 + \varphi/2)]$$

其中,x 和 y 为墨卡托投影坐标,λ 和 φ 为经纬度坐标,R 为参考球体的半径,λ_0 为中央经线的经度。这样形成的墨卡托投影坐标系,其中央经线和赤道相交于直角坐标系的原点,赤道投影成 x 轴,且赤道为标准纬线,没有长度变形;中央经线投影成 y 轴。中央经线以东 x 坐标值为正,以西为负;赤道以北 y 坐标值为正,以南为负。如图 6-25 所示。

基于球体的墨卡托投影**逆变换**(Inverse)是指将经过墨卡托投影正变换得到的 x 和 y 坐标再反算回对应的经纬度坐标 λ 和 φ,其公式如下

$$\lambda = x/R + \lambda_0, \quad \varphi = \arctan[\sinh(y/R)]$$

如果是基于椭球体的墨卡托投影,就要把原来公式中的参考球体半径替换成长半径的形式,其正变换公式如下

$$x = a(\lambda - \lambda_0), \quad y = a\ln\left[\tan(\pi/4 + \varphi/2)\left(\frac{1 - e\sin\varphi}{1 + e\sin\varphi}\right)^{\frac{e}{2}}\right]$$

其中,a 是椭球体的赤道半径,值得注意的是公式中的 e 不是自然对数的底,而是前面介绍过的椭圆偏心率。

椭球体墨卡托投影的逆变换公式对于求经度 λ 比较简单,其公式如下

$$\lambda = x/a + \lambda_0$$

但求纬度 φ 相对复杂,需要使用迭代的方法,其公式为

$$\varphi = \frac{\pi}{2} - 2\arctan\left[t\left(\frac{1 - e\sin\varphi}{1 + e\sin\varphi}\right)^{\frac{e}{2}}\right]$$

其中,$t = \mathrm{e}^{-\frac{y}{a}}$,这里的 e 是自然对数的底。第一个迭代使用的 φ 可以使用这样的式子计算:$\varphi = \pi/2 - 2\arctan t$。每次把 φ 代入上面迭代公式的右边,计算出公式左边新的 φ,如此不断迭代计算,直到两次计算得到的 φ 的差值小于给定的精度为止。

2) Web 墨卡托投影(Web Mercator Projection)

Web 墨卡托投影是目前**网络地图应用**(Web Mapping Application)如谷歌地图、微软 Bing 地图、MapQuest 和 OpenStreetMap 所实际使用的地图投影,由于它不是在传统地图学领域所创立的地图投影形式,所以名称一度很混乱,有的地方叫做 Google Web Mercator,有的地方则叫做 Spherical Mercator,还有的地方名称带点专业性如 WGS 84 Web Mercator 或 WGS 84/Pseudo-Mercator。它也曾经有不同的投影编号,不过最终被命名为 EPSG:3857。

由于 Web 地图服务通常是把地图做成方形的图像,也就是把地球表面划分成很多方块图像,然后把这些方块图像(称为**瓦片** Tile)拼接起来展现,所以,要求投影也要把经纬网投影成正交的直线。于是最直接的投影就是墨卡托投影。墨卡托投影在大比例尺的时候通常采用椭球体的投影形式,在小比例尺的时候通常采用球体的形式。但 Web 地图通常包含从大到小多个比例尺层次,用户可以动态地缩放地图,所以,不同的比例尺都要采用相同的投影,于是只能选择球体的墨卡托投影。

也正是因为在大比例尺下使用球体的墨卡托投影而不是更精确的椭球体墨卡托投影,

造成 Web 墨卡托投影与实际有最大 35 km 的地面误差,所以,Web 地图的作用通常也只是普通的浏览或精度不高的定位应用,精确的测量是不能在 Web 地图上进行的。

Web 墨卡托投影坐标是基于 WGS84 的,赤道作为标准纬线,本初子午线作为中央经线,两者交点为坐标原点,向东、向北为正,向西、向南为负。赤道半径 r 为 6 378 137 m,则赤道周长的一半为 $\pi r = 20\ 037\ 508.342\ 789\ 2$ m,因此 X 轴的取值范围为 $[-20\ 037\ 508.342\ 789\ 2,\ 20\ 037\ 508.342\ 789\ 2]$。

由墨卡托投影的公式可知,当纬度接近两极即 $\pm 90°$ 时,y 值趋向于无穷。Google Maps 的解决方案是把 Y 轴的取值范围也限定在上述 X 轴的范围之间,形成一个正方形。根据球体墨卡托公式反算可以得到最大的纬度为

$$\varphi_{\max} = 2\arctan(e^{\pi}) - \frac{\pi}{2}$$

则最大的纬度为 $\pm 85.051\ 128\ 779\ 806\ 59°$。所以,使用 Web 墨卡托投影的网络地图通常只能表示南北纬约 85° 之间的区域。

由于 Web 墨卡托投影是给组成金字塔的瓦片图像使用的,而 Google 等 Web 地图的瓦片图像通常都是采用 256 像素×256 像素的大小,所以,坐标是以图像上的像素位置来计算的,图像的左上角坐标为 $(0,0)$,右下角的坐标为 $(256,256)$。投影计算公式如下

$$\begin{cases} x = 2^{level}(\lambda + \pi)\dfrac{128}{\pi}, \\ y = 2^{level}\left\{\pi - \ln\left[\tan\left(\dfrac{\pi}{4} + \dfrac{\varphi}{2}\right)\right]\right\}\dfrac{128}{\pi} \end{cases}$$

其中,λ 是 WGS84 的经度,φ 是 WGS84 的大地测量纬度,所以,从这一点来看,Web 墨卡托显得有点不伦不类,经纬度用的是椭球体的大地测量经纬度,计算公式是基于球体的墨卡托公式。由此造成该投影既不具有完全的等角性质,当然也不可能具有等面积与等距离性质。

3) 横轴墨卡托投影(Transverse Mercator Projection)

上述墨卡托投影都是正轴投影,赤道没有长度变形,且只在赤道附近变形很小。如果把圆柱横过来套在地球上,则中央经线就没有了长度变形,这样的投影就成了横轴墨卡托投影,它是由在地图投影领域享有盛名的德国数学家兰勃特(Johann Heinrich Lambert, 1728—1777)于 1772 年创立的。当时他给出了基于球体的横轴墨卡托投影计算方法。

而基于椭球体的横轴墨卡托投影的计算方法则是由德国伟大的数学家、物理学家和天文学家高斯(Gauss, 1777—1855)在 1825 年拟定的,后来由德国大地测量学家克吕格(Johann Heinrich Louis Krüger, 1857—1928)于 1912 年对该投影公式加以补充,故称为**高斯-克吕格投影**(Gauss-Krüger Projection)。人们不曾想到高斯在其一生的科学事业中,竟有很大一段时间是在德国从事野外测绘地形图的工作。德国作家丹尼尔·凯曼(Daniel Kehlmann)有一本畅销书叫做《丈量世界》(*Measuring the World*),该书记载了德国同时代的两个科学巨匠高斯和地理学家洪堡(Alexander von Humboldt, 1769—1859)用各自独特的方式测量世界的故事。

高斯-克吕格投影如果从几何的角度来想象,就是用一个椭圆柱面横着套合在地球椭球体外面,并与某一经线相切(即中央经线),椭圆柱的中心轴位于椭球体的赤道面上并通过椭球体的中心,如图 6-27(b)所示。按等角投影的条件将中央经线东、西两侧一定经差范

围内的椭球面投影到椭圆柱面上，并将此椭圆柱面展开成平面，平面上的图形即是椭球面上几何图形的高斯-克吕格投影。

高斯-克吕格投影通常不能用作全球的地图，因为只有在中央经线附近的一个窄窄的条带内，投影变形才比较小，符合大比例尺地形图的测量精度。所以，我国在使用高斯-克吕格投影绘制我国基本比例尺地形图的时候，往往是把地球按照经度差 3°（大比例尺地形图，大于 1∶25 000）或 6°（中小比例尺地形图，1∶25 000～1∶500 000）把地球分割成数十个窄窄的条带，如图 6-29 所示。每一个条带叫做一个**投影带**（Projection Zone），每个投影带的中央经线都不一样，每个投影带都单独使用高斯-克吕格投影形成地形图的坐标系。所以，在地形图上，和经度有关的 x 坐标需要加上一个投影带的编号来区分到底是地球上哪里的位置。

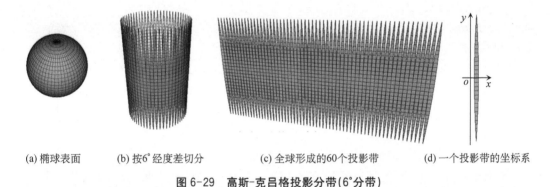

(a) 椭球表面　　(b) 按6°经度差切分　　(c) 全球形成的60个投影带　　(d) 一个投影带的坐标系

图 6-29　高斯-克吕格投影分带(6°分带)

一个投影带通常以中央经线为 y 轴，赤道为 x 轴，但这样形成的坐标系的坐标既有正值又有负值，容易造成错误。所以实际使用的时候，我国地形图坐标系往往会把 x 坐标加上一个 500 km，使得所有的 x 值都是正值。这个加上的 500 km 通常叫做**东伪偏移**（False Easting）。如果要把赤道以南的南半球的 y 坐标都变成正值，可以给 y 坐标加上 10 000 km，这叫做**北伪偏移**（False Northing）。由于中国领土都在北半球，所以地形图坐标只加东伪偏移，不需要加北伪偏移。加了东伪偏移的地形图坐标系相当于把原来中央经线处的 y 轴向西平移了 500 km。

高斯-克吕格投影的特点主要有：

• 中央经线上没有长度变形，也就是沿着中央经线测量的椭球面上的长度和投影后在平面上测量的长度相等。但离开中央经线，长度就有变化了。所以，地图的主比例尺在中央经线上是适用的，其他地方的局部比例尺都比主比例尺大。

• 在同一条纬线上，离中央经线越远，长度变形越大，最大值位于投影带的边缘；在同一条经线上（除中央经线），纬度越低，长度变形越大，变形最大值位于赤道上。

• 投影属于等角性质，所以没有角度变形，也就是在高斯-克吕格投影地图上量测方向总是和地球曲面上量测的方向保持一致。但是存在面积变形。

以美国为代表的一些西方国家，制作地形图也使用横轴墨卡托投影，不过美国 USGS 地形图上采用一种叫做**通用横轴墨卡托**（Universal Transverse Mercator，UTM）的坐标系。UTM 投影和高斯-克吕格投影之间没有实质性的差别。高斯-克吕格投影可以想象成和椭球体相切于中央经线，但 UTM 投影是与椭球体相割，如图 6-27(c) 所示，在中央经线的两侧一定距离有两条割线。在这两条割线上没有长度变形，在这两条割线之间的区域长度缩小,在这两条割线之外的区域长度增大。中央经线投影后长度缩短成原来的0.999 6。由此造成整体上 UTM 投影的变形比高斯-克吕格要小一些。

4)空间斜轴墨卡托(Space Oblique Mercator, SOM)投影

传统的地图投影是建立在静态的条件下,即地球与投影面彼此位置是固定的。但人造卫星沿着轨道从外层空间拍摄地球时,人造卫星和地球都是相对运动着的。所以,通过星载扫描装置(如美国陆地卫星 Landsat 上的 MSS)获得连续的地面图像,这种空间扫描成像必然需要一种新的地图投影来展现。这就是所谓的**空间地图投影**(Space Map Projection),它指的是与传统的静态地图投影不同的空间动态地图投影。

空间斜轴墨卡托投影是美国 USGS 为轨道航天器运载的扫描装置摄取的连续图像所设计的一种新投影。该投影由 USGS 的 Alden P. Colvocoresses 于 1974 年提出概念设想。1976 年,由前面提到过的 John Parr Snyder 推导出了公式,1977 年美国弗吉尼亚大学的 John L. Junkins 也推导出了近似的公式。到 1981 年最终完全的 SOM 投影数学公式(包括球体和椭球体)由 Snyder 总结完善。

SOM 投影的特点是:投影沿着卫星轨道定义,可形成连续的遥感影像。该投影基本上满足等角的条件,尤其是在轨道两侧的扫描区域内。卫星轨道在地面上的轨迹投影后形成一条连续的没有变形的曲线,而经纬线投影后也都成了曲线。该投影主要运用在卫星地面轨迹两侧有限的区域内。

SOM 投影公式与常规静态投影公式的最大区别就是公式中要有一些参数来指定卫星的轨道,比如轨道的升交点、轨道面与地球赤道面之间的交角,还有就是时间也是一个重要的参数。具体的计算公式和推导过程可以上网查找,并参考 Snyder 的论文 *Space Oblique Mercator Projection Mathematical Development*。

5)兰勃特等角圆锥投影(Lambert Conformal Conic Projection)

兰勃特等角圆锥投影为前面已介绍过的兰勃特于 1772 年所创建的,该投影是双标准纬线下的等角正轴割圆锥投影。可以设想用一个圆锥面竖直切割地球面上的两条纬线,形成两条标准纬线(没有长度变形)。应用等角条件将地球面投影到圆锥面上,然后沿圆锥面的一条母线剪开,展平所呈现出的一个扇形即为兰勃特等角圆锥投影的结果。兰勃特等角圆锥投影后纬线为同心圆弧,经线为同心圆的半径,如图 6-30 所示。

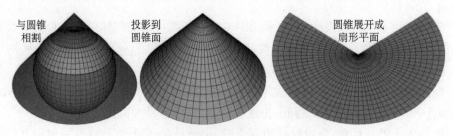

与圆锥 相割　　投影到 圆锥面　　圆锥展开成 扇形平面

图 6-30　兰勃特等角圆锥投影示意图

兰勃特等角圆锥投影的变形分布规律是:

• 角度没有变形;

• 两条标准纬线上没有长度变形,其他位置同纬度变形相等;

• 同一条经线上,两条标准纬线外侧为正变形(投影后比地球面上大),而两条标准纬线之间为负变形(投影后比地球面上小)。

兰勃特等角圆锥投影适合用于制作处于中纬度且东西方向延伸的区域地图,所以常用于编制中国地图(南海诸岛作插图形式)和各种统计图,也被美国用来编制美国各州地图(阿拉斯加州、夏威夷州、波多黎各等作插图形式),如图 6-31(a)所示。1978 年开始,我国按《1∶1 000 000地形图编绘规范》要求,决定采用这一投影作为中国 1∶1 000 000分幅地形图的数学基础。

6) 阿尔伯斯等面积圆锥投影(Albers Equal Area Conic Projection)

阿尔伯斯等面积圆锥投影简称阿尔伯斯投影,是一种正轴等面积割圆锥投影,与兰勃特投影属于同一种投影族,由德国人 Heinrich Christian Albers(1773—1833)于 1805 年首创,用于德国欧洲地图的绘制。由于它是等面积投影,所以在制作和面积有关的地图时,通常会使用阿尔伯斯投影。例如,当制作我国各个省区的人口密度分布图时,由于人口密度和省区的面积有关,所以适合使用没有面积变形的阿尔伯斯投影,这样才能传递正确的空间信息。而如果采用面积变形很大的墨卡托投影就不太适合了。

阿尔伯斯投影与兰勃特等角圆锥投影的结果非常相似,如图 6-31(b)所示,其特点如下:

- 阿尔伯斯是两条标准纬线的等面积圆锥投影;
- 纬线是不等间距的同心圆弧,在地图南北边缘的地方纬线的间距更紧密;
- 经线是等间距排列的,为同心圆弧的半径,处处与纬线正交;
- 在两条标准纬线上没有长度和形状的变形;
- 极点也投影成圆弧。

(a) 兰勃特等角圆锥投影　　　　　　(b) 阿尔伯斯等面积圆锥投影

图 6-31　兰勃特等角圆锥投影与同参数阿尔伯斯等面积圆锥投影的对比图

以上简要地介绍了地图投影的一些基本常识。当然,对于目前应用中的上百种地图投影而言,这点知识可谓九牛一毛,但限于篇幅也只能如此了。

不过说到投影的具体应用,有一个开源的软件在进行地图投影变换中非常著名,这就是 proj.4。proj 是该软件的名字,后面的 4 代表目前是第四版。可以在其官方网站上下载源代码和可执行程序,proj.4 是跨平台的 C 语言函数库,对各种操作系统都有支持。

proj 最早是由 Gerald Evenden 在 1980 年初用 Fortran 语言编写的,1985 年第二版用 C 语言重新编写并移植到 UNIX 系统下。1990 年第三版叫做 proj.3,可以支持 70 多种地图投影。1994 年推出第四版 proj.4,并在 1995 年停止更新。直到 2000 年 Frank Warmerdam 接手该软件的维护,才继续推出新的更新。proj 软件目前几乎是所有开源 GIS 运用地图投影的工具。

下面的 C 语言代码简单地显示了如何使用 proj.4:

```
#include <proj_api.h>
void main(int argc, char **argv)
{   projPJ pj_merc, pj_latlong;
    double x, y;

    pj_merc = pj_init_plus("+proj=merc +ellps=clrk66 +lat_ts=33");
    pj_latlong = pj_init_plus("+proj=latlong +ellps=clrk66");

    scanf("%lf %lf", &x, &y);
    x *= DEG_TO_RAD;          y *= DEG_TO_RAD;

    pj_transform(pj_latlong, pj_merc, 1, 1, &x, &y, NULL );
    printf("%.2f\t%.2f\n", x, y);
}
```

程序首先用 projPJ 定义了两个投影变量 pj_merc 和 pj_latlong。其次用 pj_init_plus 函数初始化 pj_merc 变量表示一个墨卡托投影坐标系,不过其标准纬线不在赤道而是 33 度。再次用 pj_init_plus 函数初始化 pj_latlong 变量为一个基于克拉克 1866 椭球的地理坐标系。然后用键盘输入一对经纬度数值,并转换成需要的弧度值(通过乘一个常量 DEG_TO_RAD 来实现),再调用转换函数 pj_transform 生成墨卡托投影坐标值。最后,程序把转换得到的投影坐标值输出。

Proj.4 由于是用 C 语言编写的,执行效率虽然比较高,但对于软件结构来说并不是太好,尤其随着支持投影的数量越来越多(最新版已经支持将近 140 种投影),软件的维护工作也变得越来越困难。所以,如果有第五版 proj.5 的话,可以采用 C＋＋来重写代码。而且从各种投影的关系以及计算特点来看,适宜采用策略模式加简单工厂模式这样的设计模式,就可以有较好的软件结构和可重用性。不过提到**设计模式**(Design Patterns),又是另外一番天地,这就不在本书的讨论范围之内了。

第7章 空间叠加分析

这一章主要论及 GIS 中最经典的空间分析方法——空间叠加分析。之所以说是最经典的空间分析方法,是因为早在 20 世纪 60 年代,苏格兰从事景观研究的 Ian McHarg 就在他的成名作 *Design with Nature* 中提出了用地图叠加技术进行适宜性分析的方法。GIS 之父 Roger Tomlinson 在他的加拿大地理信息系统(CGIS)中也最早尝试实现叠加分析技术。现在,空间叠加分析已经成为所有 GIS 空间分析工具库中必备的主要分析工具。

叠加(Overlay)字面意思是把一个东西覆盖在另一个东西上面。在 GIS 中则表示将相同地区的若干个不同性质的空间要素拿来进行对比分析。回顾第一章图 1-2 所列举的例子,可以把同为南京地区的土壤分布数据和地形坡向分布数据进行叠加,从而得到土壤和坡向之间的空间分布规律,这就是空间叠加分析的主要作用。

GIS 可以针对矢量数据进行空间叠加分析,也可以针对栅格数据进行空间叠加分析。矢量叠加分析和栅格叠加分析各自都有自身的特点和适用范围,下面分别加以说明。

7.1 矢量叠加分析

矢量叠加分析是 GIS 中用来提取空间组合信息的方法,其基本原理是将不同主题的各个数据进行空间比较,产生具有多重属性和几何图形的空间数据,所以,叠加的结果通常组合了原来各个要素所具有的属性,并生成了新的空间关系。当然,能够进行叠加分析的前提就是所有参加叠加运算的数据必须基于相同的坐标系统,且处于相同的地理位置。

矢量叠加分析有很多种不同的形式,但基本原理都相似,实现的算法也都是基于**计算几何**(Computational Geometry)中的点线面相交算法,只不过根据目的不同,而取不同的结果。所以,常常把矢量叠加分析分为以下常见的几种,即 Clip(裁剪)、Erase(擦除)、Identity(识别)、Intersect(交集)、Symmetrical Difference(对称差)、Union(联合)和 Update(更新)等。

参加叠加分析的矢量数据根据作用的不同,分为输入数据和叠加数据两种。输入数据和叠加数据都可以分别是点要素、线要素或面要素。但是它们的不同组合会得到不同的结果。下面就上述的几种矢量叠加分析进行具体的论述。

7.1.1 Clip

Clip 就是用叠加数据去裁剪输入数据,即凡是空间范围落入叠加数据(裁剪数据)的输入数据(被裁剪数据),都会被保留到结果中。Clip 和其他几种矢量叠加分析不同的是,它的结果中属性数据仅仅包含输入数据的属性,并不包含叠加数据的属性,所以,Clip 有时候被归为空间**提取**(Extract)而非叠加。

Clip 通常是从一个大的区域数据中提取出一个小的数据子集,例如,当我们需要南京市的某个空间数据,而我们现有的是整个江苏省范围的空间数据,这时候用南京市的行政区划范围数据去裁剪整个江苏省的数据,就可以得到只包含在南京市以内的这种空间数据了。

Clip 的输入数据可以是点要素、线要素、面要素,叠加数据也可以是点要素、线要素、面要素,但叠加数据的几何维度必须大于或等于输入数据的几何维度。例如,面要素可以裁剪线要素,但反之则不能进行。Clip 结果的维度总是和输入数据的维度相同。各种 Clip 叠加分析情况如表 7-1 所示。

表 7-1　Clip 叠加分析的各种情况

7.1.2　Erase

Erase 的作用和上述 Clip 正好相反,它是用叠加数据(擦除数据)将输入数据(被擦除数据)中与擦除要素重叠的部分去掉。输入数据可以是任意矢量点、线、面数据,而叠加数据的维度必须大于或等于输入数据的几何维度。Erase 的结果只包含输入数据的属性,并不包含叠加数据的属性。Erase 通常用在要把一部分空间数据排除出研究区域的时候。表 7-2 列举了各种 Erase 叠加分析的情况。

　　　　　　　　　　　　　　　　　　　地理信息系统基础原理与关键技术

表 7-2　Erase 叠加分析的各种情况

输入数据(被擦除数据)		叠加数据(擦除数据)		结果
点 (0 维)		点 (0 维)		
		线 (1 维)		
		面 (2 维)		
线 (1 维)		线 (1 维)		
		面 (2 维)		
面 (2 维)		面 (2 维)		

7.1.3　Identity

Identity 是用叠加数据(识别数据)对输入数据(被识别数据)进行空间和属性的加注,也就是把叠加数据的几何要素和输入数据进行叠加,并使相叠加的部分既包含输入数据的属性,也包含叠加数据的属性。

Identity 的输入数据可以是点、线、面任何一种矢量数据,而叠加数据要么是面要素,要么是和输入数据具有相同几何维度的矢量数据。Identity 叠加分析在需要把新的分类数据结合进已有的数据时,是一种有效的方法。表 7-3 列举了各种 Identity 叠加分析的情况。

表 7-3　Identity 叠加分析的各种情况

输入数据(被识别数据)		叠加数据(识别数据)		结果
点 (0维)		点 (0维)		
		面 (2维)		
线 (1维)		线 (1维)		
		面 (2维)		
面 (2维)		面 (2维)		

7.1.4　Intersect

Intersect 可以计算并输出矢量数据之间的交集。求交分析可以在 2 个或以上矢量数据的情况下进行,此时,所有的数据都是输入数据,不再区分叠加数据。所以,输出的数据中属性数据通常包含了所有输入数据的属性字段。

Intersect 的输入数据可以是点、线、面任何几种矢量数据的组合,不过不同几何维度的输入数据进行求交分析,其输出的结果数据通常是所有参与分析的输入数据中几何维度最低的。也就是说,如果点和线求交,结果只能是点,而不可能是线。同样,线和面求交,结果不可能是面,只能是线或者几何维度更低的点。

Intersect 与其他叠加分析不同之处除了不再区分输入数据和叠加数据以外,还在于其输出的形式可以有所选择。比如线和面求交,结果可以选择输出线,也可以选择输出点。也就是说,当数据求交时,可以输出小于或等于这些输入数据中最小几何维度的结果。表 7-4 是各种矢量数据求交的情况。

表 7-4 Intersect 叠加分析的各种情况

2 个输入数据			输出点	输出线	输出面
点 A,B		点 1,2		无	无
点 A,B		线 1,2		无	无
点 A,B		面 1,2		无	无
线 A		线 1,2			无
线 A,B		面 1,2			无
面 A		面 1,2			

7.1.5 Symmetrical Difference

Symmetrical Difference 的叠加效果和上述 Intersect 的一部分相反,其结果是保留两个数据中互相不覆盖的部分,而相交的部分则被去掉。该叠加分析要求参与叠加的两个矢量数据必须具有相同的几何维度,结果中包含了两个数据的属性。表 7-5 是 Symmetrical Difference 的三种叠加分析情况。

表 7-5 Symmetrical Difference 叠加分析的各种情况

	输入数据	叠加数据	结果
点			
线			
面			

7.1.6 Union

Union 叠加分析的原理是得到多个面要素叠加的所有空间组合形式。Union 分析和 Intersect 分析相似，它支持 2 个或以上输入数据的叠加分析。但与 Intersect 不同之处在于 Union 只支持面要素（多边形要素）之间的叠加，不支持点要素与线要素参与的叠加。所以，Union 是多个面要素输入数据之间的分析，也不区分叠加数据。Union 的结果中包含了所有参加叠加的面要素的属性数据。Union 还有一个可选的设置为是否在结果中允许包含**空隙**（Gap），如果不允许包含空隙，则面要素之间的空隙会生成一个新的面来填补这个空隙，该面要素的属性通常赋一个－1 的值。表 7-6 是 2 个输入数据的 Union 叠加分析的情况。

表 7-6　2 个输入数据的 Union 叠加分析的情况

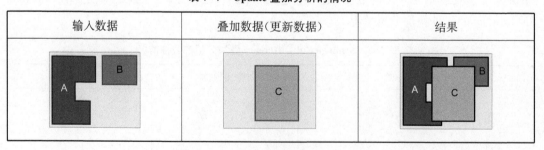

7.1.7 Update

Update 叠加分析是用来更新面要素（多边形）的空间数据和属性数据的，也就是说，Update 只能用于面要素，即输入数据是矢量面要素，叠加数据（更新数据）也是矢量面要素。使用 Update 叠加，会将原来输入数据中与更新数据重叠部分的矢量面要素替换成更新数据。使用 Update 必须满足更新数据的属性字段与输入数据的属性字段相匹配，这样才能获得更新了的属性数据。表 7-7 是 Update 叠加分析的情况。

表 7-7　Update 叠加分析的情况

上述这些矢量叠加分析都可以处理两个矢量要素的叠加，但其中的 Intersect 和 Union 也可以同时进行多个矢量要素的叠加。两个矢量要素的叠加称为**二元**（Binary）叠加，多个矢量要素的叠加称为**多元**（Multiple）叠加，多元叠加的时候通常是不区分输入数据和叠加数据的。

因为矢量叠加的种类有较多，不同的叠加会得到不同的结果，所以需要将这些矢量叠加分析做一个总结，如表 7-8 所示。

表 7-8 矢量叠加分析

叠加方法	叠加数量	输入数据类型	叠加数据类型	输出结果
Clip	二元	点、线、面	点、线、面,几何维度要大于或等于输入数据	与输入数据重叠的部分被保留
Erase	二元	点、线、面	点、线、面,几何维度要大于或等于输入数据	与输入数据重叠的部分被擦除
Identity	二元	点、线、面	面,或者几何维度和输入数据的几何维度相同	与输入数据重叠的部分加上新属性
Intersect	多元	点、线、面	点、线、面与输入数据任意组合	可指定要保留哪个维度的重叠部分
Symmetrical Difference	二元	点、线、面	点、线、面,和输入数据的几何维度相同	输入数据与叠加数据互不覆盖的部分保留
Union	多元	面	面	保留所有的空间叠加组合面要素
Update	二元	面	面	叠加数据替换输入数据中重叠的部分

7.1.8 矢量叠加分析的相关算法

矢量叠加分析涉及的相关算法主要有点到线段的最小距离的计算、点在多边形内的判定、线段与线段的相交判定等,下面做简要的介绍。

1) 点到线段的最小距离

在矢量叠加分析中经常要判断一条矢量线是否经过某个矢量点,或者点是否正好在线的上面,这一判断通常是用点到线段的最小距离来决定的。用户在使用矢量叠加分析的时候,需要预先设置一个距离**容差**(Tolerance),一旦点到线段的最小距离小于这个容差,就认为点在线段上,或线段正好通过该点。

计算某个矢量点到某条线段的最小距离有很多种算法,其中一种算法为:假设有一条线段 AB,其端点 A 和 B 的坐标分别为(x_1, y_1)和(x_2, y_2),求点 $P(x, y)$ 到线段 AB 的最小距离一般会存在三种情况,如图 7-1 所示。

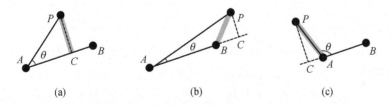

(a)   (b)   (c)

图 7-1 点与线段最小距离计算的三种情况

第一种情况是 AP 在线段 AB 上的投影点 C 在 AB 之间,所以点 P 到 AB 的最小距离就是点 P 到 AB 垂线的长度,如图 7-1(a)所示;第二种情况是 AP 在线段 AB 上的投影点 C 在 AB 的延长线上,则点 P 到 AB 的最小距离就是点 P 到点 B 的长度,如图 7-1(b)所示;第三种情况是 AP 在线段 AB 上的投影点 C 在 BA 的延长线上,则点 P 到 AB 的最小距离就是点 P 到点 A 的长度,如图 7-1(c)所示。

对上述三种情况的区分可以采用矢量点积（内积）的方式来计算，我们知道，如果两个矢量 AP 和 AB 之间的夹角为 θ，则矢量点积公式为

$$\overrightarrow{AP} \cdot \overrightarrow{AB} = |\overrightarrow{AP}| \, |\overrightarrow{AB}| \cos \theta$$

若公式两边同时除以 AB 的长度，则得到 AP 在 AB 上的投影长度 AC。

$$|\overrightarrow{AC}| = \frac{\overrightarrow{AP} \cdot \overrightarrow{AB}}{|\overrightarrow{AB}|} = \frac{|\overrightarrow{AP}| \, |\overrightarrow{AB}| \cos \theta}{|\overrightarrow{AB}|} = |\overrightarrow{AP}| \cos \theta$$

设置一个比值 r 来判定投影点 C 属于三种情况中的哪一种，r 可按下式计算

$$r = \frac{|\overrightarrow{AC}|}{|\overrightarrow{AB}|} = \frac{\overrightarrow{AP} \cdot \overrightarrow{AB}}{|\overrightarrow{AB}|^2} = \frac{|\overrightarrow{AP}|}{|\overrightarrow{AB}|} \cos \theta$$

则可以通过计算 r 的值得到三种情况的判断方法，即：

① $0 < r < 1$，属于上述第一种情况；

② $r \geqslant 1$，属于上述第二种情况；

③ $r \leqslant 0$，属于上述第三种情况。

这样就可以写成下面的伪代码形式来计算点 (x, y) 到线段 $(x_1, y_1)(x_2, y_2)$ 的最小距离：

```
Function PointToSegDist(x, y, x1, y1, x2, y2)
{
    dot = (x2 - x1) * (x - x1) + (y2 - y1) * (y - y1);
    if (dot <= 0)
        return sqrt((x - x1) * (x - x1) + (y - y1) * (y - y1));

    d2 = (x2 - x1) * (x2 - x1) + (y2 - y1) * (y2 - y1);
    if (dot >= d2)
        return sqrt((x - x2) * (x - x2) + (y - y2) * (y - y2));

    r = dot / d2;
    cx = x1 + (x2 - x1) * r;
    cy = y1 + (y2 - y1) * r;
    return sqrt((x - cx) * (x - cx) + (cy - y1) * (cy - y1));
}
```

2）点在多边形内的判定

点在多边形内的判定已在前面的章节中做了介绍，常用的算法有射线算法（铅垂线算法）和夹角和算法等。在此仅仅给出射线算法的伪代码 Function PointInPolygon 以供参考，其中，vert[n]是存储多边形边界数据点的数组，x 和 y 是要判断的点的坐标。不过，代码中并没有考虑射线正好经过边界线段端点的特殊情况。

3）线段与线段的相交判定

线段与线段之间的相交判定算法也有很多种，限于篇幅就不做具体的介绍了，这在计算几何文献中都可以找到。其实如果是用来做科研，则完全可以使用一个计算几何库CGAL 来实现矢量数据的很多几何运算。CGAL 是 Computational Geometry Algorithms Library 的缩写，起初是一个由 8 所欧洲和以色列的大学及研究机构共同创立的开源软件，

```
Function PointInPolygon(vert[n], x, y)
{
    bool in = false;
    for ( i = 0, j = n - 1; i < n; j = i ++ )
    {   if ( ( ( vert[i].y > y ) != ( vert[j].y > y ) ) &&
            ( x < ( vert[j].x - vert[i].x ) * ( y - vert[i].y ) /
            ( vert[j].y - vert[i].y ) + vert[i].x ) )
        in = ! in;
    }
    return in;
}
```

该软件使用 C++编写,从 1996 年至今一直在发展。使用 CGAL 可以直接实现点、线、面(多边形)的各种几何运算,包括前面介绍过的多边形和多边形的 Union、Intersect 等。

7.2　栅格叠加分析

在栅格数据模型中,地理要素被离散成栅格单元,并以矩阵形式存储。所以,在使用栅格数据进行空间分析的时候,就可以基于这些栅格单元里面存储的属性数据进行统计和计算,得到新的栅格数据。由于栅格数据分析经常使用各种代数运算,所以也常常把多个栅格数据的叠加分析称为**地图代数**(Map Algebra)。地图代数的概念最早是由 Charles Dana Tomlin 于 1980 年代首先提出的,一直被沿用至今,常常作为栅格叠加分析的代名词来使用。

7.2.1　栅格数据重采样

进行地图代数运算,一个前提条件就是所有参与分析的栅格数据都必须基于相同的地图坐标系,并且所有栅格单元的大小相同,在空间位置上可以对应。也就是说,一个栅格数据中的某个栅格单元必须在另一个参与地图代数运算的栅格数据中有空间上完全一致的一个对应栅格单元,这样才能进行相应的计算。

如果进行地图代数的栅格数据具有不同的空间分辨率(栅格单元大小)或栅格坐标系,则需要把它们全部转换成相同的空间分辨率和坐标系。这种转换过程中新的栅格单元位置不可能与原来的栅格单元位置正好一致,所以需要用到栅格数据的**重采样**(Resampling)技术,在新的栅格单元处插值出新的栅格数据。这种插值通常是对新栅格单元周围一定数量的旧栅格单元进行采样插值。原来旧的栅格数据就是经过空间采样得到的,现在再次对其采样,故称为重采样。

GIS 中栅格数据的重采样技术与遥感影像的重采样技术是基于完全相同的方法。目前使用最多的重采样方法有**最近邻**(Nearest Neighbor)插值法、**双线性**(Bilinear)插值法和**三次卷积**(Cubic Convolution)插值法三种。

1) 最近邻插值法

该方法是寻找距离新栅格单元插值位置最近的一个旧栅格单元的值作为插值位置的数值。如图 7-2(a)所示,点(x, y)为新栅格单元的位置坐标,其数值采用距该点最近的旧栅格单元的数值 R_{11}。最近邻插值法运算效率最高,只要将插值点的 x 和 y 值转换成旧栅格坐标,该栅格坐标即是最近的旧栅格单元,取得该旧栅格单元的数值即可赋值给新的插值位置。

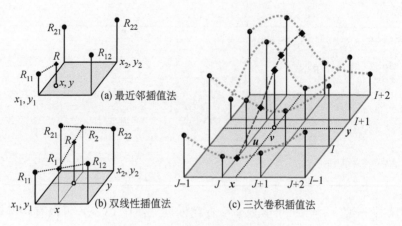

图 7-2　三种重采样的插值方法

2) 双线性插值法

该方法采用距离插值点最近的四个（2×2）栅格单元进行线性插值,如图 7-2(b)所示,通常首先根据插值点的 x 坐标值在两个 X 方向进行线性插值,即分别用 R_{11} 和 R_{12} 线性插值得到 R_1,用 R_{21} 和 R_{22} 线性插值得到 R_2;其次再根据插值点的 y 坐标值在 Y 方向进行线性插值,即用 R_1 和 R_2 线性插值得到插值点最终的数值。双线性插值法的执行效率低于最近邻插值法,但插值的数据更光滑。

双线性插值法的计算公式为

$$R_1 \approx \frac{x_2 - x}{x_2 - x_1} R_{11} + \frac{x - x_1}{x_2 - x_1} R_{12},\ R_2 \approx \frac{x_2 - x}{x_2 - x_1} R_{21} + \frac{x - x_1}{x_2 - x_1} R_{22},$$

$$R = \frac{y_2 - y}{y_2 - y_1} R_1 + \frac{y - y_1}{y_2 - y_1} R_2$$

$$= \frac{1}{(x_2 - x_1)(y_2 - y_1)} \begin{bmatrix} x_2 - x & x - x_1 \end{bmatrix} \begin{bmatrix} R_{11} & R_{21} \\ R_{12} & R_{22} \end{bmatrix} \begin{bmatrix} y_2 - y \\ y - y_1 \end{bmatrix}$$

据此,可以写出如下双线性插值法的伪代码:

```
Function BilinearInterp(R11, R12, R21, R22, x1, x2, y1, y2, x, y)
{
   x2x1 = x2 - x1;     y2y1 = y2 - y1;
   x2x = x2 - x;       y2y = y2 - y;
   xx1 = x - x1;       yy1 = y - y1;

   return 1.0 / (x2x1 * y2y1) * (
      R11 * x2x * y2y + R12 * xx1 * y2y +
      R21 * x2x * yy1 + R22 * xx1 * yy1 );
}
```

3) 三次卷积插值法

该方法比双线性插值法效果更好,它是二维**双三次插值**(Bicubic Interpolation)中的一种方法,双三次插值可以用三次 Hermite 样条函数来实现插值,不过解三次样条函数的方程计算量较大,所以可以用卷积的方法来获得近似的效果。三次卷积法采用插值点周围4×4 个栅格单元的数值进行加权计算,而用于计算权重的**核函数**(Kernel)则采用分段三次多项式来拟合Sinc 函数,并将其运用在 X 和 Y 两个方向上,该核函数的形式为(以 X 方向为例)

$$W(x) = \begin{cases} (a+2) \mid x \mid^3 - (a+3) \mid x \mid^2 + 1, & \mid x \mid \leqslant 1, \\ a \mid x \mid^3 - 5a \mid x \mid^2 + 8a \mid x \mid - 4a, & 1 < \mid x \mid < 2, \\ 0, & \text{otherwise} \end{cases}$$

这个核函数的特点是 $W(0)=1$ 对其他任意的整数 n，有 $W(n)=0$。但当 a 取值-1时，该核函数逼近的是 Sinc 函数即 $\sin(\pi x)/(\pi x)$；当 a 取值-0.5 时，该核函数逼近三次 Hermite 样条函数。

如图 7-2(c)所示，设 u 和 v 分别是将插值点坐标(x,y)转成栅格坐标(I,J)后在列方向和行方向的小数部分，R 为最终插值的结果，$R_{I,J}$ 为栅格坐标(I,J)处的数值，则三次卷积的计算可以用下面的公式实现

$$R = A \cdot B \cdot C$$

其中

$$A = [W(-1-u) \quad W(-u) \quad W(1-u) \quad W(2-u)],$$

$$B = \begin{bmatrix} R_{I-1,J-1} & R_{I,J-1} & R_{I+1,J-1} & R_{I+2,J-1} \\ R_{I-1,J} & R_{I,J} & R_{I+1,J} & R_{I+2,J} \\ R_{I-1,J+1} & R_{I,J+1} & R_{I+1,J+1} & R_{I+2,J+1} \\ R_{I-1,J+2} & R_{I,J+2} & R_{I+1,J+2} & R_{I+2,J+2} \end{bmatrix}, \quad C = \begin{bmatrix} W(-1-v) \\ W(-v) \\ W(1-v) \\ W(2-v) \end{bmatrix}$$

上面的公式也可以总结成下面的卷积计算形式

$$R_{I+v,J+u} = \sum_{i=-1}^{2} \sum_{j=-1}^{2} R_{I+i,J+j} W(i-v) W(j-u)$$

7.2.2 栅格数据重分类

所谓栅格数据的**重分类**(Reclassification)就是根据某一种分类指标把栅格数据中的每一个栅格单元根据其数值分配到一个类型之中，形成一个新的分类栅格数据，这个新栅格数据的属性值就是新的类型编码。栅格数据重分类和前面介绍过的矢量数据空间融合原理颇为相似。

进行栅格数据重分类需要按照分类指标设置一个分类新旧数值对照表，这个表分为两栏，如图 7-3(a)所示一栏是旧栅格数据中的数值，即 Old values；另一栏是重新分类后对应的新分类数值，即 New values。设有一个栅格 DEM 表示某地的数字地形，我们可以按照高程对该区域进行植被垂直分带，假设 600 m 以下是常绿阔叶林带(属性代码设为 A)，600～900 m 是常绿阔叶—落叶阔叶混交林带(代码设为 B)，900～1 200 m 是落叶阔叶林带(代码设为 C)，1 200～1 500 m 是针叶林带(代码设为 D)。运用栅格数据重分类即可得到植被垂直分布地带的范围。

在完成上述的重采样和重分类等栅格数据处理之后，所有的栅格数据都处于同一个栅格坐标系和空间分辨率之下，因此就可以进一步进行栅格叠加分析或地图代数计算了。地图代数计算和矢量叠加一样有很多种，可以归结到以下几个类型之中，即局部运算、邻域运算和分区运算等。

7.2.3 局部运算

局部运算(Local Operation)是针对单个栅格单元的操作，也就是对输入栅格数据中的每个栅格单元单独计算，计算结果赋给输出栅格单元。它既可以使用单目运算符对一层栅

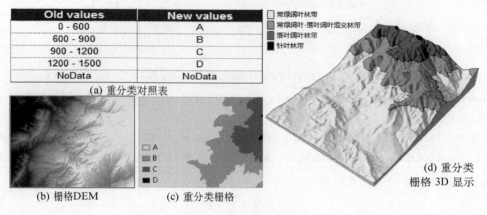

Old values	New values
0 - 600	A
600 - 900	B
900 - 1200	C
1200 - 1500	D
NoData	NoData

(a) 重分类对照表

常绿阔叶林带
常绿阔叶-落叶阔叶混交林带
落叶阔叶林带
针叶林带

(b) 栅格DEM

(c) 重分类栅格

(d) 重分类栅格 3D 显示

图 7-3　栅格数据重分类

格数据进行计算,也可以应用于多层栅格数据。当然,栅格数据中的**空值**(NoData)栅格单元是不参与运算的,也就是空值栅格单元的最终计算结果还是空值。局部运算的运算功能又可以归纳为以下几种类型:

1) 数学运算

这一类型的运算是把各种数学运算符作用于栅格数据的每一个栅格单元上,也就是说,把栅格单元的属性数值作为数学运算符的操作数,把数学计算的结果以另一个栅格数据的形式输出。一般而言,常用的数学运算有:算术运算($+$,$-$,$*$,$/$)、逻辑运算($\&$,$|$,$\hat{}$,$\sim$)、关系运算($>$,$<$,$=$等)、三角及反三角函数(sin,cos,$Asin$,$sinH$等)、指数函数(Exp等)、对数函数(Log等)、幂函数($Sqrt$,Pow)以及数值处理函数(Abs,$Rand$,$Ceil$,$Float$,$IsNull$等)。

图 7-4 是一个栅格局部运算的示例,已知某处温度栅格数据,求温度大于等于 0 度的区域范围。结果栅格数据中,0 值栅格单元表示温度小于 0 度的区域,而 1 值栅格单元表示温度大于等于 0 度的区域。

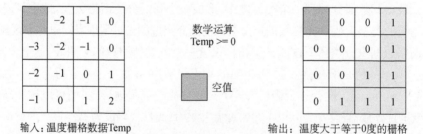

数学运算
Temp >= 0

空值

输入:温度栅格数据Temp

输出:温度大于等于0度的栅格

图 7-4　栅格数学运算示例

2) 条件函数

该类型函数的功能是对栅格数据按照条件进行 SQL 查询,并把符合条件与不符合条件的栅格单元分别赋以给定的不同属性值输出为新的栅格数据。例如,需要把栅格 DEM 中符合高程在 600 m 以下条件的地形提取出来,而其余的地方(即不符合条件的地方)用 600 m高程代替,这样就得到了常绿阔叶林带所在地形的栅格 DEM 数据。如图 7-5 所示,左为栅格 DEM,右为按条件 SQL 语句查询所得到的结果。

3) 统计函数

局部运算中的统计函数对多个栅格数据进行对应栅格单元的统计运算,常用的统计函

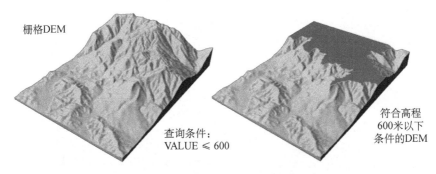

图 7-5　栅格条件查询及其结果

数有：**均值**（Mean）、**众数**（Mode）、**最大值**（Maximum）、**中位数**（Median）、**最小值**（Minimum）、**少数**（Minority）、**极差**（Range）、**标准差**（Standard Deviation）、**求和**（Sum）和**变异度**（Variety，即不同的种类数）。统计函数在有多个栅格数据的时候使用非常方便，例如，我们有某地每个月的温度分布栅格数据，要求全年月平均温度的分布，可以直接使用求均值的统计函数，而不需要把 12 个月的栅格数据一个一个地加起来再除以 12。

地图代数通常可以用一个代数公式把不同的栅格数据组合起来进行计算，例如，有一个栅格 DEM 和一个相同地区的行政区栅格数据 ADMIN，该区域包含了三个行政区，分别用代码①、②、③来表示，如果我们需要得到代码为①的行政区中高程为 600～900 米的区域栅格，则可以写一个类似于图 7-6 所示的公式来得到地图代数的结果，结果栅格数据中 1 值表示满足条件的区域，0 值表示不满足条件的区域。

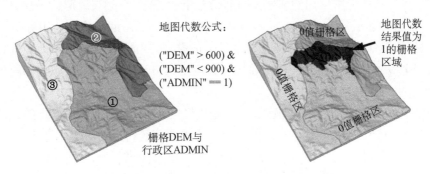

图 7-6　多个栅格数据的地图代数运算

局部运算中还有一个常用的 Combine 运算，它的作用和矢量叠加中的 Union 是一样的。该运算把参与运算的各栅格数据对应的栅格单元属性值的所有组合形式都记录下来，每一种属性值的组合都用一个唯一的代码来标记，从而形成最终的输出栅格数据。例如，我们有高程重分类的栅格数据 ELEV，还有同一地区的行政区栅格数据 ADMIN，如果将这两个数据进行 Combine 运算，就可以得到各个行政区中各种高程重分类的情况。如图 7-7 所示，在新生成的 Combine 栅格数据中，每一个新的属性值都是原来 ELEV 和 ADMIN 的一种组合形式，如属性值为 4 的栅格单元区域，通过栅格数据的属性表可以看出它是由 ELEV 的 A 属性值区域和 ADMIN 的 1 属性值区域叠加形成的区域。

7.2.4　邻域运算

栅格数据的邻域运算通常是先对栅格单元定义一个邻域范围，再把落在该栅格单元

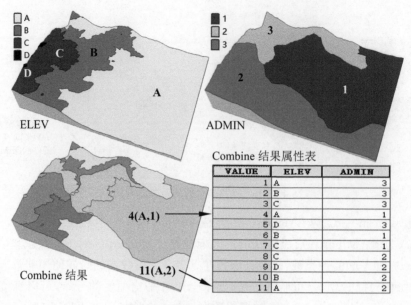

Combine 结果属性表

VALUE	ELEV	ADMIN
1	A	3
2	B	3
3	C	3
4	A	1
5	D	3
6	B	1
7	C	1
8	C	2
9	D	2
10	B	2
11	A	2

图 7-7 栅格 Combine 运算示例

（称为**焦点栅格** Focal Cell）邻域范围内的所有栅格单元的属性值拿来计算,最终把计算结果赋值给该栅格单元。当依次把整个栅格数据中每一个栅格单元都作为焦点栅格进行计算之后,就形成了新的栅格数据。通常可以做的计算就是统计运算,包括对邻域范围内的所有栅格单元的属性值求众数、最大值、均值、中位数、最小值、极差、标准差和变异度等。

栅格邻域运算中经常采用的邻域范围形状有矩形、圆形、环形、扇形、不规则形状、加权形状等,通常这些邻域的大小和方向需要用不同的参数来设定。具体使用哪一种邻域范围,需要根据实际情况来决定。最常用的邻域一般是 3×3 或 5×5 栅格单元矩阵这样的矩形邻域。表 7-9 所示为上述几种栅格邻域的参数定义方法,这些参数(如宽、高)可以用栅格个数定义,也可以用地图长度定义。

使用邻域运算,可以像处理遥感数字图像那样定义一些算子来提取栅格数据中的有用信息。例如,我们知道地形上的谷底线可以在栅格 DEM 上通过类似于数字图像的边缘检测的方式被提取出来。所以,我们可以尝试先定义一个 3×3 的加权邻域,该加权邻域使用某种**拉普拉斯**(Laplace)算子填充,再对整个栅格 DEM 进行邻域运算,这就相当于对数字图像进行了一次边缘检测,得到的结果栅格数据中可以明显地反映出栅格地形上众多谷底线的位置,如图 7-8 所示。因此,借助栅格邻域运算,我们可以实现很多遥感影像的处理工作。

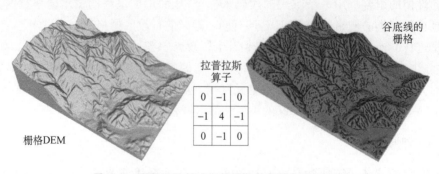

图 7-8 利用栅格邻域运算提取地形谷底线的示例

地理信息系统基础原理与关键技术

表 7-9　栅格邻域的定义方法

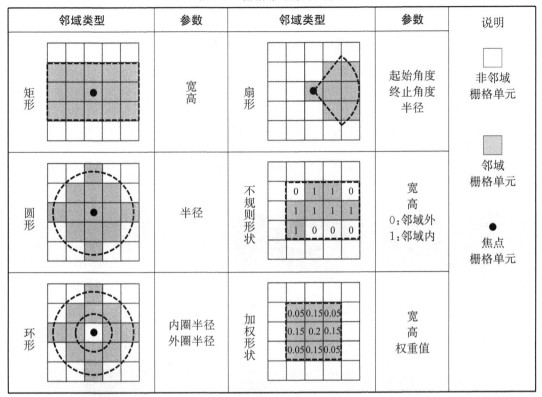

邻域类型	参数	邻域类型	参数	说明
矩形	宽 高	扇形	起始角度 终止角度 半径	□ 非邻域 栅格单元
圆形	半径	不规则形状	宽 高 0:邻域外 1:邻域内	▨ 邻域 栅格单元
环形	内圈半径 外圈半径	加权形状	宽 高 权重值	● 焦点 栅格单元

7.2.5　分区运算

栅格**分区运算**(Zonal Operation)是基于某种已有的区域范围的计算,也就是首先要有一个表示分区的栅格数据,例如一个行政区分布的栅格数据,该数据中属于某一个行政区的栅格单元都有一个单独的相同的属性值。分区运算是针对每个栅格区域进行相应的计算,并形成分区的结果栅格数据。结果栅格数据中,每一个区域的所有栅格单元都具有相同的计算结果数值。

常用的栅格分区运算有三类,分别是分区几何运算、分区统计运算和分区填充运算,下面分别加以说明。

1) 分区几何运算

该运算是对栅格表达的各个分区进行几何特征的计算,并将结果赋值给分区中的所有栅格单元。一般可以进行计算的几何特征有分区的面积、分区的周长、分区的厚度和分区的几何中心等。如图 7-9 是计算分区面积的示例,设有 4 个分区分别以 0、1、2、4 为编码,如图 7-9(a),这些分区可以是一片连续的区域,如 2 和 4,也可以是不连续的分区,如 0 和 1。图 7-9(b)是分区计算面积的结果,图 7-9(c)是分区计算周长的结果。

分区几何运算求分区厚度的原理是计算出各个分区范围内离该分区的边界最远的点到边界的距离,也可以理解为在分区范围内最大的一个内接圆的半径。如图 7-10(a)所示,分区栅格数据包含 3 个分区,分别计算这 3 个栅格分区的厚度,得到如图 7-10(b)所示的分区厚度栅格数据。图 7-10(c)表明 3 个栅格分区厚度是各自分区内最大的内接圆的半径。

生成分区厚度的算法可以通过后面章节中介绍的自然距离(也称为欧氏距离)计算得到,这里的自然距离计算是指从 3 个分区的边界栅格开始,分别向 3 个区域内部扩散,计算

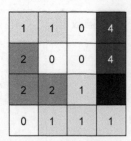
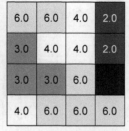
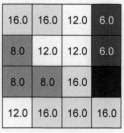

空值

(a) 分区栅格数据 (b) 分区面积栅格 (c) 分区周长栅格

图 7-9　栅格分区几何运算示例

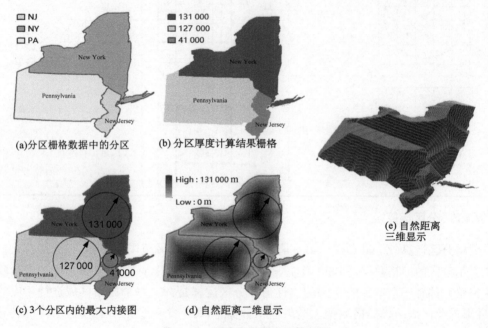

(a)分区栅格数据中的分区

(b) 分区厚度计算结果栅格

(c) 3个分区内的最大内接图

(d) 自然距离二维显示

(e) 自然距离三维显示

图 7-10　栅格分区厚度计算示例

每个栅格单元到边界栅格的最短距离,即直线距离,把算出的自然距离赋值给每一个栅格单元,其结果如图 7-10(d)所示。由此可见栅格单元越远离区域的边界,距离数值越大。图 7-10(e)是自然距离的三维显示。对计算出的自然距离,使用下面介绍的栅格分区统计最大值运算,即可得到厚度的结果。

2) 分区统计运算

该运算除了需要一个分区栅格数据外,还需要一个作为统计数值的栅格数据。分区统计运算是根据分区栅格数据把落在分区范围内的所有统计栅格属性值进行相应的统计计算,并把结果赋值给分区范围内所有的栅格单元。可以做的统计运算主要有求众数、最大值、均值、中位数、最小值、极差、标准差和变异度等。图 7-11 是求分区统计最大值的例子。

3) 分区填充运算

这个分区运算是一个特殊的运算,通常会被用在后续章节介绍的水文分析的一个步骤中。该运算和上述的分区统计运算一样需要两个栅格数据,一个是作为分区的栅格数据,

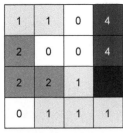 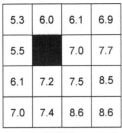 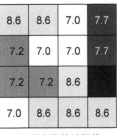

空值

| (a) 分区栅格数据 | (b) 统计栅格数据 | (c) 最大值统计栅格 |

图 7-11　分区统计最大值示意

另一个是作为填充的栅格数据。该运算先将各个分区边界上的栅格单元位置找出来,再取各个分区边界栅格单元中属性值最小的值填充到该分区内所有的栅格单元中。

7.2.6　加权叠加

在进行多因素综合分析的时候,常常会认为不同的因素对目标的影响各不相同。例如,在考虑新建建筑的选址适宜性的应用问题时,通常认为地形的坡度、坡向和距离道路的远近等因素对新建建筑的选址会产生影响,即坡度越大越不利于规划新建筑,坡向朝向北方也不利于规划新建筑,距离道路越遥远同样越不适宜规划建筑。所以,哪些地点最适合新的建筑选址,需要综合考虑上述三个因素。

假设已经分析得出某地的坡度栅格数据、坡向栅格数据、距离道路远近的栅格数据(计算方法在后续章节中介绍),那么,就可以把这三个数据综合起来求取一个建筑选址适宜性的数值,代表各地综合考虑了三个因素以后,各地规划新建筑的适宜程度。这个综合的过程通常就是使用**加权叠加**(Weighted Overlay)方法来实现的。

加权叠加方法是首先给每一个参与叠加分析的要素例如坡度、坡向和距离分配一个适当的权重值,其次将每一个要素分别乘自身的权重值,最后再相加,得到输出的栅格叠加分析结果,如图 7-12 所示。在后面章节介绍 GIS 的应用分析模型时,也会具体讲到加权叠加的应用。

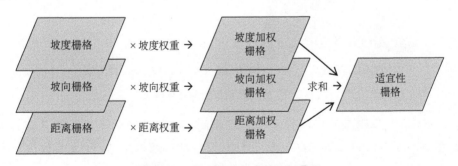

图 7-12　适宜性分析中的加权叠加

第8章 连续空间数据生成

地理空间数据中的点可以用来表示几何维度是 0 维的空间要素,线表示 1 维的线性空间要素,面表示 2 维的平面空间要素。除此之外,对于很多自然和社会经济现象,在研究区域内并不是用点、线、面可以表达的,比如起伏的地形、降雨量的分布、人口的密度等,往往形成连续分布的曲面(Continuous Surface)。

这些连续分布的曲面空间数据通常在 GIS 领域叫做 2.5 维的空间数据,因为它们处于 2 维平面和 3 维立体之间。曲面数据用来表示地形的时候,常常称为**数字高程模型**(Digital Elevation Model,DEM),在 GIS 领域有着极其广泛的应用。

DEM 是一个比较宽泛的概念,通常可以进一步分为以下两种不同的数据模型,一种是类似于栅格数据的**格网数字高程模型**(Grid DEM),如图 8-1(a)所示,有时候直接称其为栅格 DEM;另一种是复杂的**不规则三角网**(Triangulated Irregular Network,TIN)模型,如图 8-1(b)所示。前者主要用于大范围较粗尺度的地形建模,而后者则用于建立精度较高的区域性地形模型。当然,还可以把传统的等高线数据作为 DEM 的另一种表达形式,如图 8-1(c)所示。

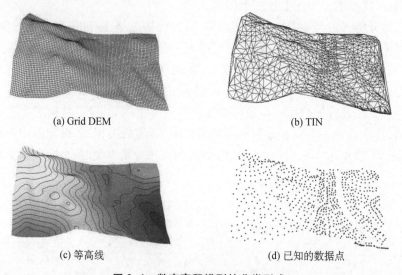

(a) Grid DEM   (b) TIN

(c) 等高线   (d) 已知的数据点

图 8-1　数字高程模型的分类形式

这几种数字高程模型的生成方法也各不相同,Grid DEM 的生成主要使用一类称为**空间插值**(Spatial Interpolation)的方法。其中,反距离加权插值法、样条函数法和 Kriging 插值法是最常用的;而 TIN 的生成则主要依赖于**平面三角化**(Triangulation)的方法,其中,Delaunay 三角化方法是最常用的一种。

几种 DEM 之间还可以相互转换,也就是说,在一定的精度下,只要有了任何一种 DEM 的数据,就可以转换成其他形式的 DEM 数据。例如,可以通过算法把栅格 DEM 转换成 TIN 的形式。所以,实际应用中往往只提供一种 DEM 数据,用户可以根据自己的实际需要,转换成想要的 DEM 形式。

虽然这里大多使用的是以地形作为例子来说明,但读者应该明白,任何连续分布的空间要素(例如年均降雨量的空间分布、PM2.5 的空间分布、温度的空间分布、重金属污染物浓度的空间分布等)都可以用本章所述的方法建立其数据模型,并进一步使用后续章节中介绍的空间分析方法进行数据分析。

8.1 空间插值生成 Grid DEM

要想生成连续分布的空间曲面来表达地形等要素,首先需要有一些已知的数据点,如图 8-1(d)所示。这些已知数据点的空间位置(如经纬度或平面坐标)和海拔高度数值是经过测量而已知的。有了这些已知位置和高度的数据点,才能通过各种空间插值方法,估算出空间中其他未知地点的高度数据,最终形成连续的空间曲面,如图 8-1(a)、(b)、(c)。用来插值的已知数据点又可称为采样点或样本点。

之所以可以使用已知数据点来插值未知数据点的地形高度数据,是因为很多地理现象(如地形等)都遵循 **Tobler 的地理学第一定律**(Tobler's First Law of Geography)。该定律就是常说的空间相关性,即空间中连续分布的某种地理要素,其在某位置上的数值与周围一定范围内的其他位置上的数值存在相互影响的相关关系。这种影响与距离有关,两个位置距离越近,相关程度越大,表现为具有相近的某种属性值(如地形的高度)。反之,两个位置距离越远,则它们的数值相差越大,相关性也就越小或没有相关性。

这有点类似于"近朱者赤,近墨者黑",距离越是靠近,相互间影响越大。所以,如果知道了某个位置周围一些已知位置上的数值,就可以据此合理地估算(Estimate)出该位置的数值。这就是空间插值的理论基础。

空间插值可以根据使用的数学方法分成两大类,即全局插值法和局部插值法。全局插值法主要是使用全局多项式的趋势面法,而局部插值法主要有局部函数拟合法和加权平均法两种。在局部函数拟合法中主要是使用局部多项式或径向基函数来拟合局部的曲面,径向基函数法主要有薄板样条函数、张力样条函数和规则样条函数等。加权平均法中主要有反距离加权法、自然邻域法和克里金法等。在克里金插值法中又可以分为普通克里金、简单克里金和泛克里金等具体方法。空间插值方法的分类如表 8-1 所示。

表 8-1　空间插值方法分类

空间插值法	全局插值法	全局多项式(趋势面)		
	局部插值法	局部函数拟合法	局部多项式函数	
			径向基函数	薄板样条函数
				张力样条函数
				规则样条函数
		加权平均法	反距离加权法	
			自然邻域法	
			克里金法	普通克里金
				简单克里金
				泛克里金

8.1.1　全局多项式插值法

全局多项式插值法是根据所有的已知点的数值拟合出一个由多项式函数定义的平滑表面(平面或曲面)来表示整个区域的形状,是对连续曲面的一种比较粗尺度的模拟。所以,一般不会直接采用全局多项式插值法来进行地形的插值,而是把它用在其他复杂的插值方法中,模拟某种现象的分布趋势。

全局多项式插值法是一种不精确的插值法,插值出的曲面(或平面,平面可看作是一种特殊的曲面)并不正好通过所有的已知点,有些已知点位于曲面的上方,而其他点则位于曲面的下方。不过,如果将已知点高出曲面的距离相加,并将已知点低于曲面的距离也相加,得到的这两个和值应该相近,即生成的曲面使已知点与曲面之间的误差平方和最小化。

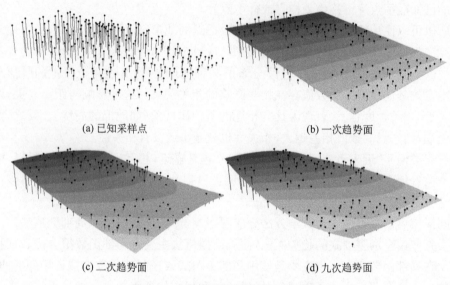

(a) 已知采样点　　　　　　　　　　　　　(b) 一次趋势面

(c) 二次趋势面　　　　　　　　　　　　　(d) 九次趋势面

图 8-2　全局多项式插值的几种趋势面

全局多项式插值出的曲面又叫做**趋势面**(Trend),所以该方法又可以称为趋势面法。例如,二元一次多项式趋势面的方程为 $z=a_0+a_1x+a_2y$,这是一个空间平面,如图 8-2(b)所示,可以用来表达一个平整山坡的地形;二元二次多项式趋势面的方程为 $z=a_0+a_1x+a_2y+a_3x^2+a_4xy+a_5y^2$,这是一个二次曲面(抛物面)。随着多项式次数的增高,曲面更弯曲,可以用来表达更加复杂的地形等现象。趋势面是通过最小二乘回归拟合得到的,使所有已知点与曲面之间距离的平方和最小化。GIS 软件通常都可以让用户选择生成几次多项式的趋势面,如下表 8-2 所示:

表 8-2　趋势面次数和对应多项式的项

独立项	项次	表面性质	项数
$z=a_0$	0	平面	1
$+a_1x+a_2y$	1	线性	2
$+a_3x^2+a_4xy+a_5y^2$	2	二次抛物面	3

独立项	项次	表面性质	项数
$+a_6 x^3 + a_7 y^3 + a_8 x^2 y + a_9 xy^2$	3	三次曲面	4
$+a_{10} x^4 + a_{11} y^4 + a_{12} x^3 y + a_{13} x^2 y^2 + a_{14} xy^3$	4	四次曲面	5

求解 m 次趋势面各项系数的方法就是**最小二乘法**（Least Squares），当 $m=0$ 时，只有一个常数 a_0，如果要求拟合误差的平方和最小化，就有

$$\frac{d\sum\limits_{i=1}^{n}(a_0 - z_i)^2}{da_0} = 0，则有 a_0 = \frac{\sum\limits_{i=1}^{n} z_i}{n}，也就是求所有已知采样点数值的均值，n 为所有$$

已知点的个数，z_i 为第 i 个已知点的高程。

当 m 等于 1 时，有三个系数项 a_0、a_1、a_2，就有三个**法方程**（Normal Equation）：

$$\frac{\partial\sum\limits_{i=1}^{n}(a_0 + a_1 x_i + a_2 y_i - z_i)^2}{\partial a_0} = 0，则有 \sum_{i=1}^{n}(a_0 + a_1 x_i + a_2 y_i) = \sum_{i=1}^{n} z_i$$

$$\frac{\partial\sum\limits_{i=1}^{n}(a_0 + a_1 x_i + a_2 y_i - z_i)^2}{\partial a_1} = 0，则有 \sum_{i=1}^{n}(a_0 + a_1 x_i + a_2 y_i)x_i = \sum_{i=1}^{n} z_i x_i$$

$$\frac{\partial\sum\limits_{i=1}^{n}(a_0 + a_1 x_i + a_2 y_i - z_i)^2}{\partial a_2} = 0，则有 \sum_{i=1}^{n}(a_0 + a_1 x_i + a_2 y_i)y_i = \sum_{i=1}^{n} z_i y_i$$

其中，x_i 和 y_i 是第 i 个已知点的平面坐标。于是写成矩阵的形式如下

$$\begin{bmatrix} \sum\limits_{i=1}^{n} 1 & \sum\limits_{i=1}^{n} x_i & \sum\limits_{i=1}^{n} y_i \\ \sum\limits_{i=1}^{n} x_i & \sum\limits_{i=1}^{n} x_i^2 & \sum\limits_{i=1}^{n} x_i y_i \\ \sum\limits_{i=1}^{n} y_i & \sum\limits_{i=1}^{n} x_i y_i & \sum\limits_{i=1}^{n} y_i^2 \end{bmatrix} \begin{bmatrix} a_0 \\ a_1 \\ a_2 \end{bmatrix} = \begin{bmatrix} \sum\limits_{i=1}^{n} z_i \\ \sum\limits_{i=1}^{n} z_i x_i \\ \sum\limits_{i=1}^{n} z_i y_i \end{bmatrix}$$

则有

$$\begin{bmatrix} a_0 \\ a_1 \\ a_2 \end{bmatrix} = \begin{bmatrix} \sum\limits_{i=1}^{n} 1 & \sum\limits_{i=1}^{n} x_i & \sum\limits_{i=1}^{n} y_i \\ \sum\limits_{i=1}^{n} x_i & \sum\limits_{i=1}^{n} x_i^2 & \sum\limits_{i=1}^{n} x_i y_i \\ \sum\limits_{i=1}^{n} y_i & \sum\limits_{i=1}^{n} x_i y_i & \sum\limits_{i=1}^{n} y_i^2 \end{bmatrix}^{-1} \begin{bmatrix} \sum\limits_{i=1}^{n} z_i \\ \sum\limits_{i=1}^{n} z_i x_i \\ \sum\limits_{i=1}^{n} z_i y_i \end{bmatrix}$$

当 $m=2$ 时，我们写出公式如下

$$
\begin{bmatrix} a_0 \\ a_1 \\ a_2 \\ a_3 \\ a_4 \\ a_5 \end{bmatrix} = \begin{bmatrix} \sum\limits_{i=1}^{n} 1 & \sum\limits_{i=1}^{n} x_i & \sum\limits_{i=1}^{n} y_i & \sum\limits_{i=1}^{n} x_i^2 & \sum\limits_{i=1}^{n} x_i y_i & \sum\limits_{i=1}^{n} y_i^2 \\ \sum\limits_{i=1}^{n} x_i & \sum\limits_{i=1}^{n} x_i^2 & \sum\limits_{i=1}^{n} x_i y_i & \sum\limits_{i=1}^{n} x_i^3 & \sum\limits_{i=1}^{n} x_i^2 y_i & \sum\limits_{i=1}^{n} x_i y_i^2 \\ \sum\limits_{i=1}^{n} y_i & \sum\limits_{i=1}^{n} x_i y_i & \sum\limits_{i=1}^{n} y_i^2 & \sum\limits_{i=1}^{n} x_i^2 y_i & \sum\limits_{i=1}^{n} x_i y_i^2 & \sum\limits_{i=1}^{n} y_i^3 \\ \sum\limits_{i=1}^{n} x_i^2 & \sum\limits_{i=1}^{n} x_i^3 & \sum\limits_{i=1}^{n} x_i^2 y_i & \sum\limits_{i=1}^{n} x_i^4 & \sum\limits_{i=1}^{n} x_i^3 y_i & \sum\limits_{i=1}^{n} x_i^2 y_i^2 \\ \sum\limits_{i=1}^{n} x_i y_i & \sum\limits_{i=1}^{n} x_i^2 y_i & \sum\limits_{i=1}^{n} x_i y_i^2 & \sum\limits_{i=1}^{n} x_i^3 y_i & \sum\limits_{i=1}^{n} x_i^2 y_i^2 & \sum\limits_{i=1}^{n} x_i y_i^3 \\ \sum\limits_{i=1}^{n} y_i^2 & \sum\limits_{i=1}^{n} x_i y_i^2 & \sum\limits_{i=1}^{n} y_i^3 & \sum\limits_{i=1}^{n} x_i^2 y_i^2 & \sum\limits_{i=1}^{n} x_i y_i^3 & \sum\limits_{i=1}^{n} y_i^4 \end{bmatrix}^{-1} \begin{bmatrix} \sum\limits_{i=1}^{n} z_i \\ \sum\limits_{i=1}^{n} z_i x_i \\ \sum\limits_{i=1}^{n} z_i y_i \\ \sum\limits_{i=1}^{n} z_i x_i^2 \\ \sum\limits_{i=1}^{n} z_i x_i y_i \\ \sum\limits_{i=1}^{n} z_i y_i^2 \end{bmatrix}
$$

依此方式,当 $m>2$ 时,不难写出相应的计算公式及其算法。计算的关键就是求解上述矩阵的逆矩阵。

8.1.2　局部多项式插值法

全局多项式通常只能插值出平滑的表面或者大尺度的空间趋势,而对于地形来说,如果小尺度上局部变化较大,则可以采用局部多项式插值法。局部多项式插值法就是对于任意一个待插值的点,选取该点周围一定范围邻域内的已知点来生成一个局部的多项式表面,用该多项式表面来插值待插值点的数值,如图 8-3 所示。使用该方法的一个前提是,必须大体上能够确定邻域的范围应该多大,邻域的形状如何,也就是空间变化的尺度应该在多大的范围和空间变化的方向。

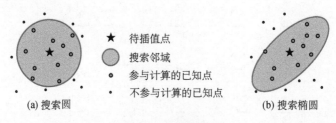

图 8-3　搜索邻域

由于局部的邻域范围可能不大,使用该方法有时候会造成邻域内的已知数据点数量不多,不满足高次多项式拟合的要求的现象。所以,使用局部多项式插值法时,一般不采用高次的多项式来拟合。

8.1.3　径向基函数插值法

径向基函数(Radial Basis Function,RBF)插值法属于局部插值法,也是使用邻域中的已知采样点来插值。径向基函数法包含一系列精确插值法,即用来插值的函数表面精确地通过每一个已知的数据采样点。因为这些插值函数通常都是以插值点到周围数据采样点的距离作为变量,而这些距离相对于插值点都是径向的,所以由此得名。

常用来作为插值的径向基函数有以下几种:**薄板样条**(Thin-plate Spline)函数、**张力样**

　地理信息系统基础原理与关键技术

条(Tension Spline)函数、**规则样条**(Regularized Spline)函数、**高次曲面函数**(Multiquadric Function)和**反高次曲面函数**(Inverse Multiquadric Function)等。

薄板样条函数形象化地说明了这种插值方法的特点,即就像弯曲一块有弹性的薄板,让其表面平滑地通过所有的已知数据采样点,并保持薄板具有最小的曲率,也就是通过曲面上每个已知采样点获得的曲面的二阶导数平方的总和最小。

样条函数的公式通常包含一个表示趋势面的多项式函数 $T(x, y)$,以及一个径向基函数 $R(d_i)$,其公式如下所示

$$Z(x, y) = T(x, y) + \sum_{i=1}^{n} \lambda_i R(d_i)$$

其中,n 为用来插值一个栅格所用的邻域内的采样点数量。n 越大,通常插值出来的曲面越光滑。d_i 是插值点到第 i 个采样点的径向距离。$T(x, y)$ 中多项式的系数 a_k 和径向基函数中的系数 λ_i 可以通过求解线性方程组而获得。而对于常用的薄板样条函数、规则样条函数和张力样条函数而言,$T(x, y)$ 和 $R(d_i)$ 各有不同,如下表 8-3 所示。公式中的 K_0 是修正贝塞尔函数,c 是大小等于 0.577 215 的常数。

表 8-3 样条函数的公式

样条	$T(x, y)$	$R(d_i)$
薄板样条	$a_1 + a_2 x + a_3 y$	$d_i^2 \ln d_i$
规则样条	$a_1 + a_2 x + a_3 y$	$\dfrac{1}{2\pi} \left\{ \dfrac{d_i^2}{4} \left[\ln\left(\dfrac{d_i}{2\tau}\right) + c - 1 \right] + \tau^2 \left[K_0\left(\dfrac{d_i}{\tau}\right) + c + \ln\left(\dfrac{d_i}{2\pi}\right) \right] \right\}$
张力样条	a_1	$-\dfrac{1}{2\pi\varphi^2} \left[\ln\left(\dfrac{d_i\varphi}{2}\right) + c + K_0(d_i\varphi) \right]$

系数 a_k 和 λ_i 可以通过下面的线性方程组来求解,其中,$d_{i,j}$ 是点 i 到点 j 的距离。

$$\begin{cases} a_1 + a_2 x_j + a_3 y_j + \sum_{i=1}^{n} \lambda_i R(d_{i,j}) = Z(x_j, y_j), \\ \sum_{i=1}^{n} \lambda_i = 0, \\ \sum_{i=1}^{n} \lambda_i x_i = 0, \\ \sum_{i=1}^{n} \lambda_i y_i = 0 \end{cases}$$

图 8-4(a)是美国俄勒冈州的一些高程采样点,图 8-4(b)是采用薄板样条函数插值法生成的地形曲面。可以看到薄板样条函数的插值结果在数据边缘处变化过大。

为了克服薄板样条函数插值的这个缺陷,发展出了规则样条函数和张力样条函数,如图 8-4(c)和(d)所示。对于规则样条函数,可以通过设置公式中的权重参数 τ 的数值来改变插值曲面的形态。τ 定义的是曲率最小化表达式中表面的三阶导数的权重。该权重 τ 的值必须大于等于零,通常介于 0 和 0.5 之间比较适合。用户设置 τ 值越大,输出表面越平

滑。对于张力样条函数,公式中的权重参数 φ 定义张力的权重,用户设置该权重越高,输出表面越平滑。权重 φ 的值也必须大于等于零。

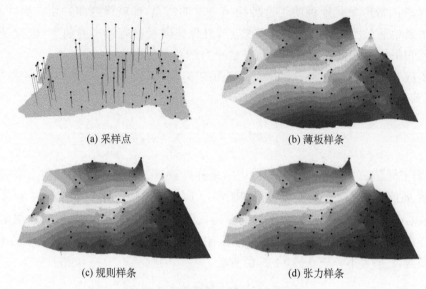

(a) 采样点	(b) 薄板样条
(c) 规则样条	(d) 张力样条

图 8-4　径向基函数插值法的插值结果

8.1.4　加权平均法

该方法的思想是给待插值点附近的已知数据点赋予不同的权重,然后使用加权平均的计算方法来估算待插值点的数值。加权平均法分为反距离加权法、自然邻域插值法和克里金插值法。而克里金插值法又包括多种不同的方法。

1) 反距离加权法

反距离加权法(Inverse Distance Weighting,IDW)属于局部插值法,只使用待插值点附近的一些已知点来计算待插值点的数值。待插值点附近的已知数据点通过划定一个搜索邻域(通常是一个圆形的区域)来查找,凡是落在搜索邻域范围之内的已知数据点都参与计算,如图 8-3 所示。

反距离加权法就是加权平均,也就是对待插值点周围的若干个已知点分别赋予一个权重值,并对各个已知点的数值进行加权平均,就得到了最终待插值点的数值,计算公式如下

$$z_p = \frac{\sum_{i=1}^{n} w_i z_i}{\sum_{i=1}^{n} w_i} , \ w_i = \frac{1}{d_i^k}$$

其中,z_p 为待插值点 p 的高程估算数值,w_i 是第 i 个已知点的权重,z_i 是第 i 个已知点的高程数值。d_i 是第 i 个已知点到待插值点的平面距离,k 是幂,通常由用户根据实际情况设定,默认值取 2。

通过公式可以看出,每个已知点的权重表达了该已知点对待插值点的影响大小。所以,权重的数值对最终计算结果起到了很大的作用。那么权重的数值如何决定呢? 前面提到过距离和空间相关性的关系,所以权重应该和距离有关。即已知点距离待插值点越近,权重应该越大,对待插值点的影响或贡献越大,反之则越小。所以权重应该和距离成反比

地理信息系统基础原理与关键技术

关系,这也是反距离加权法名称的由来。

根据公式可知,权重与距离(已知点与待插值点之间)的 k 次幂成反比。因此,随着距离的增加,权重将迅速降低。权重下降的速度取决于 k 值。如果 $k=0$,则表示权重不随距离减小,且因每个权重 w_i 的值均相同,预测值将是邻域内的所有已知点数据值的平均值。随着 k 值的增大,较远数据点的权重将迅速减小。如果 k 值很大,则仅最邻近的数据点会对待插值点的数值产生影响,如图 8-5 所示。

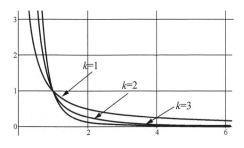

图 8-5 权重随距离增加按不同的幂下降

幂 k 的默认值为 2,但并没有理论依据证明该值优于其他值,因此应通过观察分析输出的结果或**交叉验证**(Cross Validation)方法(如均方根预测误差 Root Mean Square Prediction Error, RMSPE)来确定最优的 k 值。RMSPE 是在交叉验证过程中计算出的统计数据。RMSPE 用于对预测表面的误差进行量化。可以通过对若干个不同的幂值进行评估,从中选出最小 RMSPE 的幂值。

IDW 的另一个问题是搜索邻域的形状和大小如何确定。由于权重是与距离相关的,超出一定距离的已知点可以认为权重很低,不会对插值结果产生太大的影响,为缩短计算时间,可以将这些几乎不会对插值结果产生影响的较远的已知数据点排除在外。因此,通过指定搜索邻域来限制采样点的数量是一种常用方法。邻域的形状和大小限制了要在插值中使用的已知点的搜索距离和位置。

如果要插值的数据中不存在方向性的影响,也就是要插值的数据是**各向同性**(Isotropy)的,则可以考虑在各个方向选取均等的数据点。因此,可以将搜索邻域定义为圆。但是,如果数据中存在方向影响,即**各向异性**(Anisotropy),如插值大气污染物时的盛行风向,或插值地形时处于一定走向的山脉之上,则可能需要对此影响进行调整,方法是将搜索邻域的形状更改为椭圆,椭圆的主轴(长轴)与风向或山脉走向平行。这样,在椭圆主轴上的点即使距离较远,也比其他方向上距离较近的点对插值点影响更大。

指定邻域形状之后,还需要指定搜索邻域的大小。一般采取 2 种方式来设定搜索邻域的大小。一种是固定大小,即人为设定搜索圆的半径或椭圆的长短轴。另一种是动态变化的搜索邻域,通过指定参与计算的已知采样点的数量,由插值算法自动地判断落在搜索邻域中的已知数据点数量是否满足用户设定的数值,如果数量不符合要求,则自动缩放搜索邻域,直到落在搜索邻域中的已知采样点数量达到要求为止。

IDW 生成的插值曲面的特点是有很多独立的局部极值点,也就是有很多小的圆形山丘和凹坑,如图 8-6 所示。另一个特点是插值结果总是处在所有已知采样点的最大值和最小值之间。

2) 自然邻域插值法

自然邻域插值法(Natural Neighbor Interpolation)是 Robin Sibson 在 1981 年提出的一种空间插值方法,该方法是对已知的离散采样点进行二维平面空间的 **Voronoi 分割**(Voronoi Tessellation)。如果这个时候仅仅判断待插值点落在哪一个 Voronoi 多边形里面,就用该多边形里面的那个已知采样点的数值赋值给待插值点,则这种方法就叫做**最近邻域插值法**(Nearest Neighbor Interpolation)。但最近邻域插值法生成的插值曲面并不光

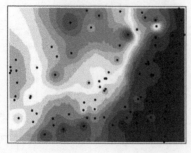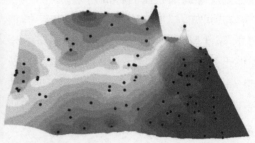

图 8-6 IDW 插值生成的曲面

滑,呈现断块状,如图 8-7 所示。所以,进一步采用自然邻域插值法以消除断块现象。自然邻域插值法的计算公式为

$$z_p = \sum_{i=1}^{n} w_i z_i$$

其中,z_p 是待插值点 p 的数值,n 是 p 点的邻域内已知点的个数,也就是 p 点周围 Voronoi 多边形的个数,w_i 是第 i 个邻域已知点的权重,z_i 是第 i 个邻域已知点的数值。权重 w_i 的确定通常是看面积的比例。也就是说,先在已知采样点形成的 Voronoi 图里添加待插值点 Voronoi 多边形,再根据待插值点 Voronoi 多边形占原来各个已知点 Voronoi 多边形的面积与待插值点形成的新 Voronoi 多边形面积之比,确定各个已知点的插值权重。

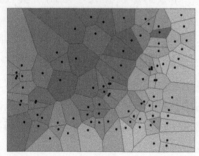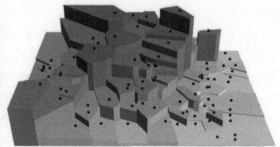

图 8-7 最近邻域插值法的结果

自然邻域插值法的原理如图 8-8(a)所示,中心位置的待插值点原来周边有 7 个已知点形成的 7 个 Voronoi 多边形,图中用直线段表示这些 Voronoi 多边形的边界。中心位置的那个待插值点加入原先的 Voronoi 图之后,形成了一个新的 Voronoi 多边形(图中灰色的凸多边形)。分别计算出这个新的 Voronoi 多边形各占原来邻域中 7 个 Voronoi 多边形的面积,再把这 7 个面积分别与这个新的 Voronoi 多边形面积相除求出面积比值,这 7 个比值就分别是邻域中 7 个已知数据点的插值权重。所占面积越大,则权重越大。图 8-8(a)中的数值即是每个已知采样点的权重,7 个邻域权重的和为 1。

自然邻域插值法是局部插值法,仅使用待插值点周围的已知样本点,且插值的结果始终处在所使用的已知点值域内。该插值方法不会按趋势外推数据,所以不会生成已知点未表示出的山峰、凹地、山脊或山谷。

自然邻域插值法插值形成的表面通过已知点,因此是一个精确插值法。且在除已知点位置之外的其他所有位置均是平滑的。

　　　　　　　　　　　　　　　　　　　地理信息系统基础原理与关键技术

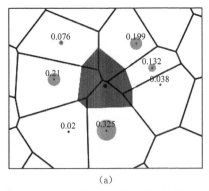 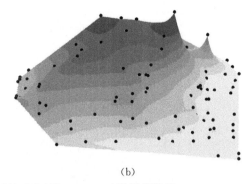

(a)   (b)

图 8-8   自然邻域插值法权重的确定(据 Wikipedia)及插值结果

该插值方法能够根据输入的已知点数据的结构进行局部调整,而无需像 IDW 那样需要由用户确定搜索半径、邻域已知点的数量以及邻域的形状。对于规则和不规则分布的已知点数据,它的插值效果都是一样的。

3) 克里金插值法

使用 IDW 一般情况下能够得到比较好的插值结果,但是在对插值精度要求较高的情况下,IDW 就显出不足来了。这些不足主要表现在对于权重计算时所选取幂的数值没有客观可靠的方法,且对插值结果的精度也没有具体的指标来体现。所以,在地质矿产开采领域为了精确估算某地矿石品位,南非的矿山工程师 Danie G. Krige(1919—2013)首先开创了一种空间插值方法,并在他的硕士论文中做了论述。所以,该系列的空间插值方法就以他的名字命名为**克里金**(Kriging)了。

1960 年初,克里金插值方法形成了一个理论完备的体系,这还要归功于法国数学家 Georges Matheron(1930—2000)。Matheron 在 GIS 领域也可谓大名鼎鼎,不但在于他以克里金方法为基础创立的**地统计学**(Geostatistics),还和他与他指导的一个博士生一起创立了**数学形态学**(Mathematical Morphology)有关。凡是使用遥感数字图像处理方法的研究者,几乎都用过数学形态学中的一些运算方法。Matheron 的毕生事业都服务于地学和数学,就像他的名字 Georges 以"地"(Geo-)开头,Matheron 以"数学"(Math)开头那样。

Matheron 在法国巴黎附近的枫丹白露(Fontainebleau)建立了一所矿业学院,发展了包括简单克里金、普通克里金、泛克里金和析取克里金等插值方法。这些方法通常都需要先通过样本求取区域化变量理论模型的参数,所以称为"参数地统计学",形成了"枫丹白露地统计学派"。而美国斯坦福大学的 A. G. Journel 等发展了无需对数据分布做出任何假设的指示克里金、概率克里金等方法,称为"非参数地统计学",形成了"斯坦福地统计学派"。

克里金插值法和 IDW 的计算方法很相似,其插值公式如下

$$\hat{z}_p = \sum_{i=1}^{n} \lambda_i z_i$$

其中,$\hat{z}_p$ 是待插值点的数值,n 是用来插值的周围邻域中已知采样点的数量,z_i 是第 i 个采样点的数值,λ_i 是第 i 个采样点的权重。这个权重反映了各个采样点对插值点的贡献,其大小通常与采样点到待插值点的距离有关。现在关键是如何求出各个采样点的权重。

我们知道这里的插值权重反映了数值之间空间相关性的程度。根据 Tobler 的地理学第一定律,空间相关性在一定的距离内起作用,即在距离较近的位置上相关性强,距离较远则相关性减弱直至无关。由于这里的相关性指的是相同一种事物(如高程等)之间的相关性,并不

是两种不同事物之间的相关性,所以也常常被称为**空间自相关性**(Spatial Autocorrelation)。

如果能计算出某种需要插值的事物的空间自相关性,就可以相应地计算出克里金插值公式中的权重。按照 Tobler 的地理学第一定律,我们可以认为空间自相关性随着距离的变化大概符合如图 8-9(a)所示的减函数形式。

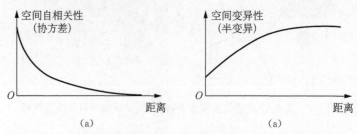

图 8-9　空间自相关性函数形式与空间半变异(半方差)函数形式

统计学里通常使用**协方差**(Covariance)来计算变量之间的相关性,所以,空间自相关性也可以类似地采用一种空间协方差的方法来计算。这种空间协方差函数可以用来表示空间某个位置(以 x 表示)上的某个数值(比如高程,以 z 表示)与离开该位置一段距离(以 h 表示,称为滞后距离)的位置(以 $x+h$ 表示)上的数值之间的相关程度,该函数以 x 和 h 为自变量,其公式可以记为

$$\mathrm{Cov}(x,\,h)=E(z_x z_{x+h})-E(z_x)E(z_{x+h})$$

其中,Cov 是空间协方差,E 是数学期望(均值)。当 h 等于 0 时,则有

$$\mathrm{Cov}(x,\,0)=E(z_x^2)-(E(z_x))^2=\mathrm{Var}(z_x)$$

即空间协方差在距离为零的地方就是该处的方差。这个值就是图 8-9(a)中函数曲线和 y 轴相交的数值。

要计算上述的空间协方差,就要能够计算公式中的均值 E。但不是所有的地理现象都可以方便地计算出均值,比如地形,在任一位置 x 只有一个高程数值,没办法计算均值以及方差。所以,为了方便计算空间自相关性,Matheron 提出了另一种衡量空间自相关性的方法即**半变异**(Semivariance)函数,或称为半方差函数。该函数描述了 x 处的数值 z_x 与 $x+h$ 处的数值 z_{x+h} 的差的方差的一半,半变异函数 γ 公式如下所示

$$\gamma(x,\,h)=\frac{1}{2}\mathrm{Var}(z_x-z_{x+h})=\frac{1}{2}E((z_x-z_{x+h})^2)-\frac{1}{2}(E(z_x)-E(z_{x+h}))^2$$

半变异函数与上述协方差函数具有某种内在的关联,它反映的是某种事物随着相隔距离的增大,差异也越来越大的现象。半变异和协方差的联系后面会有公式证明。一般来说,半变异函数通常是如图 8-9(b)所示的增函数。

对于上面公式中出现的 z_x 或 z_{x+h}(例如高程数值),Matheron 给它起了一个特殊的名字叫做**区域化变量**(Regionalized Variable),以此和传统的随机变量相区别。传统的随机变量取值会按照某种概率分布而变化,但区域化变量在一定的空间区域内各个位置通常会取不同的值,在某一特定位置可以看作是随机变量所取的一个特定的数值。所以,区域化变量是以位置(坐标)为参数的随机函数。

从这一种思想出发,Matheron 发展出了以区域化变量为基础的地统计学。地统计学与经典的统计学相比,有其自身的特点,如表 8-4 所示。

表 8-4　地统计学与经典统计学的区别

	经典统计学	地统计学
研究对象	随机变量	区域化变量
实验观测次数	可多次重复实验观测	不能重复实验观测,一个位置只有一个观察数值
样本关系	样本相互独立	样本之间具有空间自相关性

(1) 区域化变量理论

克里金插值法通常认为一个连续的表面(比如地形表面)是由以下三个方面组合在一起形成的结果:

① 一个确定的模型

这个模型可以看作是整个研究区域形成表面的基础,它的数值有时也称为结构性部分或漂移。不同的克里金插值方法对此有不同的解释,比如下面要讨论的一种普通克里金方法,把它看作是整个区域都一致的一个平均值;而另一种叫做泛克里金的方法也许会将其当作是一种趋势面,也就是整个区域内的表面都具有这种趋势,比如具有一个简单的一次趋势面,这可以理解成整个区域内的地表面都处在一个倾斜的坡面上。

② 一个区域化变量

该区域化变量是一个在一定区域内的随机变量,其取值与位置 x 和 y 有关,满足一定的统计特征,且具有一定程度的空间自相关性,即依赖于空间距离的自相关性。区域化变量通常是由某种内在的地理空间现象暗中起作用造成的区域分布结果。我们可以通过建立模型来估算区域内某一处的区域化变量的数值,这也是克里金插值主要的理论基础。

③ 一个随机噪声

随机噪声的产生通常可能是各种测量误差造成的结果,或者是一种白噪声。

(2) 平稳性假设

克里金插值法如何来估算区域化变量的数值呢?虽然连续的表面可以看成一个随机场,但是要想估算随机变量的取值,还是需要对这个区域化变量做一些假设,通常叫做**平稳性假设**(Hypothesis of Stationarity),即区域化变量的某些统计特征是稳定不变的,在区域内不随位置而发生变化。在运用克里金插值法的时候,一般会考虑下面两种平稳性假设:

① 均值平稳假设

均值平稳假设是指在一定的空间范围内,区域化变量的数值存在一个均值,且在该范围内均值不随位置而变化,即任意一点的区域化变量都有相同的均值。

② 二阶平稳假设和内蕴假设(也称本征假设)

二阶平稳假设(Second Order Stationary Hypothesis)是指假设在一定的空间范围内,区域化变量任何两点数值的协方差不随位置而变化,只和两点之间的距离(称为滞后距离)有关。**内蕴假设**(Intrinsic Hypothesis)是指假设任何两点的半变异(如前所述,也叫做半方差)不随位置而变化,也只和两点之间的距离有关。一般而言,二阶平稳假设对区域化变量要求较严,内蕴假设对区域化变量要求较弱。即如果区域化变量是二阶平稳的,那么它一定是内蕴的;反之则不然。

(3) 普通克里金

有了平稳性假设作为前提条件,我们就可以计算上述克里金插值公式里的若干权重 λ_i 了。采用不同的平稳性假设条件,会形成不同的克里金方法。首先,来看一种常用的叫做普通克里金(Ordinary Kriging)的方法。

普通克里金插值法的假设条件为均值平稳假设,即区域化变量的数值在一定区域中是均匀的。对于区域中任意位置的一点(x, y),区域化变量的均值和方差都相同且不随位置而改变。即设μ为一个数学期望值常数,σ^2为一个方差值常数,则

$$E(z(x, y)) = E(z) = \mu, \ \mathrm{Var}(z(x, y)) = \mathrm{Var}(z) = \sigma^2$$

当我们使用普通克里金插值公式计算某一点的估计值时,我们希望这个估计值符合无偏估计的条件,也就是我们通过普通克里金插值公式计算出来的估计值和理论值之间的偏差的期望值为0,即

$$E(\hat{z}_p - z_p) = 0$$

代入克里金插值公式$\hat{z}_p = \sum_{i=1}^{n} \lambda_i z_i$,得到$E(\sum_{i=1}^{n} \lambda_i z_i - z_p) = 0$

因为均值平稳假设,任意位置的$E(z) = \mu$,所以,上面的公式就变成

$$\mu \sum_{i=1}^{n} \lambda_i - \mu = 0, \text{即} \sum_{i=1}^{n} \lambda_i = 1$$

这就是普通克里金插值法中第一个求权重的条件,即所有权重的和为1。

我们对普通克里金估计值除了上述要求是无偏估计外,还希望这个估计值是最优的。换句话说,就是估计值和理论值的偏差要最小化。因为估计值可能大于理论值,也可能小于理论值,所以这个偏差可正可负。我们把它换成偏差的方差,就是正值了。所以,最优估计就是要求偏差的方差最小,即

$$\mathrm{Var}(\hat{z}_p - z_p) = \min$$

我们再把普通克里金插值公式代入上述的公式,就得到

$$\begin{aligned} F = \mathrm{Var}(\hat{z}_p - z_p) &= \mathrm{Var}(\sum_{i=1}^{n} \lambda_i z_i - z_p) \\ &= \mathrm{Var}(\sum_{i=1}^{n} \lambda_i z_i) - 2\mathrm{Cov}(\sum_{i=1}^{n} \lambda_i z_i, z_p) + \mathrm{Var}(z_p) \\ &= \sum_{i,j=1}^{n} \lambda_i \lambda_j \mathrm{Cov}(z_i, z_j) - 2 \sum_{i=1}^{n} \lambda_i \mathrm{Cov}(z_i, z_p) + \mathrm{Cov}(z_p, z_p) \end{aligned}$$

要想求出所有符合最优估计条件的权重λ_i,只要对所有的权重λ_i求偏导数,令其都等于0,再求解出这i个方程,即可求出所有符合最优估计条件的权重λ_i。

$$\frac{\partial F}{\partial \lambda_i} = 0, \ i = 1, 2, \cdots, n$$

下面来看看公式里面的点i和点j之间的协方差$\mathrm{Cov}(z_i, z_j)$是如何计算的,前面介绍过的Matheron提出的半变异概念用来解释空间自相关性,其公式为

$$\gamma(x, h) = \frac{1}{2} E (z_x - z_{x+h})^2 - \frac{1}{2} (E(z_x) - E(z_{x+h}))^2$$

也可以把这个半变异公式改写成区域中两点i和j之间的半变异形式,即

$$\gamma_{i,j} = \frac{1}{2}E(z_i - z_j)^2 - \frac{1}{2}(E(z_i) - E(z_j))^2$$

由于在普通克里金插值法中一开始我们就假设了均值平稳，即任意两点 i 和 j 的均值都相等，所以在上述公式的第二项中，$E(z_i)$ 等于 $E(z_j)$。也就是说，普通克里金插值法中半变异公式的第二项为 0，于是，半变异公式就变成了下面简化的形式

$$\gamma_{i,j} = \frac{1}{2}E(z_i - z_j)^2$$

设在点 i 处区域化变量 z 相对于均值 μ 的偏差为 $R_i = z_j - \mu$，于是，$z_i = R_i - \mu$。同理，在点 j 处区域化变量 z 相对于均值 μ 的偏差为 $R_j = z_j - \mu$，于是，$z_j = R_j - \mu$。则在上述普通克里金插值法的半变异公式中，$z_i - z_j$ 就可以代换为 $R_i - \mu - (R_j - \mu) = R_i - R_j$。于是，半变异公式就变成了如下的形式

$$\gamma_{i,j} = \frac{1}{2}E(z_i - z_j)^2 = \frac{1}{2}E(R_i - R_j)^2$$
$$= \frac{1}{2}E(R_i^2 + R_j^2 - 2R_iR_j)$$
$$= \frac{1}{2}E(R_i^2) + \frac{1}{2}E(R_j^2) - E(R_iR_j)$$

又由于

$$E(R_i^2) = E(z_i - \mu)^2 = \mathrm{Var}(z_i), \ E(R_j^2) = E(z_j - \mu)^2 = \mathrm{Var}(z_j)$$

而我们前面已经在均值平稳假设中认为任何一点的方差都相等，即

$$\mathrm{Var}(z(x,y)) = \mathrm{Var}(z) = \sigma^2$$

所以

$$\mathrm{Var}(z_i) = \mathrm{Var}(z_j) = \sigma^2$$

即

$$E(R_i^2) = \sigma^2, \ E(R_j^2) = \sigma^2$$

因为

$$E(R_iR_j) = E((z_i - \mu)(z_j - \mu)) = \mathrm{Cov}(z_i, z_j)$$

所以，半变异公式就可以化为如下形式

$$\gamma_{i,j} = \frac{1}{2}E(R_i^2) + \frac{1}{2}E(R_j^2) - E(R_iR_j)$$
$$= \frac{1}{2}\sigma^2 + \frac{1}{2}\sigma^2 - \mathrm{Cov}(z_i, z_j)$$
$$= \sigma^2 - \mathrm{Cov}(z_i, z_j)$$

至此，我们就证明了普通克里金插值法中协方差和半变异的关系，即任意两点之间的

协方差等于先验方差减去两点之间的半变异，其公式如下

$$\text{Cov}(z_i, z_j) = \sigma^2 - \gamma_{i,j}$$

那么，对于上述求符合最优估计条件的偏导数方程组，就可以把其中的协方差用半变异来替换，毕竟在实际应用中求半变异比求协方差要容易做到。下面就来看看如何替换协方差为半变异。上面的论述中已经求得

$$F = \sum_{i,j=1}^{n} \lambda_i \lambda_j \text{Cov}(z_i, z_j) - 2\sum_{i=1}^{n} \lambda_i \text{Cov}(z_i, z_p) + \text{Cov}(z_p, z_p)$$

代入半变异的公式，则有

$$F = \sum_{i,j=1}^{n} \lambda_i \lambda_j (\sigma^2 - \gamma_{i,j}) - 2\sum_{i=1}^{n} \lambda_i (\sigma^2 - \gamma_{i,p}) + (\sigma^2 - \gamma_{p,p})$$

$$= \sum_{i,j=1}^{n} \lambda_i \lambda_j \sigma^2 - \sum_{i,j=1}^{n} \lambda_i \lambda_j \gamma_{i,j} - 2\sum_{i=1}^{n} \lambda_i \sigma^2 + 2\sum_{i=1}^{n} \lambda_i \gamma_{i,p} + (\sigma^2 - \gamma_{p,p})$$

又因为在普通克里金插值法中，有

$$\sum_{i=1}^{n} \lambda_i = 1$$

所以

$$F = \sigma^2 - \sum_{i,j=1}^{n} \lambda_i \lambda_j \gamma_{i,j} - 2\sigma^2 + 2\sum_{i=1}^{n} \lambda_i \gamma_{i,p} + \sigma^2 - \gamma_{p,p}$$

$$= 2\sum_{i=1}^{n} \lambda_i \gamma_{i,p} - \sum_{i,j=1}^{n} \lambda_i \lambda_j \gamma_{i,j} - \gamma_{p,p}$$

现在问题就变成了求带有约束条件的最优化问题，约束条件是所有权重之和等于 1，通常这可以采用**拉格朗日乘数法**（Lagrange Multiplier Method）来求解。把约束条件即所有权重之和等于 1 加入目标函数，则有如下的方程组

$$\begin{cases} \dfrac{\partial\left(F - 2\mu\left(\sum\limits_{i=1}^{n} \lambda_i - 1\right)\right)}{\partial \lambda_k} = 0, \quad k = 1, 2, \cdots, n, \\[4mm] \dfrac{\partial\left(F - 2\mu\left(\sum\limits_{i=1}^{n} \lambda_i - 1\right)\right)}{\partial \mu} = 0 \end{cases}$$

其中，-2μ 是拉格朗日乘数，之所以写成 -2μ 的形式，是为了后面把 -2 消除掉使得公式更简单。把前面求出来的 F 代入到方程组，得到如下的形式

$$\begin{cases} \dfrac{\partial\left(2\sum\limits_{i=1}^{n} \lambda_i \gamma_{i,p} - \sum\limits_{i,j=1}^{n} \lambda_i \lambda_j \gamma_{i,j} - \gamma_{p,p} - 2\mu\left(\sum\limits_{i=1}^{n} \lambda_i - 1\right)\right)}{\partial \lambda_k} = 0, \quad k = 1, 2, \cdots, n, \\[4mm] \sum\limits_{i=1}^{n} \lambda_i = 1 \end{cases}$$

化简得

$$\begin{cases} 2\gamma_{k,p} - \sum_{j=1}^{n}(\gamma_{k,j} + \gamma_{j,k})\lambda_j - 2\mu = 0, \quad k = 1, 2, \cdots, n, \\ \sum_{i=1}^{n}\lambda_i = 1 \end{cases}$$

因为协方差 $\mathrm{Cov}(z_i, z_j)$ 等于 $\mathrm{Cov}(z_j, z_i)$，所以半变异 $\gamma_{i,j}$ 等于 $\gamma_{j,i}$。则上面方程组最终的形式就变为

$$\begin{cases} \gamma_{k,p} - \sum_{j=1}^{n}\gamma_{k,j}\lambda_j - \mu = 0, \ k = 1, 2, \cdots, n, \\ \sum_{i=1}^{n}\lambda_i = 1 \end{cases}$$

将上面的线性方程组展开得

$$\begin{cases} \gamma_{1,1}\lambda_1 + \gamma_{1,2}\lambda_2 + \cdots + \gamma_{1,n}\lambda_n + \mu = \gamma_{1,p}, \\ \gamma_{2,1}\lambda_1 + \gamma_{2,2}\lambda_2 + \cdots + \gamma_{2,n}\lambda_n + \mu = \gamma_{2,p}, \\ \vdots \qquad\qquad\qquad\qquad\qquad\qquad \vdots \\ \gamma_{n,1}\lambda_1 + \gamma_{n,2}\lambda_2 + \cdots + \gamma_{n,n}\lambda_n + \mu = \gamma_{n,p}, \\ \lambda_1 + \lambda_2 + \cdots + \lambda_n \qquad\qquad\quad = 1 \end{cases}$$

写成矩阵的形式为

$$\begin{bmatrix} \gamma_{1,1} & \gamma_{1,2} & \cdots & \gamma_{1,n} & 1 \\ \gamma_{2,1} & \gamma_{2,2} & \cdots & \gamma_{2,n} & 1 \\ \vdots & \vdots & \ddots & \vdots & \vdots \\ \gamma_{n,1} & \gamma_{n,2} & \cdots & \gamma_{n,n} & 1 \\ 1 & 1 & \cdots & 1 & 0 \end{bmatrix} \begin{bmatrix} \lambda_1 \\ \lambda_2 \\ \vdots \\ \lambda_n \\ \mu \end{bmatrix} = \begin{bmatrix} \gamma_{1,p} \\ \gamma_{2,p} \\ \vdots \\ \gamma_{n,p} \\ 1 \end{bmatrix}$$

只要求出左边 $n+1$ 阶方阵的逆矩阵，就可以计算出符合最优无偏估计的权重值 λ_i 了。现在关键就看如何计算出左边矩阵和右边矢量中的半变异的数值。

（4）半变异的计算

要计算上述矩阵中各个样本点之间的半变异数值，首先要回到我们前面提到过的二阶平稳假设和内蕴假设。二阶平稳假设要求在整个研究区域内，首先，区域化变量的数学期望存在，且是不随位置 x 变化的一个常数 μ，即对区域内任意空间位置 x，有

$$E(z_x) = \mu$$

其次，协方差函数也存在，且协方差只与滞后距离 h 有关，与位置 x 无关。也就是我们前面讨论过的协方差公式

$$\mathrm{Cov}(x, h) = E(z_x z_{x+h}) - E(z_x)E(z_{x+h})$$

如果要符合二阶平稳假设，则有

$$\text{Cov}(x,\,h) = \text{Cov}(h) = E(z_x z_{x+h}) - \mu^2$$

当滞后距离为 0 时,协方差 $\text{Cov}(0) = E(z^2) - E(z)^2 = \text{Var}(z)$ 对任意位置都符合,说明符合二阶平稳假设条件时,整个研究区域都有一个确定的先验方差。通常要符合这个要求比较困难,退而求其次,我们可以考虑内蕴假设。

内蕴假设只要求在整个研究区域内的任何位置,其区域化变量的变化的数学期望为 0,也就是说,即使区域化变量在不同位置 x 的数学期望 $E(z_x)$ 可以不同,但其变化情况在整个区域内处处相同,即

$$E(z_x - z_{x+h}) = 0$$

同时,增量 $z_x - z_{x+h}$ 的方差存在且平稳,即不依赖于位置 x,即

$$\begin{aligned}
\text{Var}(z_x - z_{x+h}) &= E(z_x - z_{x+h})^2 - (E(z_x - z_{x+h}))^2 \\
&= E(z_x - z_{x+h})^2 \\
&= 2\gamma_{x,x+h} \\
&= 2\gamma(h)
\end{aligned}$$

由此可以看到,如果符合了内蕴假设,整个区域内各处的区域化变量的半变异都只和滞后距离 h 有关,和具体的空间位置 x 无关。因此,我们就可以用已知的样本点之间的区域化变量数值,来估算不同滞后距离 h 上的半变异值 γ,也就是建立半变异 γ 和滞后 h 之间的函数关系,用这个函数关系来计算上述普通克里金插值计算权重的方程组矩阵里面的半变异数值了。通常把这个函数称为**变异函数**(Variogram),就是上面公式中的 $2\gamma(h)$。而变异函数的一半,即 $\gamma(h)$,就叫做**半变异函数**(Semivariogram)。

建立半变异函数的过程一般是先把区域内已知的所有样本点数值拿来,每两点之间计算差异平方的一半,即 $\gamma_{i,j}^* = (z_i - z_j)^2 / 2$,再计算它们之间的距离 $h_{i,j}$。这样,以距离为横坐标 h,差异平方的一半为纵坐标 γ^*,可以生成散点图,这个散点图就是**半变异云图**(Semivariogram Cloud)。图 8-10(a)是美国俄勒冈州的 92 个气象站的年均降雨量半变异云图,其中每一个点的横坐标都是两个气象站之间的距离,而纵坐标都是两个气象站年均降雨量的差值平方的一半。92 个气象站的半变异云图中一共可以有 $C_{92}^2 = 92 \times 91 / 2! = 4\,186$ 个点。

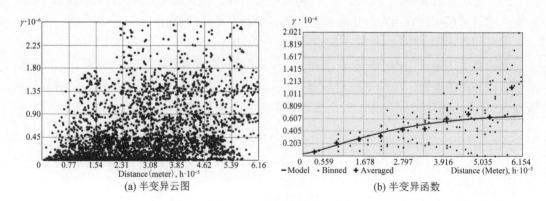

(a) 半变异云图　　　　　　　　　(b) 半变异函数

图 8-10　半变异函数的拟合

半变异云图可以看作是**经验半变异**(Empirical Semivariogram)函数,不能直接运用,还

需要再变换成数学模型。ArcGIS 在半变异云图的基础上,可以拟合成多种半变异函数形式,如图 8-10(b)所示,是采用一种叫做**装箱**(Binning)的方法,把横坐标的距离等间距地分割成一个一个的"箱子",也就是数值区间。然后把云图中落在每一个"箱子"中的点计算平均值(图 8-10(b)中的"+"号位置),相当于计算了在该距离上的样本点之间的差值平方的数学期望的一半,就是半变异的值。

有了不同滞后距离上的半变异数值,就可以拟合出一条光滑的数学函数曲线来表达经验半变异。常用的一系列可以用来拟合半变异函数的数学函数如表 8-5 所示。

表 8-5　常见的半变异函数

函数	图形	公式	说明
圆		$\gamma(h) = c_0 + c\left(1 - \dfrac{2}{\pi}\arccos^{-1}\left(\dfrac{h}{r}\right) + \sqrt{1 - \dfrac{h^2}{r^2}}\right), \quad 0 < h \leq r$ $\gamma(h) = c_0 + c, \qquad h > r$ $\gamma(h) = c_0, \qquad h = 0$	空间自相关逐渐减小(半变异增加),超出某个距离后自相关为零
球		$\gamma(h) = c_0 + c\left(\dfrac{3h}{2r} - \dfrac{h^3}{2r^3}\right), \quad 0 < h \leq r$ $\gamma(h) = c_0 + c, \qquad h > r$ $\gamma(h) = c_0, \qquad h = 0$	空间自相关逐渐减小(半变异增加),超出某个距离后自相关为零
指数		$\gamma(h) = c_0 + c\left(1 - \exp\left(\dfrac{-3h}{r}\right)\right), \quad h > 0$ $\gamma(h) = c_0, \qquad h = 0$	空间自相关按指数方式逐渐减小到无穷远处
高斯		$\gamma(h) = c_0 + c\left(1 - \exp\left(\dfrac{-3h^2}{r^2}\right)\right), \quad h > 0$ $\gamma(h) = c_0, \qquad h = 0$	空间自相关按高斯函数方式逐渐减小到无穷远处
线性		$\gamma(h) = c_0 + c\left(\dfrac{h}{r}\right), \quad 0 < h \leq r$ $\gamma(h) = c_0 + c, \qquad h > r$ $\gamma(h) = c_0, \qquad h = 0$	空间自相关按线性逐渐减小,超出某个距离后自相关为零

在表 8-5 中的函数公式里,有几个参数是用来定义这些函数的。其中 c_0 叫做**块金**(Nugget),指的是函数和纵坐标轴交点上的函数值。理论上块金应该等于 0,也就是说,在距离为 0 的时候是没有变异的。但实际中往往不为 0,这个不为 0 的块金值通常可能是随机噪声,也可能是更小测量尺度上的变异。

公式中的 r 叫做**变程**(Range),就是一个距离的数值,当滞后距离小于变程时,半变异函数的数值较快地递增。而当距离超过变程以后,半变异函数就变得平缓或不再增加。变程可以理解为空间自相关起作用的范围。

半变异函数到达变程时的函数值叫做**基台值**(Sill),它等于块金值加上公式中的 c,所以 c 也称为**偏基台值**(Partial Sill)。

克里金插值法通过经验半变异图来拟合理论上的半变异模型,通常就是选择一个合适的函数,并求解出块金、变程和基台值等函数的参数。至于选用哪一个函数比较适合,通常可以根据经验半变异图的形状来选定。也可以通过交叉验证的方式,估算不同函数模型在样本点处的误差,选择误差最小的函数模型。

（5）简单克里金

除了上面讨论的普通克里金插值法外,另一种常用的克里金插值法是**简单克里金**(Simple Kriging)。相比于前面讨论过的普通克里金插值法,简单克里金插值法的思想是认为在整个研究区域内,任意一点处的估计值可以用下式来插值计算,即

$$\hat{z}_p = \left(\sum_{i=1}^{n} \lambda_i (z_i - \mu) \right) + \mu$$

其中,μ 是整个研究区域内的数学期望,一般可以简单地用所有样本点的均值来计算 μ。之所以叫做简单克里金,是因为假设区域的数学期望是已知的且处处相等,所以对估计值的计算变成了对数值减去数学期望得到的残差进行插值。残差的数学期望就是 0,因此简单克里金就是无偏估计,不需要像普通克里金那样追加一个所有权重之和等于 1 的无偏约束条件,所以方程组比普通克里金简单。

计算简单克里金插值的权重时,需要预先把所有的样本点上的数值减去均值,用得到的残差数值来进行估计。求解最优估计的方程组中去掉了普通克里金插值方程组中的拉格朗日乘数项,也去掉了无偏估计的权重和为 1 的方程。在得到了权重并计算了估计值以后,要知道该估计值只是减去均值以后的残差,还要加上均值,才是最终需要的区域化变量估计值。

（6）泛克里金

普通克里金插值法至少要求区域化变量符合内蕴假设,也就是区域内有常数数学期望存在。但更一般的情况是在区域内没有固定的数学期望,或者理解为区域化变量的数学期望是在区域内到处变化的,这种变化称为**漂移**(Drift),也可以称为具有某种趋势,类似于前面讨论过的趋势面。

对于具有漂移的区域化变量的估计,就要使用**泛克里金**(Universal Kriging)插值法。泛克里金插值法把区域化变量的数学期望定义为漂移函数,漂移函数常常可以使用一次多项式或二次多项式的简单趋势面来模拟。所以,在求权重的最优化问题形成的方程组需要使用拉格朗日乘数法来建立。限于篇幅,在这里就不再深入地讨论了。

8.2 Delaunay 三角化生成 TIN

用 TIN 来表示连续起伏的地形表面也是 GIS 中常见的方法,以 Delaunay 算法实现的TIN 称为 Delaunay 三角网。它具有以下 3 个特有的几何性质:

• 空外接圆性质　每个 Delaunay 三角形的外接圆不包含任何其他离散点。此特征可以作为创建 Delaunay 三角网算法中的一项判别标准。生成 Delaunay 三角网的各种算法在**计算几何**(Computational Geometry)文献中都有详尽的论述。

• 最小角最大规则　在由给定分布的离散点集合所能形成的各种三角网结构中,Delaunay 三角网每个三角形的最小角的角度是最大的,这个性质也保证了使得生成的三角形尽量接近等边三角形。

• 唯一性　由给定分布的离散点集合所构成的 Delaunay 三角网是唯一的,即无论使用什么不同的算法生成的 Delaunay 三角网都是一样的,没有第二种三角网的连接方式。

在 GIS 中如果只有离散点数据,则可以采用常规的 Delaunay 算法生成 TIN。但是地形上常常还需要表达一些影响地形的线状要素如河流、道路等,这些线状要素需要作为三角形的边来构成 TIN。这个时候就不能生成完全的 Delaunay 三角网了,而是生成带有线状要素的**约束**(Constrained)Delaunay 三角网。

第 9 章 数字地形分析

在 GIS 产生之前,人们就发展出了许多分析地形的方法。不过这些方法通常是在地形图上手工进行量算,比如计算某一地点的坡度等。相对而言,这些方法比较简单,不能分析大范围的地形特征,计算效率较低,精度不高。但是自从产生了 GIS,地形要素的分析就取得了突破性的进展,逐渐发展出十分丰富的数字地形分析技术,本章就着重介绍 GIS 中数字地形分析的原理和技术方法。

本章的内容分为以下四个部分,第一部分介绍了不同形式的 DEM 之间的转换方式,第二部分介绍最基本的地形因子计算,第三部分介绍视线分析和视域分析的内容,第四部分则介绍数字地形分析衍生出来的一个重要领域——流域分析的内容。

9.1 DEM 的转换

GIS 中的数字高程模型可以采用规则的栅格 DEM(Grid)形式表示,也可以采用不规则三角网(TIN)形式表示。此外,还可以使用数字等高线来表示数字地形。这三种常规的数字地形之间,可以通过一些算法来进行转换,即在保持一定精度的条件下从一种形式转变成另一种形式。也就是说,只要有了这三种 DEM 中的一种,就可以转换成另外的两种形式。

9.1.1 栅格 DEM 转 TIN

一般而言,栅格形式的 DEM 数据中栅格单元的个数是远远超过转换成的 TIN 中的节点数的。所以,栅格 DEM 转成 TIN 的过程,就是在栅格 DEM 中选取一定数量的栅格单元作为 TIN 的节点,再运用 Delaunay 三角化算法连接这些选中的节点从而构建三角网的过程。所以,将栅格 DEM 转成 TIN 的算法,关键在于如何从栅格 DEM 中选取一定数量的栅格单元作为三角网的节点。

一种常用的选取栅格单元的算法称为 **Z 容差**(Z Tolerance)算法,该算法的原理和线简化的 Douglas-Peucker 算法基本一致,Douglas-Peucker 算法是在一维线状要素上以一个距离容差来简化曲线要素的,而此处讨论的 Z 容差算法可以看作是二维平面上的 Douglas-Peucker 算法,简化的是曲面要素。

该算法的过程是这样的,由用户设置一个预定的高度差数值(Z 容差),算法首先选取若干栅格单元(栅格的中心点)构建一个初步的候选 TIN,该候选 TIN 覆盖了整个栅格 DEM 的平面范围。然后,进行迭代操作,每次从未被选取的栅格单元中选取距离候选 TIN 中的三角面高度差大于 Z 容差的高差最大的栅格单元加入候选 TIN,形成新的候选 TIN,直到所有未被选中的栅格单元到候选 TIN 的高度差都小于 Z 容差为止。此时生成的候选 TIN 就是最终的 TIN。

图 9-1 所示为栅格 DEM(左)转换成 TIN 的例子,左边的栅格 DEM 放大后可以看到锯齿状的栅格单元边界,右边的 TIN 放大后可以看到小的空间三角形平面。在转换中设置 Z 容差越大,生成的 TIN 与原始的栅格 DEM 之间高度误差就越大。所以使用该方法时,要

首先明确应该设置多大的 Z 容差才符合应用需求。这和 Douglas-Peucker 算法需要预先设定距离容差几乎一样。

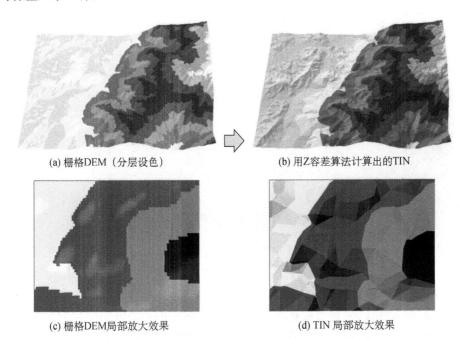

(a) 栅格DEM（分层设色）　　　　　　　(b) 用Z容差算法计算出的TIN

(c) 栅格DEM局部放大效果　　　　　　　(d) TIN 局部放大效果

图 9-1　栅格 DEM 转 TIN

9.1.2　TIN 转栅格 DEM

TIN 转栅格 DEM 可以通过对每个栅格单元的位置进行空间插值来实现，即为输出栅格的每个单元插值出高度或**空值**（NoData），该高度值具体取决于栅格单元中心是否落在 TIN 的插值区内。

TIN 转栅格 DEM 通常使用的插值方法有两种，一种是**线性**（Linear）插值法，另一种是**自然邻域**（Natural Neighbors）插值法（具体参见空间插值相关章节）。线性插值法通常都是将 TIN 三角形显示为平面。通过查找栅格单元落在哪个三角形中，则计算栅格单元中心相对于该三角形平面的位置来为每个输出栅格单元指定高度。

自然邻域插值法可以产生比线性插值法更平滑的结果。它对在每个输出栅格单元中心周围所有方向上找到的最近 TIN 节点使用基于 Voronoi 多边形区域面积比例的权重方案。TIN 中的硬隔断线会影响插值结果，因为自然邻域表面在跨越该硬隔断线时不是连续平滑的。

9.1.3　栅格 DEM 转等高线

等高线（Contour line）表示地形是一种比较传统的方式，也是常见的方式。很多应用领域都需要等高线，但不同的领域都赋予其不同的名称，比如天气图上面的**等压线**（Isobar）、**等温线**（Isotherm）和**等雨量线**（Isohyet）等，还有其他的形式统称为**等值线**（Isoline），它们都是某一连续变化的现象其相等数值的点在空间中连接形成的线状要素。

有经验的地理学工作者通过观察等高线分布的疏密程度可以判断地形起伏的陡缓，通过观察等高线的弯曲方向可以判断地形是突起的山脊还是凹进的谷地。所以，观看等高线图比直接观看栅格 DEM 更容易分析地形的特征。这就是通常需要把栅格 DEM 转换成等高线的原因。如图 9-2 所示,是将栅格 DEM 转换成等高线的例子,生成的是矢量线要素,每条等高线要素在属性数据里保存其高程。

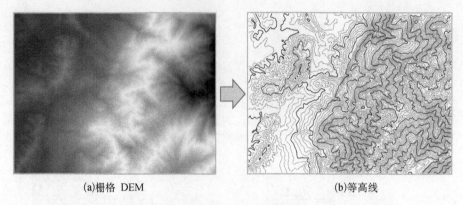

(a)栅格 DEM   (b)等高线

图 9-2　栅格 DEM 转等高线

GIS 中将栅格 DEM 转换成等高线的方法是从栅格 DEM 上下左右的边界或栅格 DEM 中的空值(NoData)边界开始,搜索满足各条等高线高程条件的起点(使用插值算法),然后从起点开始向栅格 DEM 内部跟踪找出等高线上的其他等高点(也是使用插值算法),依次连接等高点形成等高线,一直跟踪到再次遇到栅格 DEM 的边界或空值的边界为止,形成一条完整的等高线。把边界起点的等高线跟踪完了,再在栅格 DEM 内部搜索满足等高线高程条件的起点,并从这些内部起点出发,跟踪等高点直到回到起点,形成内部封闭的等高线。

生成等高线算法首先需要知道几个和等高线相关的设置,才能确定哪些高程需要生成等高线。一个是**基准等高线高程**(Base Contour),是最低高程的起始,通常是 0 米起算。另一个是**等高距**(Vertical Interval),是任意两条相邻**首曲线**(Primary Contour)之间的高程差值。还有一个是**计曲线**(Index Contour)的高程差值,它有利于生成加粗显示的计曲线。如图 9-2 所示,是以基准等高线高程 0 m、等高距 20 m、计曲线高差 100 m 的参数生成的等高线,等高线高程分别是 0 m(计曲线)、20 m、40 m、60 m、80 m、100 m(计曲线)……

通过上述方法生成的经过栅格边界的等高线通常不是很光滑,而一般对等高线的要求是光滑的曲线,所以,通常还要先使用 Douglas-Peucker 算法对等高线进行简化,再使用某种线要素的光滑算法来生成光滑的等高线。线光滑算法在 GIS 领域最常用的是分段三次多项式插值法。如图 9-3 所示。

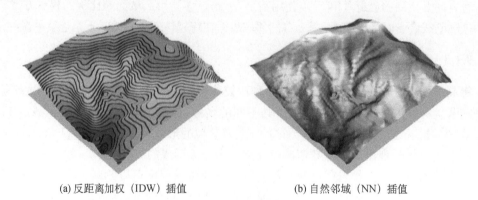

(a) 反距离加权（IDW）插值   (b) 自然邻域（NN）插值

图 9-3　等高线生成栅格 DEM

9.1.4 等高线转栅格 DEM

通过等高线数据生成栅格 DEM 的方法也是采用空间插值的方式,只是通常的空间插值都是针对离散分布的数据点进行的,而等高线数据要想运用基于点要素的空间插值方法,一般方法是把等高线数据先通过矢量转栅格的方式转成具有高程的栅格数据,再把具有高程数值的栅格单元当作点要素来看待,运用空间插值方法生成栅格的 DEM 形式。

当然,不同空间插值方法的效果不尽相同,如图 9-3 所示,左图是使用反距离加权(IDW)法对等高线离散化的点进行的空间插值,右图是使用自然邻域插值法插值的结果,这两种方法结果中都留存了一些等高线的痕迹,但自然邻域插值法的结果明显好于 IDW 法。

9.1.5 TIN 转等高线

TIN 转等高线的方法与前述的栅格 DEM 转等高线的方法类似,只是把 TIN 中的每一个三角形看作是空间中的一个三角平面。符合高程要求的等高线穿过三角形的边(特殊情况下穿过某一个三角形顶点),等高线与三角形边的交点可以采用线性插值的方法求得(因为把三角形看作空间的平面)。依次连接三角形边上的等高点,就可以形成等高线。这样的等高线在穿过一个三角形的内部时是一段直线,只有越过三角形边界进入另一个三角形时,直线的方向才会变化。

TIN 转等高线的结果与栅格 DEM 转等高线的结果也存在差异,如图 9-4 所示,左图是 TIN 转换成的等高线,右图是栅格 DEM 转换成的等高线。一般而言,栅格 DEM 转换成的等高线比 TIN 转换成的等高线更加圆滑。

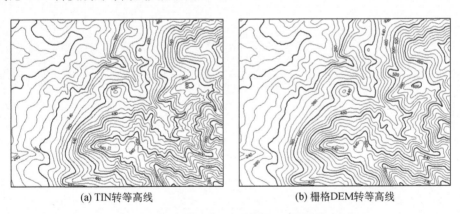

(a) TIN转等高线   (b) 栅格DEM转等高线

图 9-4　TIN 与栅格 DEM 分别转等高线的结果比较

9.1.6 等高线转 TIN

等高线转 TIN 与使用离散数据点数据通过 Delaunay 算法生成 TIN 的方法完全不同,它通常是在相邻的两条等高线之间生成三角面。这一过程一般是把某一条等高线上的数据点与相邻的另一条等高线上的数据点用直线段连接起来,连接的原则可以采用相邻等高线间距离最短的方式。因此,在两条相邻的等高线之间就生成了一条**三角形条带**(Triangle Strip),等高线作为**软隔断线**(Soft Break Line)成为 TIN 中三角形的边,三角形条带是表达三维几何要素的常见几何类型之一。

所谓软隔断线是指在 TIN 中不显著改变局部地形的线状要素,软隔断线的每一个线段都是组成三角形的一条边。等高线是软隔断线,因为等高线仅仅是高程相等的点连接而成的线,等高线通常并不是地形发生突变的地方。与软隔断线对应的是**硬隔断线**(Hard Break Line),硬隔断线也是 TIN 中三角形边的组成部分,但硬隔断线通常是局部地形突变的地方,例如山脊线、山谷线、河流、道路等。区分软硬隔断线有利于生成更准确的 TIN。

这种等高线生成 TIN 的方法得到的不是 Delaunay 三角网,而且在等高线突出的地方容易造成同一条等高线上数据点距离小于相邻等高线间的数据点距离,这样就会生成一个平面地形。在局部最高的闭合等高线内部,也会生成一个平顶山的地形,如图 9-5 所示。所以仅仅使用等高线而没有其他的地形信息(例如山峰的位置、山脊线、山谷线等),生成的 TIN 就不是很准确。而把山峰等作为点要素、山脊山谷作为硬隔断线、湖泊等作为多边形平面加入 TIN,则可以更准确地表达地形。

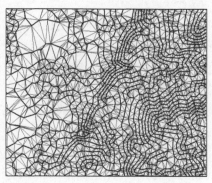

图 9-5　等高线生成 TIN

9.2　地形因子计算

GIS 中常见的地形因子计算通常包括坡度、坡向、地表曲率、地形阴影、地形剖面等。

9.2.1　坡度

坡度(Slope)描述的是地球表面上高度变化率的大小。假设地表某点高度为 z,横坐标为 x,纵坐标为 y,则坡度 S 的计算公式为

$$S = \sqrt{\left(\frac{\partial z}{\partial x}\right)^2 + \left(\frac{\partial z}{\partial y}\right)^2}$$

根号内分别为 z 关于 x 和 y 的一阶导数。地形的坡度可以用不同的单位来描述,可以表示为斜率、**百分比**(Percent)和**度数**(Degree)。其中坡度百分比等于垂直距离与水平距离的比乘 100,其意义就是表明水平方向上变化 100 m,地形在垂直高度上相应变化多少米。度数是垂直距离与水平距离比的反正切角度。坡度的斜率、百分比和度数之间的关系如图 9-6 所示。

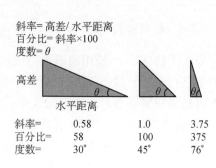

图 9-6　坡度的斜率、百分比和度数之间的关系

9.2.2 坡向

坡向(Aspect)描述的是坡面法线在水平面上的投影方向。假设地表某点高度为 z,横坐标为 x,纵坐标为 y,则坡向 D 的计算公式为

$$D = \arctan\left(\frac{\partial z}{\partial y} \Big/ \frac{\partial z}{\partial x}\right)$$

坡向一般是以**方位角**(Azimuth)来度量的,方位角以正北为 0 度,顺时针旋转角度增加,正东为 90 度,正南为 180 度,360 度又回到正北方。这和我们习惯了的数学中的角度计量方式不同,如图 9-7 所示。

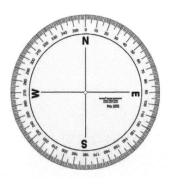

图 9-7　方位角

9.2.3 坡度和坡向的计算

1) 用栅格 DEM 计算坡度和坡向

GIS 中使用栅格 DEM 数据计算坡度和坡向时,需要计算每个栅格单元的坡度和坡向。栅格单元的**法矢量**(Normal Vector)的倾向和倾量决定了每个栅格单元的坡度和坡向。法矢量是指垂直于栅格单元局部表面的有向直线。设法矢量为 (n_x, n_y, n_z),其中,n_x、n_y 和 n_z 是法矢量在三个坐标轴方向的分量,则坡度 S 和坡向 D 的计算公式分别为

$$S = \frac{\sqrt{n_x^2 + n_y^2}}{n_z}, \quad D = \arctan\left(\frac{n_y}{n_x}\right)$$

此处计算出的 $S \times 100$ 就是坡度的百分比,可以转换成角度值输出。D 是相对于 x 轴的弧度值表示的角度,计算结果还要转换成方位角的角度。下面是把 D 转为方位角的算法,其中,当地表面是水平面时,不存在坡向角,此时通常把坡向用一个负数(如 -1)来表示。

```
T = D * 180 / π
if ( S != 0 )
    if ( nx == 0 )
        if ( ny < 0 )
            Aspect = 180
        else
            Aspect = 360
    else if ( nx > 0 )
        Aspect = 90 - T
    else // nx < 0
        Aspect = 270 - T
else
    Aspect = -1
```

使用栅格 DEM 计算坡度和坡向的算法有很多,通常都是通过一个 3×3 的栅格单元窗口(如图 9-8 所示)在栅格 DEM 上移动,每次把这个窗口作为邻域范围,估算窗口中心那个栅格单元 z_5 的坡度和坡向。如果某个邻域栅格单元没有高程数值(例如超出研究区域边界),则使用中心栅格单元的高程值替代。不同计算

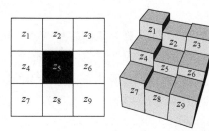

图 9-8　栅格 DEM 地形因子计算的 3×3 单元窗口

方法的不同之处在于是用9个栅格单元中的哪几个来计算以及各个栅格单元所赋予的计算权重有所不同。我们在这里介绍最常用的三种估算方法。

第一种方法是使用每个栅格单元的相邻四个单元的高程值来估算中心栅格单元的坡度和坡向。该方法是由 Fleming、Hoffer 和 Ritter 提出的。栅格单元 z_5 的坡度 S(斜率)和坡向 D 计算公式如下

$$n_x = z_4 - z_6$$
$$n_y = z_8 - z_2$$
$$n_z = 2L$$

其中,z_2、z_8、z_4、z_6 分别为要计算的栅格单元 z_5 的上下左右相邻高程值,L 为栅格单元水平方向的尺寸。栅格单元 z_5 法矢量的 n_x 分量为 $z_4 - z_6$,即 x 维的高程差;n_y 分量为 $z_8 - z_2$,即 y 维的高程差。

第二种方法是 Horn 算法,ArcGIS 中使用的便是该算法。Horn 算法使用 8 个邻接栅格单元,4 个直接邻接栅格单元的权重取为 2,4 个对角邻接栅格单元的权重取为 1。计算公式如下

$$n_x = (z_1 + 2z_4 + z_7) - (z_3 + 2z_6 + z_9)$$
$$n_y = (z_7 + 2z_8 + z_9) - (z_1 + 2z_2 + z_3)$$
$$n_z = 8L$$

第三种方法是 Sharpnack 和 Akin 算法。该方法类似于 Horn 算法,同样采用 8 个邻接栅格单元,但每个栅格单元的权重相同。计算公式如下

$$n_x = (z_1 + z_4 + z_7) - (z_3 + z_6 + z_9)$$
$$n_y = (z_7 + z_8 + z_9) - (z_1 + z_2 + z_3)$$
$$n_z = 6L$$

图 9-9 所示是用栅格 DEM 分别生成栅格坡度和栅格坡向的结果。

(a) 栅格 DEM   (b) 栅格坡度   (c) 栅格坡向

图 9-9　栅格 DEM 生成的坡度和坡向结果

2) 用 TIN 计算坡度和坡向

在 TIN 中可以计算每一个三角平面的坡度和坡向值,也就是只要计算出每个三角平面的法矢量,就可以计算出该三角平面的坡度与坡向了。设某个三角平面的三角形的三个顶点坐标分别为:$A(x_1, y_1, z_1)$、$B(x_2, y_2, z_2)$、$C(x_3, y_3, z_3)$,则该平面的法矢量是垂直于矢量 $\overrightarrow{AB}[(x_2 - x_1), (y_2 - y_1), (z_2 - z_1)]$ 和 $\overrightarrow{AC}[(x_3 - x_1), (y_3 - y_1), (z_3 - z_1)]$ 的矢

　　　　　　　　　　　　　　　　　　　　　　　　　地理信息系统基础原理与关键技术

量,也就是矢量$\overrightarrow{AB}$和$\overrightarrow{AC}$的**叉积**(Cross Product),其三个分量分别为

$$n_x = (y_2 - y_1)(z_3 - z_1) - (y_3 - y_1)(z_2 - z_1)$$
$$n_y = (z_2 - z_1)(x_3 - x_1) - (z_3 - z_1)(x_2 - x_1)$$
$$n_z = (x_2 - x_1)(y_3 - y_1) - (x_3 - x_1)(y_2 - y_1)$$

如图 9-10 所示,是使用 TIN 计算生成的地形坡度和坡向数据。由于 TIN 中的三角形大小不一,所以,计算出的坡度和坡向数据的粒度不像栅格坡度和坡向数据那么均匀。

(a) TIN   (b) TIN 坡度   (c) TIN 坡向

图 9-10   TIN 生成的坡度和坡向数据

9.2.4 地表曲率

地表的曲率反映的是地面的弯曲情况,一般我们会考虑如下三种不同的曲率:**剖面曲率**(Profile Curvature)、**平面曲率**(Plan Curvature)和**等高线曲率**(Contour Curvature),它们的含义各不相同,如图 9-11 所示。

剖面曲率 K_v 的定义为坡度方向的表面曲率,沿着这个方向重力作用最大。这对地貌学研究很有作用,如果剖面曲率大于 0,则表明坡面上物质加速下移;如果剖面曲率小于 0,则表明物质减速下移。加速下移导致坡面侵蚀,减速下移导致坡面沉积。

平面曲率 K_h 的定义为垂直于坡度方向的曲率,它可以反映坡面上物质的流向,如果平面曲率大于 0,则表明物质在此处分流,该处接近山脊线的位置;如果平面曲率小于 0,则表明物质在此处汇聚,该处接近山谷线的位置。此外,还有一个沿着等高线的地表曲率,称为等高线曲率 K_c。

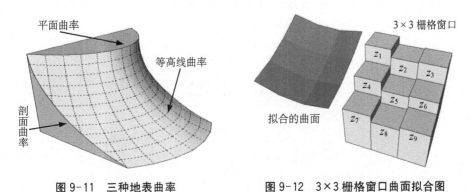

图 9-11   三种地表曲率   图 9-12   3×3 栅格窗口曲面拟合图

与坡度是地形表面的一阶导数相似,地表曲率的计算通常就是求地形表面的二阶导数。假设地形表面可以用曲面函数 $z = f(x, y)$ 来表示,该曲面函数具有单值性、连续性、二阶可导性,则三种曲率可以用下面的公式来计算,其中,p 和 q 分别为 x 和 y 方向的高程变化率,r 和 t 分别为 x 和 y 方向高程变化率的变化率,s 为 x 方向的高程变化率在 y 方向的变化率。

$$\text{剖面曲率:} \quad K_v = -\frac{p^2 r + 2pqs + q^2 t}{(p^2 + q^2)(1 + p^2 + q^2)^{\frac{3}{2}}}$$

$$\text{平面曲率:} \quad K_h = -\frac{q^2 r - 2pqs + p^2 t}{(p^2 + q^2)(1 + p^2 + q^2)^{\frac{1}{2}}}$$

$$\text{等高线曲率:} \quad K_c = -\frac{q^2 r - 2pqs + p^2 t}{(p^2 + q^2)^{\frac{3}{2}}}$$

$$p = \frac{\partial z}{\partial x}, \ q = \frac{\partial z}{\partial y}, \ r = \frac{\partial^2 z}{\partial x^2}, \ s = \frac{\partial^2 z}{\partial x \partial y}, \ t = \frac{\partial^2 z}{\partial y^2}$$

在栅格 DEM 上计算曲率也是通过一个 3×3 栅格单元窗口来实现的。ArcGIS 中使用了 Zeverbergen 和 Thorne 提出的一种算法,该算法用一个 4 次多项式 $z = Ax^2 y^2 + Bx^2 y + Cxy^2 + Dx^2 + Ey^2 + Fxy + Gx + Hy + I$ 来拟合 3×3 的栅格窗口,如图 9-12 所示。其中,

$$A = [(z_1 + z_3 + z_7 + z_9)/4 - (z_2 + z_4 + z_6 + z_8)/2 + z_5]/L^4$$

$$B = [(z_1 + z_3 - z_7 - z_9)/4 - (z_2 - z_8)/2]/L^3$$

$$C = [(-z_1 + z_3 - z_7 + z_9)/4 + (z_4 - z_6)/2]/L^3$$

$$D = [(z_4 + z_6)/2 - z_5]/L^2$$

$$E = [(z_2 + z_8)/2 - z_5]/L^2$$

$$F = (-z_1 + z_3 + z_7 - z_9)/4L^2$$

$$G = (-z_4 + z_6)/2L$$

$$H = (z_2 - z_8)/2L$$

$$I = z_5$$

则剖面曲率: $K_v = -2(DG^2 + EH^2 + FGH)/(G^2 + H^2)$

平面曲率: $K_h = 2(DH^2 + EG^2 - FGH)/(G^2 + H^2)$

通常 ArcGIS 会把计算出来的结果都乘 100 加以修正,得到的结果如表 9-1 所示。

表 9-1　平面曲率与剖面曲率

ArcGIS 还把上述两种曲率结合起来,形成**表面曲率**(Surface Curvature),表面曲率 K 的计算公式为

$$K = -2(D+E) \times 100$$

K 大于 0 表示地形是向上凸出的,小于 0 表示地形是向上凹的。图 9-13 分别显示了某一栅格 DEM 的平面曲率、剖面曲率和表面曲率。

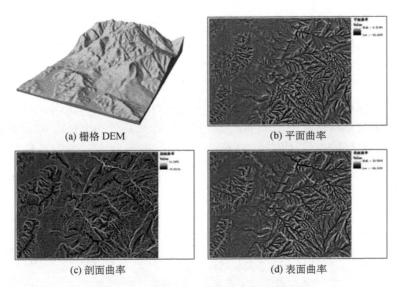

(a) 栅格 DEM   (b) 平面曲率

(c) 剖面曲率   (d) 表面曲率

图 9-13 栅格 DEM 的三种地表曲率形式

9.2.5 地形阴影

地形阴影(Hill Shade)是光源从某个特定角度照射地物表面时产生的现象,相对应的分析为阴影分析。地形阴影的分析可以获得地形表面某一时刻在特定光照下的明暗程度。通常选用的光源为太阳,因此地形阴影分析也可以看作是日照能量在地表的分布状况。

使用栅格 DEM 来计算每个栅格单元的地形阴影,通常的算法是考虑该栅格单元与光源之间的位置关系。栅格单元的坡度和坡向是影响地形阴影的内在条件,而光源的位置则是地形阴影形成的外在条件。两者交互作用,形成一定光照条件下的地形阴影。坡度与坡向前面已经介绍了,光源的位置则可以用方位角和高度角两个参数来确定。

光源的**方位角**(Azimuth)相当于平面坐标,指的是光源来自的角度方向,以北为基准方向 $0°$,在 $0 \sim 360°$ 范围内按顺时针进行测量。例如方位角为 $90°$ 时,光源位于地形的正东方向。光源的**高度角**(Altitude)相当于垂直坐标,指的是光源高出地平线的角度或坡度。高度角的单位为度,范围为 $0°$(位于地平线上)$\sim 90°$(位于天顶)。

在 GIS 中计算地形阴影时,需要指定光源的方位角和高度角。如果希望知道地球上任意一点在一年中某个任意时刻太阳的方位角和高度角,可以采用天文方式来计算。一旦算出太阳的位置,就可以采用下面的公式来计算地形上某一位置的**相对光照度**(Relative Radiance)。这里相对光照度的数值为 $0 \sim 1$,0 表示完全背向光源而没有光照,1 表示完全正对光源且光照最强。

$$R = \cos(aspect - azimuth)\sin(slope)\cos(altitude) + \cos(slope)\sin(altitude)$$

其中，R 为 DEM 中某栅格单元或者 TIN 中的某三角平面的相对光照度，slope 为地形坡度，aspect 为地形坡向，azimuth 为光源的方位角，altitude 为光源的高度角。注意这里的角度都要换算成弧度表示，以满足三角函数的计算。同样，方位角也要先转换成数学上的角度。可以使用 360°—方位角+90°的公式将方位角转换成数学上的角度。

如果计算出的 R 小于 0，则取值为 0。在 ArcGIS 等软件中，通常把 R 值乘 255，得到地形阴影值处于 0～255 之间。

GIS 中经常使用地形阴影来加强地形显示的立体感，但是由于人们日常生活中习惯于将光源置于观察者的左前方位置，使物体的阴影投向观察者，由此观察得到的立体感效果最强烈。所以，在生成地形阴影时，GIS 软件常常默认使用 315°的光源方位角、光源 45°的高度角，即光线从西北方向斜射过来，这样形成的地形阴影其立体感比较符合人们的视觉习惯。而如果光线从东南方向（方位角为 135°）斜射过来，这样形成的地形阴影则会让人产生地形倒置的**反立体**或**伪立体**（Pseudoscopic）错觉，即把高处的山脊错看成低处的山谷，低处的山谷错看成高处的山脊，如图 9-14 所示。

(a) 光源方位角为 315°的正立体效果　　　　　(b) 光源方位角为 135°的反立体效果

图 9-14　光源方位角对地形立体效果的影响

9.2.6　地形剖面

苏东坡曾作诗描述庐山的地形是"横看成岭侧成峰，远近高低各不同。"这里他是运用一种**地形剖面**（Profiling）的方法来认识庐山地形起伏的规律的，也就是在纵横两个方向做了庐山地形的剖面图。庐山的横剖面呈现长长的山岭，侧面的纵剖面呈现一座座山峰。GIS 也提供了这种能力，可以剖开数字高程模型，形成数字地形剖面。

地形剖面是一个假想的垂直于海平面的平面与地形相交的截面，剖面线是剖面与地表面的交线。根据剖面线可以获得沿着剖面线的地形变化信息，这在地质等很多领域具有广泛的应用。GIS 中根据所选数据源的不同，可将地形剖面算法分为基于栅格 DEM 的方法和基于 TIN 的方法两种，其实质都是将求剖面线转化为求剖面线与 DEM 网格交点或 TIN 的三角形边的交点的平面坐标，再根据交点的平面坐标，用线性插值或其他插值方法求出高程坐标。

剖面线在平面上的形状不一定是一条直线段，它可以是任意弯曲的折线，GIS 计算出折线与栅格 DEM 或 TIN 的交点三维坐标以后，就可以绘制出剖面图的形状。如图 9-15 所示，左边显示的是一条蜿蜒穿过地形表面的曲线，右边是其剖面图，可以看出沿线的高程变化。当然，这样的剖面图通常水平比例尺和垂直比例尺是不一致的。垂直比例都经过了夸大处理,以便更加明显地揭示出地形的陡峭或平缓等坡度变化。

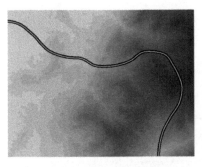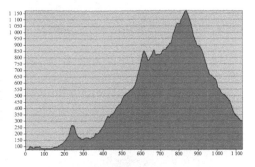

图 9-15　栅格 DEM 上的剖面线(左)及其剖面图(右)

9.3　可见性分析

可见性(Visibility)分析是用来判断地形是否会阻隔我们望见远方的事物。宋代诗人李觏曾说"已恨碧山相阻隔",意思是说青山遮住了他的视线让其望不见故乡,所以,在地形上进行可见性分析是常常会用到的应用,现在从设计移动通信基站的位置到风景园林的规划都会涉及可见性分析。GIS 中的可见性分析包括两点间的**视线**(Line of Sight)分析和点与线的**视域**(Viewshed)分析。

9.3.1　两点视线分析

所谓两点视线分析,就是判断栅格 DEM 表面上的两个位置点之间的通视状况。所谓视线,就是栅格 DEM 表面上的两点之间形成的一条直线,起点为观察点,终点为目标点。两点视线分析可以沿着该条线从观察点的角度观察 DEM 表面的哪些部分能够看到,哪些部分看不到。

进行两点视线分析,通常是在栅格 DEM 的平面图上设置观察点和目标点,如图 9-16(a)所示。分析的结果通常是连接观察点和目标点的直线段在栅格 DEM 表面上形成的投影线(也是地表的剖面线),这条剖面线被分成可见与不可见相间的若干段,一般会用不同的颜色来区别。所以,两点视线分析就是沿着两点确定的方向,分析在该方向上的所有地面点的可见性。分析结果可以通过剖面图来观察,如图 9-16(b)所示。

视线分析结果上通常还会有一个特殊的障碍点,障碍点是从观察点到目标点的直线段被中间地形阻隔的且离观察点最近的点。如果分析结果中存在障碍点,则说明目标点对于观察点是不可见的;如果分析结果中不存在障碍点,则说明从观察点可以直接看到目标点。

两点视线分析的算法是求观察点到目标点之间的连线与其平面上经过的所有栅格单元的交点,并分别用各个交点栅格单元作为临时的目标点,计算观察点和各个交点栅格单元的可见性。观察点与各个交点连线通过线性插值计算出观察点和交点之间的栅格单元处的高程,把插值高程值和栅格单元的高程值做比较。如果所有插值高度都高于栅格单元的高程值,则该栅格单元是可见的;只要有一个插值高度低于栅格单元的高程值,则该栅格单元是不可见的。

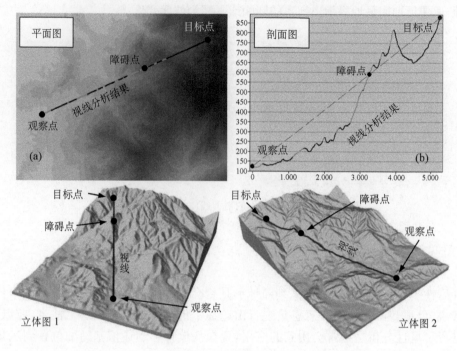

图 9-16　两点视线分析

9.3.2　点视域分析

　　视域指的是站在一个或多个观察点上或沿着若干条线移动,可以看见的所有地表区域。提取视域的过程称之为视域分析。点视域分析需要有一个表示观察点位置的数据,可以是一个观察点,也可以是多个观察点。此外,还需要一个表示地形的栅格 DEM 或不规则三角网。

　　点视域分析的基础是上述的视线分析,也就是重复循环判断栅格 DEM 中的所有栅格单元相对于观察点的可见性。算法首先在观察点和目标栅格单元之间创建视线,其次沿视线生成一系列中间点,这些中间点是栅格 DEM 的格网中心线与视线的交点,然后对视线进行线性插值获得中间点的高程,最后通过检查中间点的插值高程和原栅格 DEM 的高程,判断是否阻隔目标点的通视。

　　视域分析的结果一般也是一个栅格数据,如果只有一个观察点的话,视域分析的结果中只包含两个数值,一个表示对于该观察点的可见区域(如用数值 1 来表示),另一个表示对于该观察点的不可见区域(如用数值 0 来表示)。

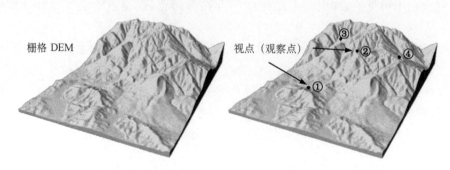

　　　　　　　　　　　　　　　　　　　　　　地理信息系统基础原理与关键技术

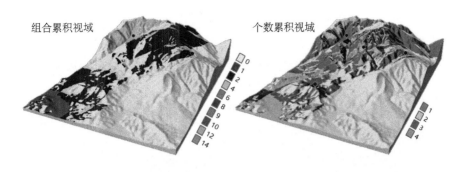

组合累积视域　　　　　　　　个数累积视域

图 9-17　点视域分析

表 9-2　组合属性表

Rowid	VALUE	COUNT	OBS1	OBS2	OBS3	OBS4
0	0	191 973	0	0	0	0
1	1	9 624	1	0	0	0
2	2	5 878	0	1	0	0
3	4	19 857	0	0	1	0
4	6	123	0	1	1	0
5	8	40 995	0	0	0	1
6	9	9 902	1	0	0	1
7	10	6 388	0	1	0	1
8	12	971	0	0	1	1
9	14	237	0	1	1	1

表 9-3　个数属性表

Rowid	VALUE	COUNT
0	1	93 059
1	2	31 643
2	3	5 888
3	4	380

如果有不止一个观察点存在,那么视域分析的结果就比只有一个观察点复杂。图 9-17
为有 4 个观察点的情况,那么分析结果所形成的视域就称为累积视域,因为这样的视域可能
不止被一个观察点所看见,往往是多个观察点都可以看见,所以是多个观察点可见区域的
累积范围。ArcGIS 在处理累积视域的时候通常有两个选择,一个是组合累积视域,另一个
是个数累积视域。组合累积视域是给每一个区域分配一个数值,如表 9-2 中的 VALUE 字
段,该数值是对所有观察点可见性的组合情况,每一个观察点的可见性用一位二进制数表
示,0 表示不可见,1 表示可见。个数累积视域的属性表(表 9-3)中的 VALUE 字段表示该
区域一共有几个观察点可见,而不区分具体是哪几个观察点可见。

9.3.3 线视域分析

线视域分析即对一系列点构成的一条穿过栅格 DEM 的折线进行视域分析。通常先把矢量线要素转化成栅格形式,并用栅格 DEM 插值出每个线要素栅格单元的高程,再对线要素的每一个栅格单元进行点的视域分析。如图 9-18 所示,是一条蜿蜒贯穿栅格 DEM 区域的道路及其沿道路进行线视域分析的结果。

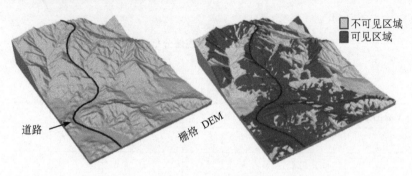

图 9-18　线视域分析

9.3.4 视域分析的其他参数

实际使用视域分析时,往往因为特殊的情况而要对观察点进行一些调整,这通常可以通过设置一系列的参数来实现。ArcGIS 中提供了一些视域分析的参数,主要有以下五个:

1) 观察点的高度参数

该参数指的是观察点不一定紧贴栅格 DEM 的表面,可能相对于地面还有一定的高度。例如观察点是在一座建筑物的上面,它和地面有一个高度差,或者称为高度的偏移。通过设置观察点的高度参数,视域会更广阔,也就是达到"欲穷千里目,更上一层楼"的效果。如图 9-19 所示。

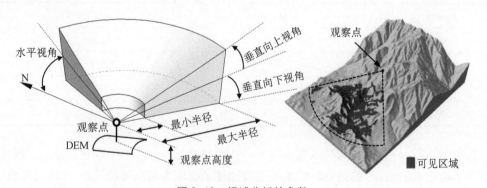

图 9-19　视域分析的参数

2) 观察点水平视角范围参数

该参数指的是观察点并不一定可以环顾四周,可能只允许向某一个方向眺望。一般的视域分析,观察点水平视角范围默认是 360°,也就是可以向四面八方看,没有角度限制。但实际情况常常是在一个建筑物里透过窗户我们只能向某一个方向看,例如"窗含西岭千秋雪"就是只能通过朝西的窗户看到的视域范围。因此,我们在视域分析的时候,可以设置两

　　　　　　　　　　　　　　　　　地理信息系统基础原理与关键技术

个参数分别说明视线起始的方位角和视线终止的方位角，来设置一个观察点水平视角范围，这样就可以把视域分析结果限制在这个方向范围里。如图 9-19 所示。

3）视域半径参数

该参数指的是从观察点可以看到的最近和最远水平距离，这在军事上颇有作用，例如，设定某一种武器的射击有效距离为 200 m 到 2 000 m，则可以通过视域分析，得到该武器的有效杀伤范围；在布设通信基站时，可以通过设定信号的传输距离得到通信基站信号覆盖的范围。如图 9-19 所示。

4）观察点垂直视角范围参数

该参数指的是把垂直方向上的观察视角限制在上下一定的角度范围内。如果不设置这两个角度参数，则表示垂直方向向上可以看到天顶（90°），向下可以垂直地面（-90°）。如果设置这两个角度参数，则表示垂直视角应该在 -90°～90° 之间。如图 9-19 所示。

5）树高参数

该参数指的是观察点周围如果正好有树木环绕，树木的高度要叠加到栅格 DEM 的地形表面上，因为离观察点很近的树木会对通视情况造成很大的影响。所谓"一叶障目，不见泰山"就是指因观察点附近的物体而影响视域范围的情况。

图 9-19 中右图是设置观察点高度在地表以上 20 m，最小半径为 500 m，最大半径为 3 000 m，起始水平角度为 225°，终止水平角度为 315° 所形成的视域。

9.4　水文分析

自然界有两个互相影响、关系密切的自然要素，它们是地表的地貌形态和水系的空间格局。地形的高低起伏约束着地表河流的流向，河流流水的冲刷作用也会逐渐改变地表的形态。GIS 中水文分析的作用就是根据地表的高低形态判断出水系可能的分布和流域的范围，即利用栅格形式的 DEM 最终生成可能的**河道链路**（Stream Link）和**集水流域**（Watershed），如图 9-20 所示。这种自动提取出水系和流域的方法对地理学的研究具有十分重要的作用。

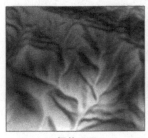 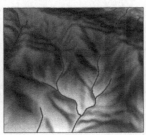 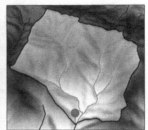

栅格 DEM　　　　　　　　河道链路　　　　　　　　集水流域

图 9-20　水文分析的数据和结果

最先使用栅格 DEM 进行水文分析研究的是 S. K. Jenson 和 J. O. Domingue。他们两人于 1988 年写了一篇论文 *Extracting Topographic Structure from Digital Elevation Data for Geographic Information System Analysis*，文中介绍了一些研究水文分析的算法。目前，ArcGIS 等软件所使用的水文分析算法基本上都来自这篇文章。文中提出了用于水文分析的三个主要数据集的概念，即**没有洼地的 DEM**（Depressionless DEM）、**流向**（Flow

Direction)栅格数据和**流量累积**(Flow Accumulation)栅格数据。生成这三个数据集是进行水文分析首先要完成的任务,下面先从流向栅格数据说起。

9.4.1 流向栅格数据

流向栅格数据表达的是 DEM 中的每个栅格单元表面的水在自然的情况下会流向该栅格单元周围 8 个相邻栅格单元中的哪一个栅格。计算流向栅格的算法因为只考虑每个栅格单元周围的 8 个相邻栅格单元,也就是说,DEM 中的栅格单元表面的水通常最终只假设可以流入 8 个方向中的一个,所以该算法称为 D8 流向算法,且该算法也是上面介绍过的 Jenson 和 Domingue 在 1988 年的文献中提出的。

具体的计算方法为:分别计算栅格单元与周围 8 个相邻栅格单元的**距离加权落差**(Distance-Weighted Drop),也就是分别用中心栅格的高程减去周围 8 个相邻栅格单元的高程,然后再除以中心栅格单元到相邻栅格单元的平面距离。对于上下左右方向的 4 个栅格单元距离为一个栅格单元的长度,而对于对角线方向的 4 个栅格单元距离为一个栅格单元长度的 1.414 倍(2 的平方根)。最后,将 8 个计算结果做比较,找出落差最大的方向作为水流的流向。ArcGIS 在计算的时候,通常把结果乘 100 变成落差百分比,并可以把这个百分比栅格数据输出。

理想的情况下,一旦计算出了最大的距离加权落差所表示的流向,就把这个方向的编码赋值给中心的栅格单元。在 Jenson 和 Domingue 的文献中提出了一个表示 8 个方向的编码方案,该方案为每个方向用一个二进制位来表示。所以,最终的 8 个方向编码为:东北方向为 1(二进制的 00000001)、东为 2(二进制的 00000010)、东南为 4(二进制的 00000100)、南为 8(二进制的 00001000)、西南为 16(二进制的 00010000)、西为 32(二进制的 00100000)、西北为 64(二进制的 01000000)和北为 128(二进制的 10000000)。如图 9-21 所示,中心栅格单元的流向为 8。

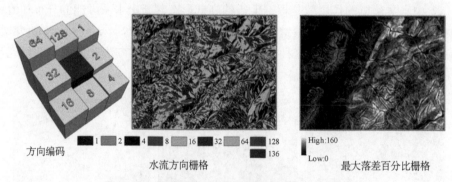

方向编码 ■1 ■2 ■4 ■8 ■16 ■32 ■64 ■128 ■136
水流方向栅格　　High:160 Low:0 最大落差百分比栅格

图 9-21　D8 算法的方向编码和水流方向计算结果

D8 算法的思想和 6 个步骤描述如下:

① 对于栅格数据边界上的所有栅格单元,都设置其流向为栅格数据边界外;或者对于研究区域边界上的所有栅格单元,都设置其流向为区域边界外。

② 对上述步骤中没有计算流向的研究区域内的栅格单元,计算 8 个方向的距离加权落差数值。

③ 按照如下几种情况来决定中心栅格单元的流向:

a. 如果最大落差小于 0,则给中心栅格单元赋一个负的方向值,表示流向未定义,这种情况表现为单一栅格单元形成的小洼地,可以通过后续填充洼地的方法去除。所以,在没

有洼地的 DEM 中是不会出现这种情况的(表 9-4 情况 1);

b. 如果最大落差大于等于 0,且只在 8 个相邻栅格单元中出现一次,则把相应方向的编码赋值给中心栅格单元,栅格 DEM 中绝大多数栅格单元应该都是属于这种情况(表 9-4 情况 2);

c. 如果最大落差大于 0,且在 8 个相邻栅格单元中不止出现一次,则通过查表的方式给中心栅格单元赋值一个方向编码(表 9-4 情况 3);

d. 如果最大落差等于 0,且出现在不止一个相邻栅格单元内,则把所有等于 0 的栅格单元的方向编码相加求和,并赋值给中心栅格单元(表 9-4 情况 4)。

④ 对于那些没有被赋值为负数、1、2、4、8、16、32、64、128 的栅格单元,检查它最大落差的相邻栅格单元,如果该栅格单元被赋值为 1、2、4、8、10、32、64、128 中的一个,且该相邻栅格单元不流向中心栅格单元,就把该中心栅格单元赋值为流向该相邻栅格单元。

⑤ 重复上述第 4 步骤,一直迭代到没有栅格单元可以再赋值为止。

⑥ 把所有不等于 1、2、4、8、16、32、64、128 这 8 个方向的栅格单元全部赋值为负数。这种情况在没有洼地的 DEM 中不会出现。

表 9-4　流向编码计算的四种情况(据 Jenson 和 Domingue)

	3×3 的 DEM 窗口			距离加权的落差			流向编码
情况 1	100	102	100	−7.1	−12.0	−7.1	−4
	99	90	92	−9.0		−2.0	
	98	94	92	−5.7	−4.0	**−1.4**	
情况 2	92	91	90	−1.4	−1.0	0.0	2
	92	90	89	−2.0		**1.0**	
	94	93	90	−2.8	−3.0	0.0	
情况 3	90	91	90	0.0	−1.0	0.0	2
	89	90	89	**1.0**		**1.0**	
	90	93	90	0.0	−3.0	0.0	
情况 4	92	91	90	−1.4	−1.0	**0.0**	暂时赋值 1+2+4=7,通过迭代得到流向编码
	93	90	90	−3.0		**0.0**	
	94	93	90	−2.8	−3.0	**0.0**	

9.4.2　流量累积栅格数据

在计算了上述流向栅格数据以后,就可以在其基础上进一步计算流量累积栅格数据。

流量累积栅格数据中的每个栅格单元保存了所有流到该栅格单元的上游栅格单元的总个数,如图 9-23 所示。所以,流量累积栅格数据中如果某个栅格单元的数值是 0 的话,则表示没有其他栅格单元的水流到该栅格单元,通常这里是地形上的山脊所在地,也是流域的分水岭位置。而如果某个栅格单元的流量累积数值比较大,则表示该处汇集了上游很多栅格单元的水量,非常可能就是河道所在的位置。如果把一个栅格单元的流量累积数值乘一个栅格单元的面积,就可以知道该栅格单元的汇流区面积。

从流向栅格数据生成流量累积栅格数据的算法比较简单,首先在流向栅格数据中找出所有流量累积为 0 的栅格单元,然后将这些 0 流量累积栅格单元放入一个按照累积流量值从小到大的顺序形成的**优先队列**(Priority Queue),并从优先队列中逐个取出累积流量值最小的栅格单元,把流量累加到它流出的栅格单元中,并把其流出的栅格单元放入优先队列。如此循环计算,最终可以求出流量累积栅格。图 9-22 是一个简单的计算流量累积栅格的例子。

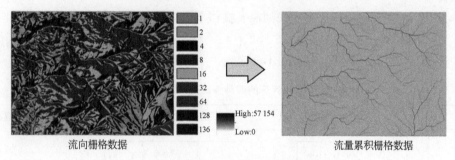

图 9-22　从流向栅格数据生成流量累积栅格数据

如果考虑到降水、土壤以及植被等影响径流的因素分布不均衡,在计算流量累积栅格数据时,可以输入一个综合了各种因素影响的权重栅格数据,对每一个栅格赋权重数值来模拟该区域的地表径流的流量特征,也就是每个栅格流到其下游栅格的径流量要乘栅格的权重,默认情况所有栅格单元的权重为 1。

有了流量累积栅格数据,就可以从中提取出河道所在位置的栅格数据。通常认为流量累积到某个比较大的数值就可以形成河道了。例如图 9-23 中假设流量累积超过 20 就算有恒定水流的河道,则可以把所有大于 20 的栅格单元作为河道所在位置。当然,这个作为河道的流量累积**阈值**(Threshold)的不同设置会得到不同的河道栅格结果。如果该阈值设得比较大,则得到的河网密度就比较小;反之,得到的河网密度就比较大。图 9-24 是设置不同阈值得到的不同的河道栅格数据。

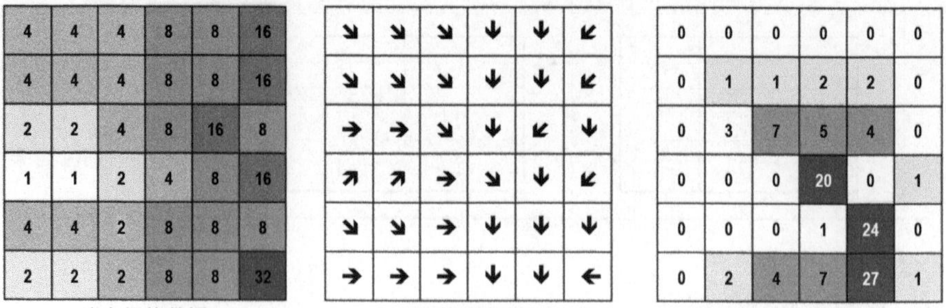

流向栅格数据	栅格流向图	流量累积栅格数据

图 9-23　流量累积栅格数据计算示例

地理信息系统基础原理与关键技术

| 流量累积栅格 | 阈值 500 提取的河道 | 阈值 1 000 提取的河道 |

图 9-24　按流量累积栅格阈值提取的河道栅格数据

9.4.3　生成河道链路栅格数据

在上述按照流量累积栅格阈值提取了河道栅格数据之后,可以进一步生成包含拓扑关系的**河道链路**(Stream Link)栅格数据。河道链路栅格数据与上述河道栅格数据的区别就在于:河道链路栅格数据中,每一条河段都被赋予了一个唯一的栅格属性值,这样就可以把各条河段区分开来了,如图 9-25 所示。

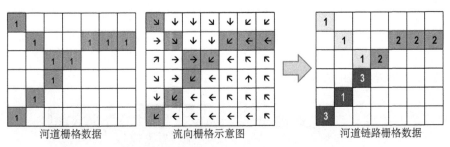

| 河道栅格数据 | 流向栅格示意图 | 河道链路栅格数据 |

图 9-25　河道栅格数据生成河道链路栅格数据原理示意图(局部)

生成河道链路栅格的算法是首先在河道栅格数据中找出各个支流源头的栅格单元(8个相邻栅格单元中只有一个非空值的栅格单元),然后逐个栅格单元追踪并判断流向栅格的对应栅格单元,直到相邻栅格单元有其他相邻栅格单元流入为止,这样就形成了一条单独的河段。给这条单独的河段赋予一个从 1 开始递增的编码,并重复上述过程,最终形成河道链路栅格数据,如图 9-26 所示。

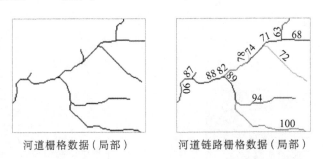

| 河道栅格数据（局部） | 河道链路栅格数据（局部） |

图 9-26　河道栅格数据与生成的河道链路栅格数据

9.4.4　生成流域

有了上述生成的河道链路栅格数据,就可以为其中每一条河段生成一个集水流域,这样生成的流域叫做全流域。另外一种情况是由用户给定一个**泻流点**(Pour Point)的栅格位置,也就是出水口的位置或拦河坝的位置,把该泻流点上游的集水流域计算出来。这两种情况生成算法的基本原理是相同的,都是逐一判断所有的栅格单元,按照流向栅格数据的流向来追踪水流的路径,将路径暂存在一个动态数组中,一直追踪到某一条河段的河道链路栅格单元为止。把该河道链路栅格单元的数值赋值给上述追踪到的一系列栅格单元,从而形成流域范围。如图 9-27 所示,是根据河道链路栅格和流向栅格得到的流域范围。

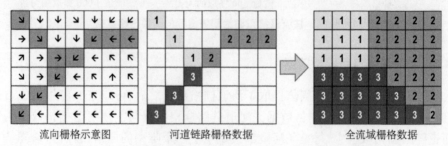

流向栅格示意图 　　　　河道链路栅格数据 　　　　全流域栅格数据

图 9-27　根据流向和河道链路数据生成全流域的原理示意图

　　一般而言,在河道链路栅格数据中有多少条河段,在生成全流域栅格数据时也就会相应地生成对应数量的流域范围。如果是泻流点栅格数据,那么有几个泻流点,就会相应地生成几个对应的流域范围。图 9-28 是生成的全流域范围的例子,其中的数字既是河段的栅格编码,又是生成流域的栅格编码。

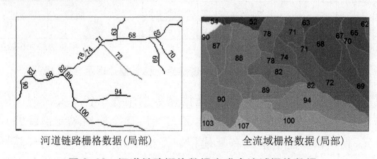

河道链路栅格数据(局部) 　　　　　全流域栅格数据(局部)

图 9-28　河道链路栅格数据生成全流域栅格数据

　　对于生成泻流点流域的算法,还可以从各个泻流点栅格出发,通过流向栅格数据从下游栅格单元向上游栅格单元追踪,并设置一个栈来缓存某个栅格单元从上游来水的流向分支。追踪到流量累积数为 0 的流域边界后,再从栈中取出缓存的栅格单元继续追踪,直到栈空为止。图 9-29 所示为一个泻流点及其生成的流域和分河段生成的全流域对比的例子。

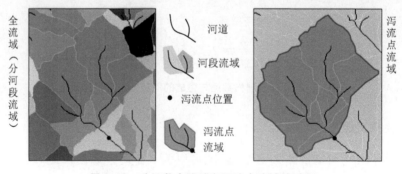

图 9-29　分河段全流域和泻流点流域的对比

9.4.5　填充洼地

前面所述流向栅格数据的计算经常会出现计算不出栅格流向的问题,出现这个问题的原因主要是由于 DEM 上存在四面高中间低的洼地情况,这些洼地里的水是流不出去的,因而形成了一个个孤立的内流区,这就不能进行水流方向的计算了,也无法形成所有的水都从一个出水口流出的流域。因此,这种情况必须先填充洼地,也就是把洼地所在的 DEM 栅格高程人为地增高,形成没有洼地的 DEM。即把洼地填平,使水能够从洼地边缘处流出来。因此,填充洼地的高度应该填到和洼地周边最低的栅格高度一致。

洼地的填充主要分为 3 个过程,首先需要对洼地进行提取,因为洼地的存在使得水流方向的计算产生不合理的结果,所以可以通过流向栅格数据来判断洼地的存在。洼地提取之后需要对洼地的深度进行计算,以设置合理的填充阈值。最后通过填充洼地就可以得到无洼地的 DEM。

1) 洼地提取

该分析首先要生成初始的流向栅格数据,然后把流向栅格数据作为提取洼地的输入数据,由此可以识别出所有洼地或内部排水区域的栅格单元。这些栅格单元都是负值或不能计算出流向数值的地方,将空间相连的这些栅格单元分别赋予一个唯一的标识码,从而将这些洼地区别开来,如图 9-30 所示。

(a) 包含洼地的 DEM　　　　(b) 流向栅格数据　　　　(c) 洼地栅格数据

图 9-30　根据流向栅格数据判断洼地的存在

通过洼地提取,就可以了解原 DEM 上是否存在洼地。如果没有洼地,原 DEM 就可以不用进行洼地填充,直接用来进行河网生成、流域分割等;否则,就要进行洼地填充。填充洼地首先要获取各个洼地深度。

2) 获取各个洼地的深度

有些洼地是真实存在的,有些是由于 DEM 的误差造成的,所以需要判断哪些真实的洼地不需要填充,哪些误差造成的洼地需要填充,这可以通过获取各个洼地的深度来判定。计算各个洼地的深度需要进行以下几个步骤:

首先,把上述生成的洼地栅格数据作为泻流点栅格,生成泻流点流域栅格数据,如图 9-31(a)所示。

其次,使用前面介绍过的栅格分析中的**区域统计**(Zonal Statistics)方法,统计出各个洼地泻流点流域栅格区域的最低高程值。也就是选用求最小值的区域统计方法,如图 9-31(b)所示。

然后,使用栅格分析中的**区域填充**(Zonal Fill)方法,得到各个洼地泻流点流域栅格区域边界上的最小值,并填充到各个洼地流域范围。也就是各个洼地流域都填充了边界出水口的高程值,如图9-31(c)所示。

最后,用**地图代数**(Map Algebra)中的减法计算,把上述得到的各个洼地流域边界出水口的高程值减去各个洼地流域最低高程值,就得到各个洼地的深度,如图9-31(d)所示。

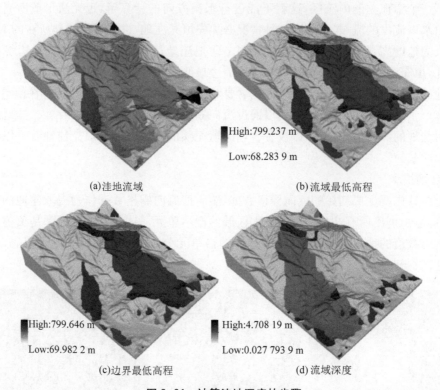

(a)洼地流域   (b)流域最低高程

High:799.237 m

Low:68.283 9 m

High:799.646 m

Low:69.982 2 m

High:4.708 19 m

Low:0.027 793 9 m

(c)边界最低高程   (d)流域深度

图 9-31 计算洼地深度的步骤

从图9-31(d)可以看出,所有洼地的深度最大也不超过5 m,在DEM的误差范围内,所以,这些洼地不是天然真实的孤立集水区域(比如天池、喀斯特地区的天坑等),而是由创建DEM时的误差造成的,所以下一步填充这些洼地的时候,就全部填充,不需要设定一个最大的深度值来保证天然集水洼地不被填充。

3) 洼地填充

把一个含有洼地的DEM进行填充,生成没有洼地的DEM,这样才能进一步生成正确的流向栅格,并进行后续的河道链路与流域范围的计算。填充洼地的算法通常可以设定一个高度极限值,凡是上述计算的洼地深度超过这个设定的高度极限值,则该洼地属于自然的洼地,不用填充。而小于该高度极限值的洼地就需要填充。如果不设置该高度极限,则表示所有洼地都需要填充。

Jenson 和 Domingue 在1988年提出的洼地填充算法被 ArcGIS 等软件所采用,执行该算法时,当一个洼地区域被填平之后,在其周围可能还会形成新的洼地。因此,洼地填充算法是一个不断反复迭代的过程,直到所有的洼地都被填平,新的洼地不再产生为止。这个算法要用到前面描述过的各种算法,具体步骤如下:

① 先在DEM中找出所有由一个栅格单元形成的洼地,即该栅格单元周围的8个栅格单元都高于该栅格单元。把该栅格单元的高程值提升到周边8个栅格单元高程值最低的

     地理信息系统基础原理与关键技术

数值。

② 计算上述填充了一个栅格单元洼地的 DEM 的流向栅格数据。

③ 对所有空间上相连的没有确定流向的洼地栅格单元,赋予一个唯一的标识码,然后以这些栅格单元为泻流点生成相应标识码的流域。

④ 对每一个流域,找到流域边界上的最低点,以该点的高程值对流域中所有低于该值的栅格单元都以该高程值代替,即实现了洼地填充。

⑤ 重复上述的 2~4 步骤,直到没有洼地为止。

最后总结一下水文分析的流程,如图 9-32 所示。

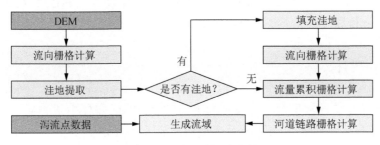

图 9-32　水文分析流程图

第 10 章　空间距离计算与邻近分析

　　距离,是一种极其重要的自然属性和社会属性,是判断和衡量很多现象的关键因素。人类历史上最早进行的空间测量也许就是对距离(或者说是长度)的测量。GIS 中也有一些与距离相关的空间分析,能够为人们提供空间距离方面的测量和评价。这些空间分析功能有:空间距离计算(包括欧氏距离、成本距离和网络最短路径等)、**邻近**(Proximity)分析(包括空间缓冲区分析和 Voronoi 多边形分析等)。

10.1　空间距离计算

　　空间距离计算在日常生活中的应用越来越广泛,例如,需要把货物从一个城市运送到另一个城市,选择什么样的运输路线距离最短。或者要规划一条从甲地到乙地的高速铁路,选择怎样的施工路线最为经济,等等。

　　从 GIS 的角度来解决此类问题时,首先需要考虑参与分析的数据为矢量数据还是栅格数据,因为在 GIS 中存在矢量和栅格这两种数据模型,所以,空间距离也可以表达为两种距离形式;其次还要考虑此类问题中的距离是指"空间距离",还是经过一定距离的"时间消耗"或"经济成本"等。这几类距离的测量都有各自的优势和应用方向。本节重点讨论通过栅格数据计算的欧氏距离与成本距离,以及通过矢量数据计算的网络最短路径距离。

10.1.1　栅格欧氏距离计算

　　"距离"是人们在日常生活中经常涉及的概念,它描述了两个实体或事物之间空间上的远近或亲疏程度。从严格的数学意义上讲,距离的定义与空间度量有关,如果度量的空间被看成是均质的,那么计算得到的距离即为欧氏距离。

　　1) 栅格欧氏距离

　　欧几里得距离(简称欧氏距离)量测的是地理要素之间的直线距离。在 m 维空间中两个点 i 和 j 之间的欧氏距离 $d_{ij}^{(m)}$ 可定义为如下形式

$$d_{ij}^{(m)} = \sqrt{\sum_{k=1}^{m} (x_i^{(k)} - x_j^{(k)})^2}$$

其中,$x_i^{(k)}$, $x_j^{(k)}$ 分别表示点 i 和点 j 的第 k 维坐标。

　　在 GIS 的栅格数据**欧氏距离**(Euclidean Distance)计算中,欧氏距离是指计算某一个栅格单元的中心点与其他栅格单元中心点之间的平面直线距离。一般情况下是已知一个"源"栅格数据,计算栅格数据范围内所有栅格单元中心到"源"栅格单元中心的欧氏距离。如图 10-1(a)所示,源栅格数据中有两个源栅格区域,分别用代码 1 和 2 表示,其他的栅格单元用**空值**(NoData)表示。计算该源栅格数据的欧氏距离就是计算所有的栅格单元中心到最近的源栅格单元中心的欧氏距离,也是直线距离。把计算出的欧氏距离数值赋值给每一个栅格单元,所以,每个栅格单元中的数值是该栅格单元中心到距离最近的源栅格单元

中心的欧氏距离,如图 10-1(b)所示。

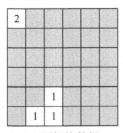

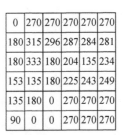

(a) 源栅格数据　　　(b) 欧氏距离栅格数据　(c) 欧氏距离方向栅格数据

图 10-1　栅格欧氏距离及其方向的算法图示

在计算栅格距离时往往还可以顺带生成一个副产品,就是"距离方向栅格数据",如图 10-1(c)所示,该栅格数据中每一个栅格单元记录的是该栅格单元中心点到最近源栅格中心点的方向,该方向用方位角的角度值来表示。其中,0 值专门留给源栅格的位置,所以距离方向栅格数据中栅格单元的值域是 $[0°,360°]$。图 10-2 是栅格欧氏距离的例子,(a) 图为美国怀俄明州的主要城市分布,(b) 图是以这些城市为"源"生成的栅格欧氏距离,(c) 图是欧氏距离方向栅格。

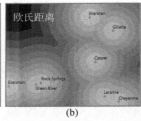
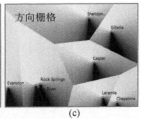

(a)　　　　　　　　　(b)　　　　　　　　　(c)

图 10-2　栅格欧氏距离和方向

2) 欧氏距离空间分配

除了计算距离栅格之外,栅格距离量测的运算还可以产生一个叫做**空间分配**(Space Allocation)的栅格数据。空间分配指的是对每一个栅格单元按照计算出的欧氏距离判别其到哪一个"源"栅格最近,则该栅格单元被赋予"源"栅格的属性值。识别栅格单元分配给哪一个"源",能够确定在距离上地理实体(也就是源栅格单元)的影响范围。

例如,在一个地区划分学区,可以把每个学校的位置作为"源",计算欧氏距离空间分配,则区域中的所有栅格单元都会根据距离的最近原则分配到某个"源"(即学校),这样就可以实现就近入学的目标。图 10-3 分别显示了 3 个点、3 条线和 3 个面作为"源"的欧氏距离栅格和空间分配栅格。

3) 栅格欧氏距离算法

栅格欧氏距离计算是方向和空间分配的基础,计算出了欧氏距离,自然可以得到方向栅格数据和空间分配栅格数据。栅格欧氏距离的算法有两种,一种是二次扫描法,主要是针对简单的没有障碍存在的栅格数据;另一种是扩散法,主要是针对栅格数据中具有障碍栅格单元的情况。

二次扫描法是对栅格数据中的所有栅格单元进行两次扫描。设每个栅格单元的欧氏距离数值由 2 个量来决定,即到最近的源栅格单元的栅格行数差 ΔI 和列数差 ΔJ。知道了

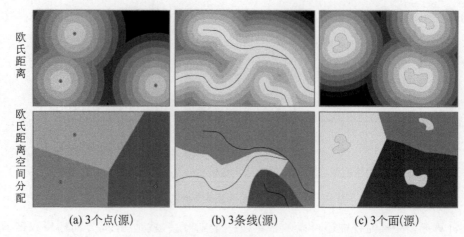

(a) 3个点(源)　　　　　　　(b) 3条线(源)　　　　　　　(c) 3个面(源)

图 10-3　点、线、面分别作为源栅格数据生成的欧氏距离和空间分配

栅格行数差 ΔI 和列数差 ΔJ，则欧氏距离就可以用 $(\Delta I^2 + \Delta J^2)$ 的平方根表示。开始扫描之前，设所有源栅格单元的欧氏距离为 0(ΔI 和 ΔJ 也为 0)，其他栅格单元的欧氏距离为无穷大。

第一次扫描从栅格数据的第一行第一列栅格单元开始，依次扫遍所有栅格单元，直到栅格数据的最后一行最后一列结束；第二次扫描方向和第一次相反，从栅格数据的最后一行最后一列栅格单元开始，直到栅格数据的第一行第一列结束。

在每次扫描的过程中，对每一个栅格单元推算其周围相邻的 8 个栅格单元的欧氏距离数值。设该栅格单元的栅格行数差为 ΔI、列数差为 ΔJ，则其上下相邻的 2 个栅格单元的行数差为 $\Delta I+1$，列数差为 ΔJ；其左右相邻的 2 个栅格单元的行数差为 ΔI，列数差为 $\Delta J+1$；其左上、右上、左下和右下的 4 个栅格单元的行数差为 $\Delta I+1$，列数差为 $\Delta J+1$；根据 8 个栅格单元的行数差和列数差计算欧氏距离，计算的结果和当前该栅格单元的欧氏距离值相比，取较小的一个值赋值给该栅格单元，并记录其当前的行数差和列数差。

二次扫描法实现起来比较简单且效率也高，但栅格数据中如果存在障碍栅格(即无法越过必须绕行的栅格，例如表示河流、湖泊等的栅格)，则无法使用简单的二次扫描法，必须使用另一种扩散法来实现。

扩散法是从所有源栅格出发，逐步向外进行栅格距离的计算，直到把栅格数据范围内的所有栅格都计算完。扩散法的算法思想比二次扫描法更加简单，在算法实现时，首先把所有的源栅格的欧氏距离数值、行数差和列数差都设为 0，所有其他栅格单元距离值都设为无穷大。然后设置一个优先队列的数据结构，按照栅格单元的欧氏距离从小到大把源栅格单元排进队列，每次从队首取出一个欧氏距离最小的栅格单元，用与上述二次扫描法相同的方法来计算其相邻 8 个栅格单元的欧氏距离，并把得到了新的更小欧氏距离的相邻栅格单元排入优先队列。如此循环，直到队列为空，即实现了欧氏距离的计算。

扩散法的优势是可以绕过障碍进行距离计算，其方法是在扩散的过程中如果遇到表示障碍的栅格单元，则把该障碍栅格单元作为新的源栅格单元进行扩散，即可实现绕过障碍的欧式距离计算。图 10-4 左图是以南京鼓楼的位置为源栅格，以长江和玄武湖两个水体为不能逾越的障碍栅格，长江上留有几个过江通道作为距离计算可以越过长江的位置，用扩散法计算欧氏距离，可以得到图 10-4 右图的结果。从结果中可以看出欧氏距离计算是如何绕过障碍和如何穿越障碍中的通道进行扩散计算的。

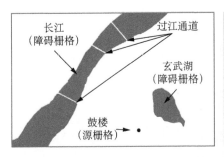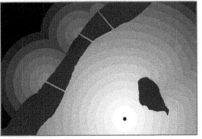

图 10-4　扩散法计算具有障碍栅格的欧氏距离

10.1.2　栅格成本距离计算

实践生活中运用的距离往往不一定是欧氏距离,有时候是某种抽象的距离。例如在具有坡度的地形上行走,实际的行走距离并非是欧氏直线距离,而是要考虑地形高低起伏造成的距离变化。还有在新建道路、铺设管线等设施时,实际的建设距离也不是欧氏距离,而是要考虑在不同的条件下所耗费的**成本距离**(Cost Distance)。运用栅格成本距离计算方法进行路径分析,找到从某些源栅格单元出发到其他地方的栅格成本距离,是 GIS 中距离计算的又一种常见形式。

1) 成本栅格数据

成本距离计算时与前面介绍过的欧氏距离计算不同之处在于它还需要一个成本栅格数据来说明经过每个栅格可能花费的成本。当这个成本栅格数据中的每个栅格单元存储的是实际地形上这个栅格单元的斜坡长度时,则可以由此计算出实际地形上的距离;当这个成本栅格数据中的每个栅格单元存储的是经过该栅格单元所需要的某种成本(例如修建道路所需的资金)时,则可以由此计算出修建该设施所需的最小成本。

2) 成本距离算法

成本距离的算法和欧氏距离的扩散法相似,区别在于计算栅格距离不是通过行数差和列数差来计算,而是通过最小累积成本距离来计算。所谓最小累积成本距离,就是从源栅格单元出发,走到某一个栅格单元所经过的所有栅格单元成本的最小累积数值。所以,成本距离计算得到的结果栅格数据中,每一个栅格单元存储的都是从该栅格单元到距离它累积成本最小的一个源栅格的成本距离数值。

成本的计算通常是按照如下的两种不同方向来累加计算的,如图 10-5(a)所示,设从栅格单元 a 经过栅格单元 b 再到栅格单元 c 计算累积的成本距离,根据成本栅格数据可知经

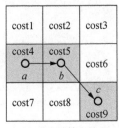　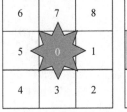　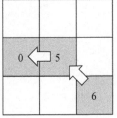

(a) 成本计算方法　　　　　　　(b) 回溯方向代码和回溯路径 6→5→0

图 10-5　成本距离计算方法和回溯路径

过栅格单元 a 需要成本 cost4,经过栅格单元 b 和 c 也分别需要成本 cost5 和 cost9。在横向和纵向方向计算成本使用两个相邻栅格单元成本和的一半,而在对角线方向的相邻两个栅格单元之间计算成本则还要乘根号 2。所以,从栅格单元 a 到 b 的成本 cost(a, b) 等于 (cost4+cost5)/2;而从栅格单元 b 到 c 的成本 cost(b, c) 等于 1.414×(cost5+cost9)/2。所以,从栅格单元 a 到 b 再到 c 的总累积成本为 cost(a, b)+cost(b, c)。

3) 回溯路径栅格

在计算最小累积成本距离的过程中,当找到从一个栅格单元到其相邻 8 个栅格单元中的某一个为累积成本最小时,则让那个相邻的栅格单元记录下该栅格单元为其最小累积成本距离路径上的上一个栅格单元。ArcGIS 中通常使用 1 到 8 共 8 个整数来标明上一个栅格单元的方向,0 值留给源栅格单元使用,如图 10-5(b) 所示,这样就得到一个回溯路径栅格,通过回溯路径栅格,可以得到任意一个栅格单元到距离它最小累积成本的源栅格的路径。

4) 成本距离空间分配栅格

和欧氏距离一样,成本距离计算也可以生成空间分配栅格数据,当存在不止一个源栅格时,则可以根据每一个栅格单元到哪一个源栅格的累积成本距离最小赋予其源栅格单元的属性值。

图 10-6 所示是一个成本距离计算的实例,(a) 图是 3 个作为源的点要素或栅格单元;(b) 图是这 3 个源的欧氏距离计算结果,可以看出是一圈圈的同心圆形式;(c) 图是欧氏距离的空间分配栅格,其实它就是 3 个点的 Voronoi 多边形形式;(d) 图是一个成本栅格,每个栅格单元表示通过该栅格的成本,这里采用的是地形的坡度,即坡度越大,通行该栅格的成本也就越大;(e) 图是根据成本栅格数据计算出的 3 个源栅格的成本距离,可以看出这 3 个点不再呈同心圆向外扩散的形式,而是呈一种不规则的向外扩散的形式;(f) 图是成本距离下的空间分配,也呈现出不规则边界的多边形形式。

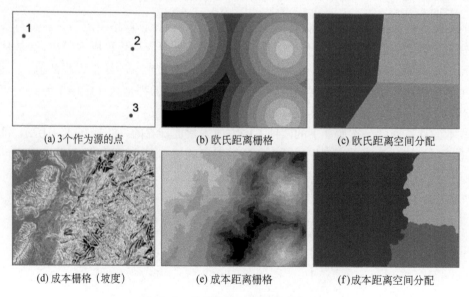

| (a) 3个作为源的点 | (b) 欧氏距离栅格 | (c) 欧氏距离空间分配 |
| (d) 成本栅格 (坡度) | (e) 成本距离栅格 | (f) 成本距离空间分配 |

图 10-6　欧氏距离与成本距离的对比

5) 成本路径栅格

在计算了成本距离栅格和回溯路径栅格以后,就可以得到任意一点到它最近的累积成

地理信息系统基础原理与关键技术

本距离的源所经过的路径了。如图 10-7 所示,(a)图是图 10-6(e)成本距离栅格的三维显示,计算该成本距离的成本栅格是由地形的坡度计算出来的,也就是坡度越大,通行的成本越高。(b)图是生成的回溯路径栅格,每个栅格单元存储了最小累积成本距离的上一个栅格单元的方向。(c)图设定了 3 个目标点,借助成本距离栅格和回溯路径栅格,计算出了这 3 个目标点到各自最小累积成本距离的源之间所经过的路径栅格单元,即成本路径栅格。

在成本路径栅格数据中,从源栅格单元到目标点栅格单元之间最小累积成本距离经过的栅格单元都被标记出来,其他的栅格单元都是空值。因为这里我们用坡度作为成本栅格,所以得出的成本路径就是从源点出发,到目标点之间坡度变化最小的一条路径,也就是坡度最缓的一条路径。如果不按照这条路径走,则会形成成本更大的一条路径,或坡度更陡的一条路径。

(a) 成本距离栅格   (b) 回溯路径栅格   (c) 成本路径栅格

图 10-7　回溯路径栅格与成本路径

6) 最小成本廊道

上述的成本路径是指某个栅格单元到某个源的最小累积成本路径。如果存在要从某个栅格单元到 2 个源求最小累积成本的情况,即寻找经过每个栅格单元连接 2 个源的最小累积成本,则需要使用另一种叫做最小成本**廊道**(Corridor)分析的方法。

下面举一个例子来说明廊道分析,如图 10-8(a)所示,假设某区域有 2 条天然气管线,现在需要新建一条输气管线连接这两条管线。对于建设这条输气线路,设计路线的选择需要有一个成本的限制条件,即总的成本在 1 千万元以内。按照这个成本限制条件,可以通过廊道分析来看一看符合这一条件的输气线路需要经过哪些地区。

首先,以通过这里的天然气管线 1 的位置为源栅格,生成天然气管线 1 的成本距离栅格数据,如图 10-8(b)所示,假设这里使用的成本栅格数据可以是地形起伏所决定的建设成本。然后,以天然气管线 2 的位置作为源栅格,生成成本距离栅格数据,如图 10-8(c)所示。

廊道分析就是把上述 2 个成本距离栅格数据相加,使得结果中每个栅格单元的数值是途径该栅格单元且分别连接 2 个源的最小累积成本距离之和。廊道分析结果栅格数据在图 10-8(d)中所表示的就是经过所有栅格单元建设连接已有的天然气管线的新管线所需的最小建设成本。

有了廊道栅格数据,我们可以使用条件查询等方法,把廊道栅格数值符合小于 1 000 万元的栅格单元提取出来,得到如图 10-8(e)所示的连接现有天然气管线的廊道。选择在这些廊道的范围内建设新的输气线路都符合成本在 1 000 万元以内的要求。

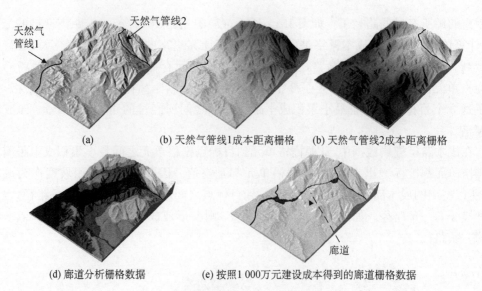

(a)　　　　　(b) 天然气管线1成本距离栅格　　　(b) 天然气管线2成本距离栅格

(d) 廊道分析栅格数据　　　　(e) 按照1 000万元建设成本得到的廊道栅格数据

图 10-8　最小累积成本距离的廊道分析

10.1.3　空间网络分析

现代社会是一个由各种用途的网络连接而成的复杂系统,这些网络包括通信网络(因特网、物联网等)、交通网络(各级道路、航道、航线等)以及能源和物质分派网络(水、电、气等)。

在实际应用中,有很多与网络相关的问题。例如,将货物从甲地运送到乙地,沿途可以经过多条不同的路线,需要从中找出一条到达目的地的最佳路径。这里的最佳路径可能是花费时间最少,也可能是距离最短等;此外,还可能指定一个地点,查找在此地点周围一定的路径范围内的设施,例如指定一个位置,查找周围 200 m 道路范围内有哪些餐馆。上述这些问题都可以通过 GIS 的空间**网络分析**(Network Analysis)来解决。

所有空间网络分析都有一个基础即最短路径的求解算法,也就是给定一个起点和一个目的地,在网络数据基础上寻找连接这两个点的最短路径的算法。在解决网络最短路径算法问题的研究中,著名的荷兰计算机科学家 Edsger Wybe Dijkstra(1930—2002)在 1956 年给出了以他的名字命名的 Dijkstra 算法,下面简要介绍该算法的基本思想。

1) 网络拓扑结构

网络数据和常规的空间数据不同,除了要表示组成网络的一条条线状要素的空间位置以外,还要表示这些线之间的连接关系。这种连接关系是进行网络最短路径分析的重要依据,通常称为网络拓扑关系,其计算机逻辑表达称为拓扑结构。

在**图论**(Graph Theory)中,网络拓扑结构常常用**图**(Graph)的形式来表达。一个图是由一个**顶点**(Vertex)集合和一个**边**(Edge)集合构成的。边是由这些顶点中的某 2 个顶点连接而成的,图中的边具有方向性,也就是像道路一样可以是双向通行的,也可以是单向通行的。每一条边可以带有某种数值,例如,道路路段的长度或通行时间等,这种数值常常称为**权重**(Weight),交通网络中有时也称为**阻抗**(Impedance)。具有权重的图就是我们要讨论的网络拓扑结构,如图 10-9 所示。

图 10-9 中的网络拓扑结构并不表示城市和交通线的实际地理空间分布,而是抽象地表达这些城市之间的逻辑关系,即哪些城市与哪些城市之间有直接的交通线相连,而另一

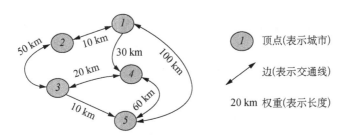

图 10-9　网络拓扑有向图结构

些城市之间并没有直接的交通线相连,需要经过其他城市中转才能连通起来。

因此,GIS 中的网络数据是一种特殊的空间数据,其中既有表示地理空间位置的点要素(如城市的坐标),又有这些点要素在网络拓扑里对应的顶点信息;既有表示地理空间位置的线要素(如连接城市的交通线),又有这些线要素在网络拓扑里对应的边信息。所以,在进行空间网络分析之前,如果只有线要素表示的道路网空间数据,那么还需要建立对应的网络拓扑数据才能进行网络分析。网络拓扑信息包括了每个顶点与哪些边相连,以及每条边是连接哪 2 个顶点的信息。

2) Dijkstra 算法

Dijkstra 算法是在网络上求从一个顶点出发,到其他顶点的最短路径的算法。其基本思想为:设出发的顶点为起点,最终要到达的顶点为终点,Dijkstra 算法依据路径长度递增的顺序,逐步寻找从起点到其他顶点的最短路径,一直寻找到所需要的终点则结束算法,也可能最终寻找不到终点,即起点和终点在网络中并不连通的情况。算法执行流程如下:

第一步,初始创建一个包含所有还没有找到最短路径的顶点集合(以下简称集合),即所有网络的顶点都在集合内。每个顶点都赋予一个临时的最短路径长度的初值,其中起点的初值为 0,其他所有顶点的初值为无穷大∞。

第二步,从集合中取出路径长度最小的顶点,设置其为当前顶点,通过网络拓扑信息在集合中查找出所有和当前顶点直接相连的顶点,对这些直接相连的顶点,根据当前顶点和它们连接的边上的距离数据,重新计算经过当前顶点到达这些直接相连的顶点的路径距离,如果比顶点原来距离值要小,则用新的距离值替换集合中顶点原来的距离值;否则不改变集合中顶点原来的距离值。

第三步,重复上述第②步,直到集合中最短路径数值最小的顶点就是终点,则结束算法,从起点到终点的最短路径长度即是终点的数值。此外,还有一种可能的情况是当集合中的最短路径数值最小的顶点其数值也是无穷大,则表明从该起点没有道路可以连通到终点,算法也可以结束了。下面表 10-1 是以图 10-9 所示的网络为例,说明如果要求从顶点 1 到顶点 5 的最短路径,算法经历的 5 个步骤。

表 10-1　Dijkstra 计算步骤(以图 10-9 所示的网络为例求顶点 1 到顶点 5 的最短路径)

步骤		当前顶点	还没有找到最短路径的顶点集合				
1	顶点编码		①	②	③	④	⑤
	最短距离		0	∞	∞	∞	∞
2	顶点编码	①	②	③	④	⑤	
	最短距离	0	10	∞	30	100	

步骤		当前顶点	还没有找到最短路径的顶点集合			
3	顶点编码	②	③	④	⑤	
	最短距离	10	60	30	100	
4	顶点编码	④	③	⑤		
	最短距离	30	50	90		
5	顶点编码	③	⑤			
	最短距离	50	60			

Dijkstra 算法的每一步从集合中取出最小数值的顶点作为当前顶点,这时该顶点的数值就是从起点到达该顶点的最短路径,不可能再有其他更短的路径到达该顶点了。所以,Dijkstra 算法求得的最短路径是逐步递增的,直到找到终点。

在实现 Dijkstra 算法时,如果采用一个**最小优先队列**(Min-priority Queue)的数据结构来存储集合中的元素,则算法实现的效率最高。下面是采用这一方法的 Dijkstra 算法的伪代码,其中,source 为起点数组下标,target 为终点数组下标,dist[]和 prev[]这两个全局数组分别存放着到各个顶点的最短路径长度以及路径上前一个顶点的编码。

```
Function Dijkstra(Network, source, target)
{   dist[source] = 0;                        // 起点最短距离为0

    create vertex set Q using min-priority queue   //创建最小优先队列Q

    for each vertex v in Network      // 给每一个顶点赋初值
        if v ≠ source
            dist[v] = INFINITY;       // 未知最短距离
            prev[v] = UNDEFINED ;     // 最短距离路径上顶点v的前一个顶点
            Q.add_with_priority(v, dist[v]);        // 顶点v入队列

    while Q is not empty              // 主循环
        u = Q.extract_min();          // 距离最短的顶点出队列,设为当前顶点

        if u == target               //如果到达终点,则退出
            return;

        for each neighbor v of u in Q   // 判断当前顶点直接连接的顶点
            alt = dist[u] + length(u, v);
            if alt < dist[v]
                dist[v] = alt;       // 更新最短路径
                prev[v] = u;         // 记录前一个顶点
                Q.decrease_priority(v, alt);// 最小优先队列重新排序
}
```

如果成功地执行完上述的 Dijkstra 算法,找到了最短路径的长度,可以通过反向迭代得到连接起点和终点的最短路径上所经过的其他顶点,也就是从终点开始,获得最短路径上终点的前一个顶点,再从前一个顶点找到更前一个顶点,直至回到起点结束。这个过程可以用一个**栈**(Stack)结构来实现,如下所示。

```
Function ShortestPath(source,target)
{   create a Stack and make it empty    // 创建一个空栈

    u = target                          // 从终点倒退回起点

    while prev[u] ≠ source              // 反向迭代
        push u at the top of Stack      // 顶点u进栈,排在栈顶
        u = prev[u]                     // 沿最短路径向起点回溯

    push u at the top of Stack          // 栈中加入起点

    return Stack;                       // 返回栈中的路径顶点顺序
}
```

3) 最优路径

在 Dijkstra 算法的基础上,可以实现**最优路径**(Best Route)的计算。如图 10-10(a)所示,现有建立了网络拓扑的南京市部分道路网数据,同时有 8 个职工上下班班车停靠点。设起始点为①号点,终止点为⑧号点,可以按照 Dijkstra 算法,查找到一条连接这些停靠点的最优路径。如果网络中的阻抗是道路长度,则得到的最优路径就是最短距离路径;如果网络中的阻抗是路段的通行时间,则得到的最优路径就是最省时的路径,如图 10-10(b)所示。

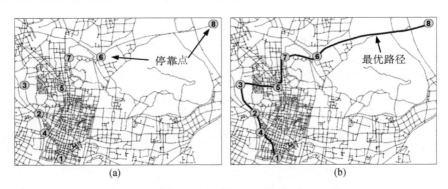

图 10-10   最优路径分析

4) 最近设施

最短路径分析的另一个应用是在网络上寻找距离最近的设施(如医院、停车场或者消防队等),即**最近设施**(Closest Facility)分析。寻找最近设施的算法比较简单,用户可以首先指定一个或数个**事件点**(Incident Point)的位置,其次提出事件点周围按照路径寻找设施的数量和最大距离,就可以运用 Dijkstra 算法计算出事件点到所有备选设施的最短路径,最后对比各条最短路径,从备选设施中选择符合条件的设施即可。图 10-11 表示查找每个居住区(即事件点,图中以正五边形符号表示)到最近班车点(即最近的设施,图中以圆形符号表示)的路径。

5) 服务范围

服务范围也是网络分析的一个主要应用,设定某个服务中心或设施的位置,可以得到该服务中心沿着道路的服务范围。该服务范围可以按距离设定,也可以按时间设定,这取决于道路网络中阻抗数值所表示的意义。例如,图 10-12 所示是 3 个超市的空间分布,以及这 3 个超市在周围沿道路路程在 800 m 以内所形成的服务区的情况。服务范围是一个围

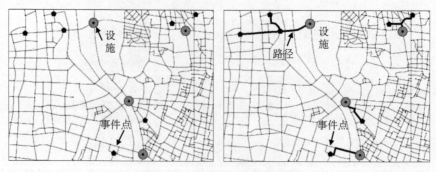

图 10-11　网络分析最近设施

绕服务中心点的一个多边形区域,该区域的生成是以服务中心为起点,沿着周边所有的邻接道路向外计算用户设定的服务距离(或时间),最终沿道路所能到达的最远点连接而成的多边形边界。

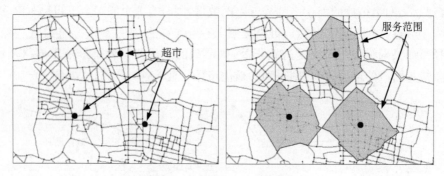

图 10-12　网络分析服务范围

10.2　空间缓冲区分析

缓冲区(Buffer)是地理空间要素的一种影响范围或服务范围,缓冲区分析是指根据设定的距离在点要素、线要素或面(多边形)要素的周围建立一定宽度的区域范围。缓冲区分析把空间分为两个区域,一个区域在空间要素周围的一定距离之内,另一个区域在距离之外。在距离之内的区域就是缓冲区。

点要素的缓冲区就是一个以该点为圆心、缓冲距离为半径的圆所覆盖的范围,如图10-13(a)所示。例如,假设一个手机通信基站的信号可以覆盖周围1 000 m的范围,则可以把基站位置作为点要素,建立半径为1 000 m的圆形缓冲区,这个缓冲区可以用来确定基站的服务范围。

线要素的缓冲区是以线要素为中心,向线的两侧扩展出给定距离所形成的条带状多边形区域。例如,沿着一条道路的两侧我们可以生成交通噪声污染的范围,假设交通噪声污染扩散的距离是100 m,则在表示道路的线要素的两侧,按照垂直于该道路线要素100 m的距离生成平行于道路的范围边界,在线要素的两端生成半圆形边界,最终,把这些边界连接起来,形成一个封闭的条带状的线要素缓冲区,如图10-13(b)所示。

面要素的缓冲区是以表示面的多边形边界按照设定的距离进行扩展,从而得到的面状多边形区域。如图10-13(c)所示,是一个沿着湖泊的岸线向外扩展一定的距离所形成的一个面缓冲区,这个缓冲区可以用来表示在湖泊周围一定的距离内处于自然保护区的范围。

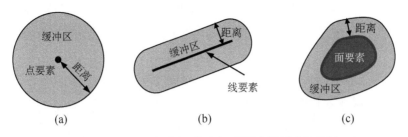

图 10-13　基于点要素、线要素、面要素的缓冲区示例

在 GIS 软件中,根据用户不同的设置,通常可以生成很多种不同形式的缓冲区,具体可以归纳为以下几种类型:简单缓冲区和复杂缓冲区、独立缓冲区和融合缓冲区、欧氏缓冲区和测地线缓冲区等。复杂缓冲区又可以进一步分为多重缓冲区、不同宽度缓冲区、单边缓冲区和内外缓冲区等。常见的缓冲区类型如表 10-2 所示。

表 10-2　缓冲区的各种形式

	点缓冲区	线缓冲区	面缓冲区		点缓冲区	线缓冲区	面缓冲区
简单缓冲区	(a)			多重缓冲区	(b)		
不同的宽度缓冲区	(c)			单边和内外缓冲区	无	(d)　左　右	(e)　内　外
独立缓冲区	(f)			融合缓冲区	(g)		

10.2.1　简单缓冲区和复杂缓冲区

简单缓冲区就是在点要素、线要素或者面要素的周围以同样的距离建立缓冲区,这是缓冲区分析最常见的形式,如表 10-2(a)中所示。

复杂缓冲区是对简单缓冲区的生成条件加以拓展或限制而形成的缓冲。例如,拓展缓冲区的个数,就可以生成层层嵌套的多重缓冲区,如表 10-2(b)中所示;拓展缓冲区的距离条件,就可以对不同的要素生成不同宽度的缓冲区。例如,对不同的城市按照其经济规模生成不同距离的缓冲区,表示其经济辐射范围;对不同的道路按照交通流量的多少,生成不同宽度的缓冲区,表示不同程度的交通噪声污染影响范围,等等,如表 10-2(c)中所示。

对生成缓冲区条件的限制可以生成单边缓冲区和内外缓冲区。单边缓冲区是相对于线要素而言的,可以分别在线要素的左边、右边和两边做缓冲区。默认的情况是在两边做缓冲区。线要素的左边和右边是相对于线要素上坐标排列顺序而言的,如表 10-2(d)。内外缓冲区是相对于面要素而言的,是指在面要素的边界之外或边界之内形成一定宽度的缓冲区,如表 10-2(e)所示。

10.2.2 独立缓冲区和融合缓冲区

对于形状简单的对象,其缓冲区是一个简单的多边形,但是对于形状比较复杂的对象或多个对象的集合,所建立的缓冲区之间往往会出现重叠,缓冲区之间可能会彼此相交。缓冲区的重叠包括多个对象缓冲图形之间的重叠和同一对象缓冲区图形的自重叠。在实际应用中通常根据应用需求决定是否要将相交区域进行**融合**(Desolve),这个问题就涉及另外两种复杂缓冲区:独立缓冲区和融合缓冲区。

独立缓冲区的生成比较简单,缓冲区之间不论重叠与否都会生成独立的缓冲区,因此独立缓冲区往往会产生彼此之间的覆盖现象,如表 10-2(f)所示。融合缓冲区的生成过程相对复杂,要在生成独立缓冲区的基础上,把彼此重叠的独立缓冲区融合成一个复杂的缓冲区。通常方法是通过几何关系的分析,识别出落在重合缓冲区内部的线段或多边形,然后删除这些线段或多边形,得到相互连通的融合缓冲区,如表 10-2(g)所示。

10.2.3 欧氏缓冲区和测地线缓冲区

如果要生成的缓冲区范围不大,例如在一个城市范围内进行缓冲区分析,可以不考虑地球的曲率对缓冲区距离的影响,这个时候就可以使用常规的缓冲区算法,以直线距离生成**欧氏缓冲区**(Euclidean Buffer),也就是在地图投影后的平面直角坐标系中按照欧氏距离生成缓冲区范围。

但是,实际应用中有时需要生成范围比较大的缓冲区,例如,现在的弹道导弹可以覆盖上万千米的地球范围,也就是导弹打击范围是以导弹发射点为中心的半径为上万千米的缓冲区。这么大的缓冲区距离就不能使用平面上的欧氏距离来计算了,而是要使用地球表面(严格地讲是椭球体表面)的距离即测地线距离,从而生成**测地线缓冲区**(Geodesic Buffer)。大范围的测地线缓冲区与欧氏缓冲区生成的结果完全不同。

例如,以南京为中心,生成一个半径为 1 万 km 的缓冲区,如果以地图投影坐标系生成欧氏缓冲区,则如图 10-14(a)阴影范围所示,明显是不正确的结果。而生成测地线缓冲区,如图 10-14(b)的阴影范围所示,则是符合实际的结果。

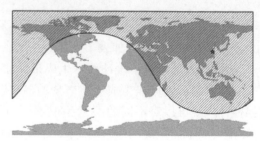

(a) 不正确的 1 万 km 欧氏缓冲区　　　　　　(b) 正确的 1 万 km 测地线缓冲区

图 10-14　欧氏缓冲区和测地线缓冲区的对比

欧氏缓冲区与本章前面介绍过的栅格欧氏距离计算从本质上来看是一回事。所以,如果把矢量数据转换成对应的栅格数据,那么要对栅格数据进行一次欧氏距离计算,对栅格欧氏距离结果进行栅格重分类,把小于缓冲区距离的栅格提取出来,最后对重分类结果进行栅格转矢量的变换,得到的结果应该和直接用矢量数据做的缓冲区相似。

10.3　Voronoi(Thiessen 泰森)多边形分析

Voronoi 多边形属于一种叫 Voronoi 图的几何结构,它是以乌克兰人 Voronoy 的名字命名的。Georgy Feodosevich Voronoy(1868—1908)是一位乌克兰籍的数学家,他从 1889 年开始在圣彼得堡大学学习,师从 Andrey Markov。Markov 也是当时俄国著名的数学家,曾提出以他的名字命名的马尔科夫链。Voronoy 于 1894 年获得硕士学位,并到华沙大学当教授。1897 年在 Markov 的指导下获得博士学位。Voronoy 培养的学生中,著名的有 Boris Delaunay,以 Delaunay 命名的平面三角化方法是生成不规则三角网的主要算法。可惜的是,Voronoy 英年早逝。

1850 年狄利克雷(Dirichlet,1805—1859)最早讨论了 Voronoi 图的概念,所以,Voronoi 多边形也叫做 Dirichlet 区域。狄利克雷是德国数学家,解析数论的创始人之一,高斯思想的传播者和拓广者。中学时曾受教于物理学家欧姆。1822—1826 年在巴黎求学,深受傅里叶的影响。回国后在柏林大学任教 27 年。1855 年在高斯去世后接替了高斯在哥廷根大学的职位。

对 Voronoi 图的深入研究是在半个多世纪后,由 Voronoy 在 1908 年的一篇论文里提出的。所以,将此图最终命名为 Voronoi 图。Voronoy 认为 Voronoi 结构实质是一种在自然界中宏观和微观实体以距离相互作用的普遍结构,具有广泛的应用范围。他把二维平面上的 Voronoi 图拓展到三维和多维空间,如图 10-15 所示。

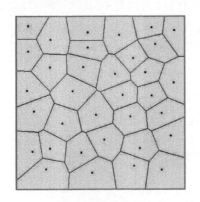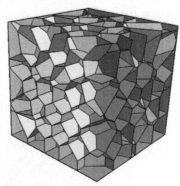

图 10-15　二维 Voronoi 图和三维 Voronoi 图

1911 年,荷兰气候学家泰森(A. H. Thiessen)为提高大面积气象预报的准确度,应用 Voronoi 多边形对气象观测站进行了有效区域划分,提出了一种根据离散分布的气象站的降雨量来计算平均降雨量的方法。该方法是先将所有相邻气象站连接成三角形,再作这些三角形各边的垂直平分线,于是每个气象站周围的若干垂直平分线围成一个多边形。用这个多边形内所包含的一个唯一的气象站的降雨强度来代表这个多边形区域的降雨强度,并称这个多边形为泰森多边形。因此,在二维空间中的 Voronoi 多边形也称为泰森多边形。

从本质上看,二维 Voronoi 多边形或泰森多边形,就是本章前面内容所论述的以点要素为源栅格,从而生成的欧氏距离空间分配。当然,其他类型的空间要素(例如线要素或面要素)也可以生成欧氏距离空间分配。而泰森多边形通常只是针对点要素而生成的。

Voronoi 图表达了一组点或其他几何对象之间的邻近关系。假设给定了在平面上分布的 n 个离散点(称为顶点),根据这些顶点将平面划分成 n 个区域,每个区域都包含一个给定的顶点,且该区域中的任意点到该顶点的距离都小于到其他区域中顶点的距离。也就是说,平面上的点到哪个给定顶点的距离近,就把它归为哪个给定顶点所在的区域。这些区域都是凸多边形,叫做 Voronoi 多边形。如果平面上的点到 2 个给定顶点的距离相等,则这些点构成 Voronoi 图中多边形的边,到 3 个或更多给定顶点距离相等的点构成 Voronoi 图的节点,如图 10-16 所示。

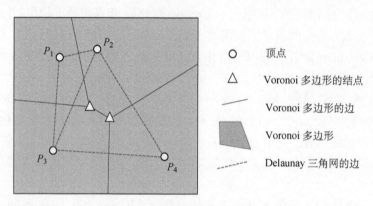

图 10-16　二维 Voronoi 多边形及其对偶图 Delaunay 三角网

设 P 是一个离散点集合(顶点的集合),p_1,p_2,$\cdots$,$p_n \in P$,定义 p_i 的 Voronoi 多边形 $V(p_i)$ 为所有到 p_i 距离最小点的集合,即 $V(p_i) = \{p \mid d(p, p_i) \leqslant d(p, p_j), j \neq i,$ $j = 1, 2, \cdots, n\}$,所有的 Voronoi 多边形组成 Voronoi 图。其中,$d(p, p_i)$ 为点 p 到点 p_i 的平面距离。本例中所使用的距离是欧氏距离,也可以采用其他的距离,如曼哈顿距离等,则会生成其他形状的二维 Voronoi 图,如图 10-17 所示。

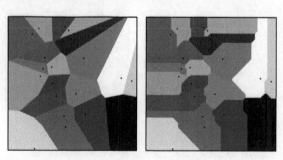

图 10-17　欧氏距离二维 Voronoi 图(左)和曼哈顿距离二维 Voronoi 图(右)

和 Voronoi 图互为对偶图的就是前面介绍过的 Delaunay 三角网。Delaunay 是 Voronoy 的学生,早年 Delaunay 是俄罗斯最优秀的登山运动员,他成功地攀登过阿尔卑斯山、高加索山和阿尔泰山,至今在阿尔泰山最高峰附近的一座 4 300 m 高的山峰还是以 Delaunay 的名字命名的。后来,Delaunay 投身数学研究,Delaunay 三角化就是以他的名字命名的主要研究成果。

所谓 Delaunay 三角网和 Voronoi 图互为一组对偶图,也就是将 Voronoi 图中生成各多边形单元的顶点连接后,得到一个布满整个区域且互不重叠的三角网结构,这个三角网就是 Delaunay 三角网,如图 10-18 所示。有一个 Voronoi 图,就有一个和它唯一对应的 Delaunay 三角网,反之亦然。该 Delaunay 三角网中,每个三角形的外接圆的圆心就是 Voronoi 图中的节点,如图 10-18 所示。

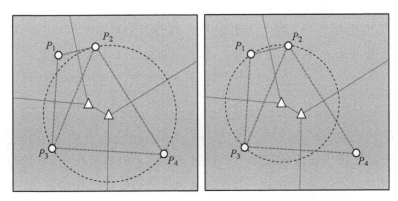

图 10-18　Voronoi 图与其对偶图 Delaunay 三角网的关系

Voronoi 多边形的应用很广,除了用在根据气象站的位置进行分区以外,还可以进行学区的划分,选举区的划分等。学区的划分可以按照到学校的距离进行划分,到哪个学校近,则就近入学。后面章节还会讨论 Voronoi 图在空间统计分析中的应用。

第11章 空间统计分析

空间统计学(Spatial Statistics)最早是在 20 世纪 60 年代由法国统计学家 G. Matheron 在大量理论研究成果的基础上提出并命名的。空间统计分析是将空间信息(面积、长度、邻近关系、朝向和空间关系)整合到经典统计分析中,以研究与空间位置相关的事物和现象的空间关联和空间关系,从而揭示要素的空间分布规律。通俗地说,空间统计分析可以让我们更深入、定量化地了解数据的空间分布、空间集聚或分散以及空间关系。

空间统计分析主要用于空间数据的分类与综合评价,它涉及空间数据和非空间数据的处理和统计计算。为了将空间要素的某些属性进行横向和纵向比较,往往将要素的某些属性值做成统计图表,以便进行直观的综合评价。有时,人们不满足于某些绝对指标的显示与分析,需要了解它的相对指标,因而密度计算也是空间统计分析的常用方法。另外空间数据之间存在许多相关性和内在联系,为了找出空间数据之间的主要特征和关系,需要对空间数据进行分类和评价,或者说进行空间聚类分析。空间统计的方法有很多,这里主要介绍空间密度分析、平均最近邻分析、多距离空间集聚分析、探索性空间数据分析(ESDA)、空间自相关分析和热点分析。

11.1 空间密度分析

密度分析是根据输入要素数据计算整个区域的数据密集状况。常见的密度分析用在人口统计之中,例如我们常常计算各个行政区的人口密度,方法是用行政区的总人口数除以该行政区的面积,然后用不同的分级地图符号(比如颜色)来表示各个行政区人口密度的高低。这样的**专题地图**(Thematic Map)叫做**等值区域图**(Choroplethic Map),如图 11-1(a)所示,是美国相连的 48 个州与哥伦比亚特区 2017 年的人口密度图。我们也可以把它做成三维的形式,如图 11-1(b)所示,这样能够更加直观地显示美国各州人口密度的高低及其空间分布状况。

(a) 美国各州人口密度图   (b) 美国各州人口密度三维显示

图 11-1 2017 年美国各州人口密度专题地图

但是，像人口密度这样的现象往往是空间上连续分布的，而按照各州分别计算得到的密度数据在州的边界处会发生突变，这和我们所需要的空间密度分布并不符合。况且各州内部的人口分布在空间上也不是均匀的，在有城市和乡镇居民地的地方人口密度高，在高山、森林、荒漠、沼泽、江河湖泊等处人口密度低甚至是无人区。所以，我们需要更好地计算空间密度的方法。

GIS 发展出了使用点要素和线要素来计算连续空间密度的方法，该方法可以计算出点和线上的统计总量在空间上的密度分布。例如，我们有如图 11-2(a) 所示的美国东北部 3 个州的 135 个城市分布空间数据，每个城市都包含其 1990 年的人口统计属性数据，如图 11-2(b) 所示。图 11-2(c) 是城市人口分布直方图。我们可以借助 GIS 的空间密度分析，生成 3 个州范围内的人口密度连续分布的栅格数据，如图 11-2(d) 所示，以及人口密度栅格数据的三维显示，如图 11-2(e) 所示。

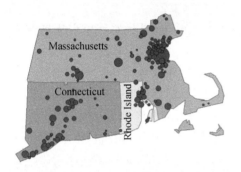

(a) 美国东北部 3 个州的城市分布

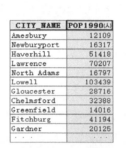

(b) 城市人口统计属性数据

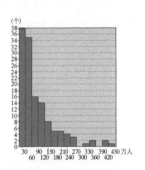

(c) 城市人口数据统计直方图

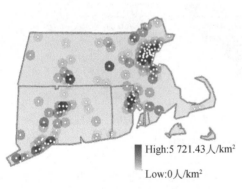

(d) 人口密度栅格数据

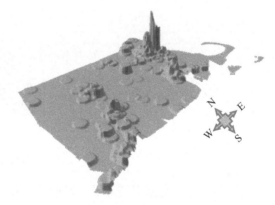

(e) 人口密度栅格数据三维显示

图 11-2 简单点密度分析示例

这种密度计算方法实际上是把点或者线上的统计总量分摊到周围的二维平面空间内，从而形成密度分布的结果。分摊的范围需要预先由用户设定，如果是基于点要素的密度分析，则通常是设定一个半径值，也就是以点为圆心，向外扩散的距离；如果是基于线要素的密度分析，则设定的是一个沿着线的两侧向外扩散的距离，如图 11-3 所示。设定的距离对密度分析结果会有影响，这要

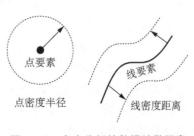

图 11-3 密度分析的数据扩散距离

根据实际情况决定。

在设定了距离以后,密度计算可以有两种按距离扩散数据的方法,一种是简单密度方法,另一种是**核密度**(Kernel Density)方法,下面就分别进行说明。

1) 简单密度方法

该方法对点要素和线要素有不同的处理,点要素是把点上的统计数据平均分摊到半径所确定的圆的范围内所有的栅格单元上。如果某个栅格单元落在几个点的半径范围内,则该栅格单元的数值是所有点分摊给它的数值的总和。最后,将各个栅格单元分摊到的数值除以栅格单元的面积,即得到该栅格单元处的密度,如图 11-4 所示。回顾图 11-2 中的简单

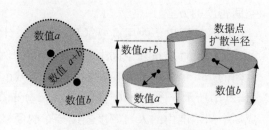

图 11-4　简单点密度计算示意图

点密度实例,每个城市的人口按 10 km 半径扩散,形成一个个圆饼状的简单点密度栅格数据。

线要素的简单密度方法是判断某个栅格单元周围以扩散距离为半径的圆内是否有线要素经过,把所有经过的线要素落在圆内的长度乘线要素的属性数值并求和,再除以圆的面积就得到线密度。如图 11-5(a)所示,栅格单元以扩散半径作圆,经过圆的两条线要素在圆内的长度分别为 D_1 和 D_2,两条线要素的属性数值分别为 V_1 和 V_2,圆面积为 A,则计算该栅格单元的密度公式为:$((D_1 \times V_1) + (D_2 \times V_2))/A$。图 11-5(b)是一条线要素生成的线密度栅格数据,图 11-5(c)是其三维显示。

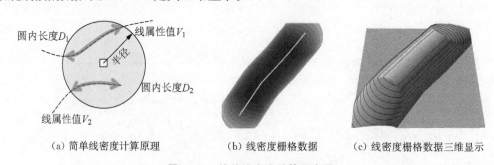

(a) 简单线密度计算原理　　　(b) 线密度栅格数据　　　(c) 线密度栅格数据三维显示

图 11-5　简单线密度计算示意图

图 11-6 是以南京市某一历史时期的部分城市道路为线要素进行的简单线密度分析的实例,该密度是按照 500 m 的扩散半径计算的,栅格数值表示单位面积内道路的长度。图中颜色亮度暗的区域是道路网密度高的区域,而显示成三维形式的道路网密度栅格可以直接看出密度的高低分布。从分析结果栅格数据可以看出:南京明城墙内城南地区的道路密度比较高,而东部紫金山范围道路密度比较低。

2) 核密度方法

核密度方法也可以用于点密度和线密度计算。点密度计算是使用一个核函数来模拟点扩散的方式,这种核函数通常采用二维平面上形态对称的函数,如正态分布函数、二次多项式、指数函数、四次多项式等。相当于在每一个数据点位置上方安置一个核函数,使核函数在该点处的数值最大,而远离该点则数值随着核函数表面而减小,直到设定的扩散半径处函数值为 0。整个核函数曲面下的体积等于该点的统计数值。区域内每个栅格单元的密

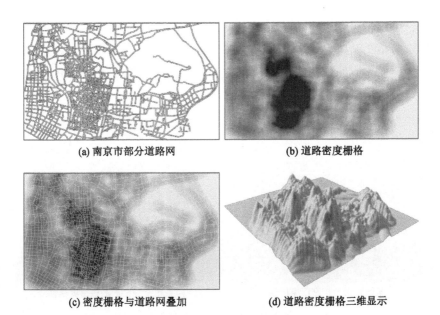

(a) 南京市部分道路网   (b) 道路密度栅格

(c) 密度栅格与道路网叠加   (d) 道路密度栅格三维显示

图 11-6   基于线要素的简单密度分析示例

度就是所有核函数在该栅格单元处数值的和。图 11-7 分别显示了一个数据点和三个数据点生成的核密度栅格数据。

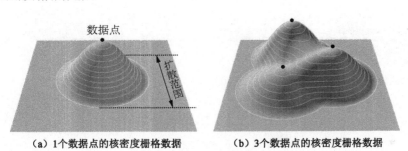

（a）1个数据点的核密度栅格数据   （b）3个数据点的核密度栅格数据

图 11-7   点要素生成的核密度栅格数据三维显示

因为核函数通常是一个平滑的函数，所以核密度生成的栅格数据通常比简单密度生成的栅格数据要显得平滑。图 11-8 是用核密度方法生成的美国东北部 3 个州的城市人口密度栅格数据，与图 11-2 对比可以看出核密度结果要平滑很多。

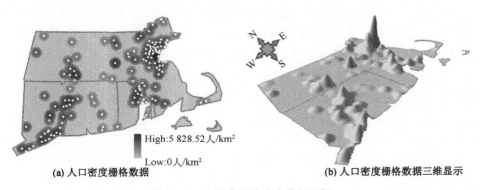

High:5 828.52人/km²

Low:0人/km²

(a) 人口密度栅格数据   (b) 人口密度栅格数据三维显示

图 11-8   点要素的核密度分析示例

基于线要素的核密度计算与点要素的方法相似，每条线上方均拟合一个平滑的核函数曲面,函数值在线所在位置处最大,随着与线的距离的增大函数值逐渐减小,在与线的距离等于指定的扩散半径的位置处函数值为 0。核函数下面的空间体积等于该线要素的长度与该线要素统计属性数值的乘积。每一个栅格单元的密度值等于覆盖该栅格单元的所有线要素的核函数在该栅格单元处的值的总和。图 11-9 分别显示了一条线要素和两条相交线要素生成的核密度栅格数据。图 11-10 是南京市道路网的核密度栅格数据,对比图 11-6 可见密度曲面更加平滑。

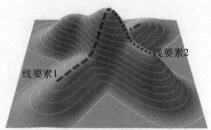

(a) 一条线要素的核密度栅格数据　　　　(b) 两条相交线要素的核密度栅格数据

图 11-9　线要素生成的核密度栅格数据三维显示

(a) 道路密度栅格　　　　　　　(b) 道路密度栅格三维显示

图 11-10　南京市道路网的核密度栅格数据

11.2　平均最近邻分析

研究植物学的人可能希望知道在一个区域内某种植物的分布状况,比如松树是随机分布的,还是离散分布的,或是集聚分布的。研究人文地理学的人也可能产生相似的研究需求,比如研究一个地区的居住地是呈随机分布的状态,还是离散或集聚分布的状态。这些类似的问题都可以通过**平均最近邻**(Average Nearest Neighbor)分析来解决。

平均最近邻分析是一种点模式分析,该方法在理论上先假定所有的点在空间中完全随机分布,则这些点之间的平均距离大约为其密度倒数平方根的一半。用这个结果与实际量测的最近点平均距离相比较,可以得到一个比值,这个比值通常叫做**最近邻指数**(Nearest Neighbor Index),或叫 R 尺度,其公式为

$$R = \frac{\bar{d}_{\text{obv}}}{\bar{d}_{\text{exp}}}$$

其中,$\bar{d}_{\text{obv}}$ 是实测点与其最近邻点距离的平均值,$\bar{d}_{\text{exp}}$ 是假定随机分布的点之间最近距离的平均值,它们可以用下面的公式计算。

$$\bar{d}_{\text{obv}} = \frac{\sum_{i=1}^{n} d_i}{n}, \ \bar{d}_{\text{exp}} = \frac{1}{2}\sqrt{\frac{A}{n}}$$

其中,d_i 为点 i 与其最近邻点的距离,这里的距离可以采用欧氏距离,也可以采用曼哈顿距离来计算。n 为区域内点的数量,A 为所在区域的面积,如果没有确定的面积,则可以使用 n 个点的最小外接矩形或者**凸包**(Convex Hull)的面积。

对于计算出的结果,如果 R 的值大于 1,则点的空间分布可能为离散分布;如果 R 的值小于 1,则点的空间可能为集聚分布。

另一个问题是,如果 R 的值小于 1,则判断点集聚分布的可能性到底有多大呢?反之,如果 R 的值大于 1,则判断点离散分布的可能性有多大?这个问题可以用 Z 得分或 P 值来说明。Z 得分就是离开随机分布平均值的标准差数量,而 P 值就是概率,即点的分布模式是随机分布的可能性。计算 R 值时,一般可以同时计算 Z 得分。使用的计算公式如下

$$Z = \frac{\bar{d}_{\text{obv}} - \bar{d}_{\text{exp}}}{SE}, \ SE = 0.261\,36\,\frac{\sqrt{A}}{n}$$

如图 11-11 所示,对美国城市的分布计算最近邻指数,得到 R 等于 0.488 584,Z 得分为 $-54.719\,051$。这说明美国城市分布很大程度上是集聚模式。

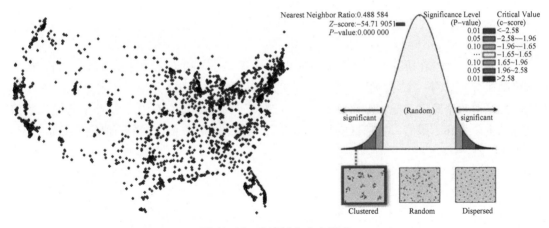

图 11-11　美国城市分布模式

11.3　Ripley 的 K 函数——多距离空间集聚分析

Ripley 的 K 函数是平均最近邻分析之外的另一种点模式分析。该方法的特点是可以对一系列不同距离内的空间依赖性(即要素是集聚还是扩散)进行计量。在许多要素模式分析研究中,都需要选择适当的分析尺度。例如,某些分析通常需要限定一个距离范围或距离阈值。这是因为在不同距离和空间尺度下研究空间模式时,模式会发生变化,而这通常可以反映出某些特定的空间过程起着决定性作用。Ripley 的 K 函数可以表明要素周围随着邻域大小发生变化,空间集聚或空间离散是如何相应发生变化的。

使用该方法时,一般先指定要计算的距离个数,也可以指定起始距离或距离增量,这样就可以把距离分成若干个距离序列。该方法可由此计算出每个要素在它某个距离邻域中

相邻要素的平均数量,这里的相邻要素是指小于距离范围的要素。随着计算距离的增大,各要素所具有的相邻要素数量通常会增多。如果某个特定计算距离的平均相邻要素数量大于整个研究区域内要素的平均相邻要素数量,则说明该距离上的分布模式是集聚的。

计算 Ripley 的原始 K 函数有很多种不同的方法,下面是常用的一种 K 函数的变换,通常称为 $L(d)$,在该变换下,Ripley 的 K 期望值就等于距离 d,可以拿 $L(d)$ 直接与 d 进行比较。$L(d)$ 的计算公式如下

$$L(d) = \sqrt{\frac{A \sum_{i=1}^{n} \sum_{j=1, j \neq i}^{n} k_{i,j}}{\pi n(n-1)}}$$

其中,d 是距离,n 是要素的总个数,A 是总面积,$k_{i,j}$ 是权重。如果没有边界效应的校正,当要素 i 和 j 之间的距离小于 d 时,$k_{i,j}$ 等于 1,反之等于 0。如果使用边界效应校正方法,$k_{i,j}$ 会略有变化。

对于计算出的各个距离上的 K 观测值,如果大于该距离的 K 期望值,则说明与该距离(分析尺度)的随机分布相比,该分布的集聚程度更高;如果 K 观测值小于 K 期望值,则说明与该距离的随机分布相比,该分布的离散程度更高。

可以通过与一个置信区间的上限值和一个置信区间的下限值进行比较,来确定统计结果的显著性。如果 K 观测值大于置信区间的上限值,则说明该距离的空间集聚效应具有统计显著性;如果 K 观测值小于置信区间的下限值,则说明该距离的空间离散效应具有统计显著性。

通常可以通过在研究区域中随机分布点并计算该分布的 K 值来构建置信区间。点的每个随机分布称为一个"排列"。例如,如果选择 99 次排列,则该方法将一组点随机分布 99 次。然后对每个距离选择相对期望 K 值向上和向下偏离最大的 K 值。这些值将成为置信区间的上限值和下限值。置信区间的上限值、下限值、期望 K 值、观测 K 值往往形如图 11-12 所示。

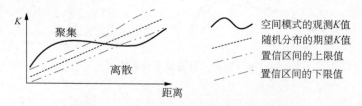

图 11-12 Ripley 的 K 值随距离变化示意图

11.4 探索性空间数据分析

在空间数据分析和建模之前,通常需要对数据进行一个预先的初步探究,借此对数据的情况做一个大致的了解,以便找到适合数据的分析和建模方法。比如后面章节要介绍的建立回归模型的情况,就要求检查模型中表达某些空间要素属性的变量之间是否具有相关性;同样,前面章节介绍的某些克里金插值方法也可能要求数据具有正态分布的前提条件。所以,在空间分析、建模、预测之前,通常都要进行一个**探索性空间数据分析**(Exploratory Spatial Data Analysis, ESDA)的工作。

探索性空间数据分析是从**探索性数据分析**(Exploratory Data Analysis，EDA)中发展出来的，其中借鉴了一些常规的数据统计方法，也有特殊的用于空间数据的统计方法。下面简单介绍几个常用的方法，主要有直方图、Voronoi 统计图、正态 QQ 图、常规 QQ 图、半变异/协方差云图等。

11.4.1　直方图

直方图(Histogram)是展现数据分布状况的一个很好的图形工具，通常可以形象地说明数据的概率分布情况。直方图的 x 轴用来表示数值的分布范围，沿着 x 轴根据用户的要求把数据范围等分成若干个相等的区间，然后统计落入每一个区间的数据个数，也就是频数，或计算频数与样本数的比值即频率。按照比例在 y 轴上把一个区间的频数或频率用一个竖直的条状矩形表示，矩形的宽度是数据区间的大小，矩形的高度就是该区间内数据的频数或频率。如图 11-13 所示，是美国 50 个州 2017 年平均收入的直方图。

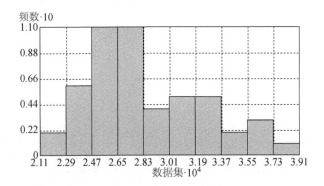

(a) 数据分成 10 个区间的直方图

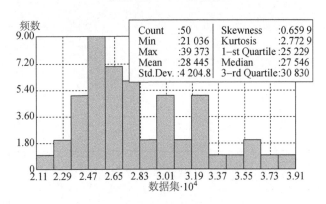

(b) 数据分成 15 个区间的直方图

图 11-13　直方图

在用直方图检查数据分布状况的时候，一般会尝试使用不同个数的区间来制作直方图，以便更好地了解数据的分布情况。例如图 11-13 中对于美国 50 个州的平均收入数据，上面的 11-13(a)直方图把数据分成 10 个区间来统计，而下面的 11-13(b)直方图把数据分成 15 个区间来统计。

GIS 软件在提供直方图的时候，通常还会顺带提供相应的一些统计特征值，如图 11-13(b)所示，可以看到统计数据的样本数 Count(这里是 50 个州)、最小值 Min(21 036 美元)、最大值 Max(39 373 美元)、均值 Mean(28 445 美元)、标准差 Std.Dev.(4 204.8 美元)、偏度 Skewness(0.659 9)、峰度 Kurtosis(2.772 9)、第 1 四分位数 1-st Quartile(25 229 美元)、中位数 Median(27 546 美元)、第 3 四分位数 3-rd Quartile(30 830 美元)等。

均值反映的是数据的集中性特征,标准差反映的是数据在均值周围的离散程度。第 1 四分位数是数据中所有数值由小到大排列在 1/4 处的数字;中位数是数据中所有数值由小到大排在中间的数字,可以理解为第 2 四分位数;第 3 四分位数是数据中所有数值由小到大排列在第 3/4 的数字。偏度和峰度反映的是数据的分布形态,偏度大于 0 是正偏态,小于 0 是负偏态,等于 0 是正态;峰度等于 3 是正态分布,大于 3 是比正态分布峰值高的分布,小于 3 是比正态分布峰值低的分布,这里的峰值指的是数据的众数,也就是频数最大的数值。这些统计特征值如表 11-1 所示。

表 11-1　统计特征值

	公式	说明	图示
均值	$\bar{x} = \dfrac{1}{n} \sum\limits_{i=1}^{n} x_i$	$\bar{x}$ 算术平均值	
标准差	$\sigma = \sqrt{\dfrac{1}{n} \sum\limits_{i=1}^{n} (x_i - \bar{x})^2}$	σ^2 方差, 二阶中心矩	
偏度	$S_k = \dfrac{\mu_3}{\sigma^3} = \dfrac{1}{n\sigma^3} \sum\limits_{i=1}^{n} (x_i - \bar{x})^3$	μ_3 三阶中心矩	
峰度	$K_\mu = \dfrac{\mu_4}{\sigma^4} = \dfrac{1}{n\sigma^4} \sum\limits_{i=1}^{n} (x_i - \bar{x})^4$	μ_4 四阶中心矩	

11.4.2　Voronoi 统计图

当我们有多个数据采样点的空间分布位置时,就可以对这些采样点制作 Voronoi 图。Voronoi 图是由一系列的 Voronoi 多边形组成的,每一个 Voronoi 多边形中包含一个数据采样点,所有数据采样点的 Voronoi 多边形互不重叠地铺满整个研究区域空间。每个 Voronoi 多边形内任何位置距该多边形内的采样点的距离都比到其他多边形内采样点的距离要近。Voronoi 多边形生成之后,相邻的采样点就被定义为具有 Voronoi 多边形公共边的邻域采样点。通过判断采样点与其邻域的采样点之间的数量关系,可以帮助我们了解数据的空间分布情况。

GIS 中一般可以对 Voronoi 图中的每个 Voronoi 多边形进行赋值,赋值数值就是该多边形中采样点数值及其邻域采样点数值之间的一种计算结果,这种计算结果通常可以通过以下几种计算形式得到(以 ArcGIS 为例):简单赋值、均值、众数、聚类、熵、中位数、标准差和四分位数间距等。一旦给每个 Voronoi 多边形进行了赋值,就可以根据这个数值对 Voronoi 多边形进行专题制图,例如给每个多边形使用一个与其数值相应级别的颜色来表示其数值的多少。我们通过观察这个 Voronoi 统计图,就可以了解数据分布的大致情况,如表 11-2 和图 11-14 所示。

表 11-2　ArcGIS 的 Voronoi 统计图中多边形的统计量计算方法(分成 5 个等级)

计算方法	说明	计算方法	说明
Simple 简单赋值	把每个 Voronoi 多边形内部采样点的属性值直接赋值给 Voronoi 多边形	Entropy 熵	所有采样点数值按几何分类法分成 5 个等级,每个多边形的值是其邻域计算的熵
Mean 均值	每个多边形被赋予的值是其内部采样点和邻域内部采样点数值的算术平均数	Median 中位数	每个多边形被赋予的值是其内部采样点和邻域内部采样点的数值的中位数
Mode 众数	所有采样点数值分成 5 个等级,每个多边形被赋予的值是其与邻域中出现次数最多的那个等级的数值	Standard Deviation 标准差	每个多边形被赋予的值是其内部采样点和邻域内部采样点的数值的标准差
Cluster 聚类	所有采样点数值分成 5 个等级,如果某个多边形的等级与邻域所有等级都不相同,则单独列为一类	Interquartile Range 四分位数间距	每个多边形被赋予的值是其内部采样点和邻域内部采样点的数值第 3 和第 1 四分位数的差值

图 11-14 是以美国马里兰州和哥伦比亚特区的城市人口作为例子演示 8 种 Voronoi 统计图,其中第一个图是用垂直高度表示城市人口数的 3D 显示。

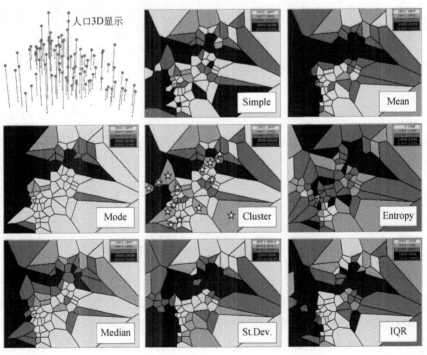

图 11-14　ArcGIS 的 8 种 Voronoi 统计图

熵(Entropy)的计算方法是首先将采样点数据根据几何分类法分成 5 个类型,然后每个
Voronoi 多边形的熵采用下面的计算公式计算

$$Entropy = -\sum_{i=1}^{5} (p_i \cdot \log_2 p_i)$$

其中,p_i 是第 i 类型的频数。熵的数值在多边形及其邻域中的所有采样点都处于一个相同
的类型时最小,为 0。在所有的采样点以相同的频数分布在 5 个类型中时最大。

不同的 Voronoi 统计量可以用于不同的分析目的,作用也各异。通常运用均值、众数和
中位数等可以平滑数据,适合观察数据的整体分布情况;运用标准差、熵和四分位数间距等
可以反映数据局部的变化;运用聚类可以判断数据中的异常值和离群点;而运用简单赋值
可以根据多边形的大小来表现各个数据的影响范围。

11.4.3 QQ 图

QQ 图(Quantile-Quantile Plot)是分位数对分位数的散点图,它是用来对两个数据的分
布情况(相同分位数)进行对比的图形方法。QQ 图有两种形式:如果是和正态分布进行对
比,即看看某个数据的分布是不是符合或接近正态分布,则使用**正态 QQ 图**(Normal
Quantile-Quantile Plot)来判断;如果是比较两个数据之间分布是否相似,则使用**普通 QQ
图**(General Quantile-Quantile Plot)来判断。

1) 正态 QQ 图

该图主要用来评估数据是否服从正态分布。如图 11-15(a)所示,是美国马里兰州各城
市亚裔人口数的正态 QQ 图。

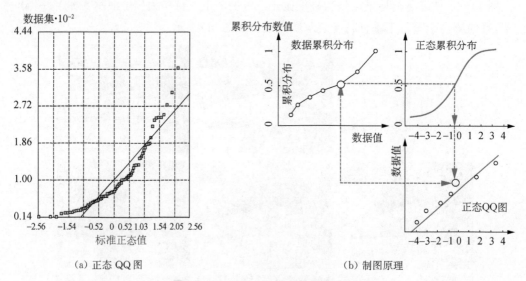

(a) 正态 QQ 图　　　　　　　　　　　　　(b) 制图原理

图 11-15　正态 QQ 图及其制图原理

正态 QQ 图的制作方法为:① 首先对 n 个数据进行从小到大的排序,对每个排序以后
的数据计算累积分布值 $(i-0.5)/n$,这里的 i 为某数据排序的序数;② 制作数据累积分布
曲线图,x 轴为排序的数值,y 轴为累积分布数值,连接成折线图;③ 制作一个期望值为 0、
标准差为 1 的正态分布累积曲线图;④ 制作正态 QQ 图时,每一个数据的数值作为 y 值;依
据该数据的累积分布数值,在正态累积曲线图中找到相应的累积分布数值所对应的正态分

布的分位数值作为x值,在图中画出(x, y)对应的数据点,形成散点图,如图 11-15(b)所示。

如果数据的分布符合正态分布,则做出来的 QQ 图中所有的数据点应该处在一条斜线上。图 11-15(a)中的亚裔人口数据分布显然并不符合正态分布,这是一个正偏态非常明显的数据,有少数几个数值非常大的样点。如果某些建模中需要数据符合正态分布,则可以在 QQ 图中对数据进行变换来判断是否可以把数据变得符合正态分布。常用的变换有 Box-Cox 变换(又称为幂变换)和对数变换。Box-Cox 变换是由两位英国统计学家 George E. P. Box 和 David Cox 在 1964 年提出的,常规的公式为幂函数形式,幂 λ 的数值需要估计得出,如果 λ 取 0,则是对数变换。Box-Cox 变换公式如下

$$y^{(\lambda)} = \begin{cases} \dfrac{y^{\lambda} - 1}{\lambda}, & \lambda \neq 0, \\ \ln y, & \lambda = 0 \end{cases}$$

对美国马里兰州亚裔人口数首先分别以幂 $\lambda = 0.2$ 进行 Box-Cox 变换和对数变换,然后再制成正态 QQ 图,如图 11-16 所示,对比原来没有经过变换的图 11-15(a),可以看出经过变换以后的数据比较符合正态分布的情况。

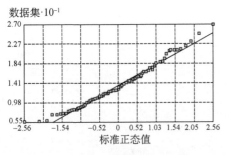

(a) Box-Cox 变换后的正态 QQ 图   (b) 对数变换后的正态 QQ 图

图 11-16   Box-Cox 变换和对数变换后的正态 QQ 图

2) 普通 QQ 图

该图用来评估两个数据集(即两个变量)分布的相似性。普通 QQ 图的制作方法和正态 QQ 图相似,只是把正态累积分布曲线图换成第二个数据的累积分布图,其他步骤不变。普通 QQ 图可以揭示两个变量之间的相关关系,如果在普通 QQ 图中呈直线,则说明两变量呈一种线性关系。

11.4.4   半变异/协方差云图

前面的章节在介绍 Kriging 方法时,已经介绍过半变异/协方差云图的作用,主要是用来衡量某一数据的空间自相关性随空间距离变化的情况。图中 x 轴是数据点之间的距离,y 轴是数据点之间的半变异或协方差的数值。从半变异/协方差云图可以看出:随着空间距离的增加,数据之间的差异性(半变异的数值)增大而相关性(协方差的数值)降低。如图 11-17 所示,是某地 250 个高程采样点之间计算半变异/协方差生成的云图。

运用半变异/协方差云图时通常数据点不宜过多,因为如果有 n 个数据点,则可以计算出 $n(n-1)/2$ 个半变异的数值。如图 11-17 中 250 个高程点会生成 3 万多个半变异数值,在云图中点云就会显得十分密集,不易进行数据的交互查询操作,也会耗费大量的计算时

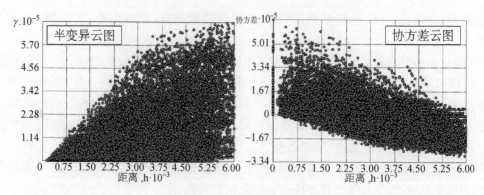

图 11-17　半变异/协方差云图

间。所以,一般在数据点太多的时候,要进行随机抽样的操作,先得到数据的一个小子集,再进行半变异/协方差云图分析。

除此之外,半变异/协方差云图还可以用来判断数据中的离群值。例如,我们可以制作美国马里兰州和哥伦比亚特区的城镇人口半变异云图,如图 11-18(a)所示,可以看到图的底端有一片密集的数据点,另外还有两片孤立的点云飘在图的上方。从图 11-18(b)和(c)中可以看出它们分别是巴尔的摩和华盛顿两个大城市形成的,这两个大城市的人口数远远大于其他的城镇,因而形成了两个离群值。

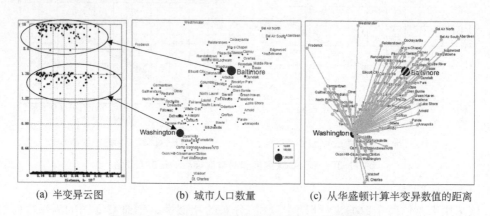

(a) 半变异云图　　　　(b) 城市人口数量　　　　(c) 从华盛顿计算半变异数值的距离

图 11-18　半变异云图用于发现数据中的离群值示例

11.5　空间自相关分析

事物总是相互联系的,也就是存在相关性。统计学上的相关是指两个变量间的相互关系是否密切。在分析这种关系时不需要区分哪一个是自变量,哪一个是因变量,也就是说,相关分析主要是用来计算两个变量相互关联的程度和性质的。

空间自相关性(Spatial Autocorrelation)是指空间位置上越接近的事物或现象其性质就越相似,也就是存在与空间位置的依赖关系。如气温、湿度等的空间分布体现了与海陆距离、地形高程的相关性。如果没有空间自相关性,地理现象的分布将是随机的,地理学中的空间分布规律就不会体现。

正是由于具有空间自相关性,才使得传统的统计学方法不能直接用于分析地理现象的空间特征,因为传统的统计学方法的基本假设就是事物的独立性和随机性。为了分析具有空间自相关性的地理现象,需要对传统的统计学方法进行改进和发展,所以才产生了空间统计学。

空间自相关性有三种形式:

① 正自相关,是指空间邻近的事物其数值很可能是彼此相似的;

② 负自相关,是指空间邻近的事物其数值很可能是彼此不同的,较少见;

③ 零自相关,是指无法辨别空间效应,事物的数值在空间上是随机分布的。

空间自相关分析就是通过统计方法来判断地理要素之间是否存在上述的三种空间自相关形式,用来解释和寻找可能存在的地理要素的空间集聚性或"焦点"。空间自相关分析使用的空间数据一般为点数据或面数据,分析的对象是点或面地理要素的某种属性的分布特性。

对于空间自相关分析,一方面可以从全局来分析,也就是分析在整个研究范围内指定的某种属性是否具有总体上的空间自相关性。另一方面也可以从局部来分析,即局部空间自相关,也就是用来分析在特定的局部地点指定的某种属性是否具有空间自相关性。全局空间自相关让我们把握总体上的空间自相关程度,而局部空间自相关反映的是某个空间局部区域的性质。

11.5.1 莫兰指数(Moran's I)

莫兰指数是统计学家帕特里克·阿尔弗雷德·皮尔斯·莫兰(Patrick Alfred Pierce Moran)在1950年提出的。莫兰(1917年7月14日—1988年9月19日)出生在澳大利亚的悉尼,毕业于剑桥大学,任教于牛津大学。莫兰终生未获得博士学位,但是据他晚年回忆,他似乎对这个事情一直感到骄傲,即自己并非博士,但是带出了无数的博士生。莫兰指数正是他在牛津大学任教时提出的用来度量空间自相关性的一个非常重要的指标,故此以他的名字来命名。

1) 全局莫兰指数(Global Moran's I)与 Z 得分(Z-scores)

全局 Moran's I 的计算公式,是基于统计学相关系数的**协方差**(Covariance)关系推算得到的。一般而言,统计学上的**方差**(Variance)与协方差都是用于度量数值改变程度的工具。方差表示一个变量 x 的变化情况,公式如下

$$\text{Var} = \frac{1}{n}\sum_{i=1}^{n}(x_i - \bar{x})^2 = \frac{1}{n}\sum_{i=1}^{n}(x_i - \bar{x})(x_i - \bar{x})$$

其中,$\bar{x}$ 是变量 x 的均值,n 是变量 x 的数据个数。

协方差是两个变量 x 和 y 的变化情况,公式如下

$$\text{Cov} = \frac{1}{n}\sum_{i=1}^{n}(x_i - \bar{x})(y_i - \bar{y})$$

其中,$\bar{x}$ 是变量 x 的均值,$\bar{y}$ 是变量 y 的均值,n 是变量 x 和 y 的数据个数。

若 $(x_i - \bar{x})$ 与 $(y_i - \bar{y})$ 两组数同时为正或同时为负,则 $(x_i - \bar{x})(y_i - \bar{y})$ 必为正(协方差为正),代表 x 和 y 变化相同,因此其为正相关。反之,若 $(x_i - \bar{x})$ 与 $(y_i - \bar{y})$ 分别为一正一负,则 $(x_i - \bar{x})(y_i - \bar{y})$ 必为负(协方差为负),代表 x 和 y 的变化方向不同,因此两组数呈负相关。协方差的大小程度也代表了两组数的相关性大小。因此,Moran's I 便是基于这种概念发展出来的,也就是使用了一个按空间距离加权的协方差。Global Moran's I 计算

公式如下

$$I = \frac{n}{\sum\limits_{i=1}^{n}\sum\limits_{j=1}^{n}w_{ij}} \cdot \frac{\sum\limits_{i=1}^{n}\sum\limits_{j=1}^{n}w_{ij}(x_i - \bar{x})(x_j - \bar{x})}{\sum\limits_{i=1}^{n}(x_i - \bar{x})^2}$$

其中，n 是空间单元的总个数，x_i，x_j 分别是空间单元 i 与空间单元 j 的数值，$\bar{x}$ 是均值，w_{ij} 是研究范围内每一个空间单元 i 与空间单元 j 的空间相邻权重，体现的是空间距离的影响程度，即空间相关性与空间距离的关系。一般情况下，如果空间单元是点，可以采用点与点之间的距离平方倒数来计算权重；如果空间单元是面，则 i 与 j 两个面相邻时 w_{ij} 为 1，i 与 j 不相邻时 w_{ij} 为 0。对于整个数据集而言，w_{ij} 构成了一个按对角线对称的空间相邻权重矩阵。

莫兰指数经过权重归一化和方差归一化之后，它的值会被归一化到 $-1.0\sim1.0$ 之间。大于 0 为正相关，小于 0 为负相关，且值越大表示空间分布的相关性越大，即空间上有集聚分布的现象；反之，值越小表示空间分布的相关性越小，即空间差异性越大；而当值趋于 0 时，即表示此时空间分布呈现随机分布的情形。

可以通过计算 Z 得分来检验计算出的莫兰指数的有效性，也就是显著性检验的指标，其公式为

$$Z(I) = \frac{I - E(I)}{\sqrt{\mathrm{Var}(I)}}$$

而 I 的期望值 $E(I)$ 和方差 $\mathrm{Var}(I)$（假设为随机分布）分别为

$$E(I) = \frac{-1}{n-1}, \quad \mathrm{Var}(I) = \frac{NS_4 - S_3 S_5}{(n-1)(n-2)(n-3)\left(\sum\limits_{i=1}^{n}\sum\limits_{j=1}^{n}w_{ij}\right)^2} - (E(I))^2$$

其中

$$S_1 = \frac{1}{2}\sum\limits_{i=1}^{n}\sum\limits_{j=1}^{n}(w_{ij} + w_{ji})^2, \quad S_2 = \sum\limits_{i=1}^{n}\left(\sum\limits_{j=1}^{n}w_{ij} + \sum\limits_{j=1}^{n}w_{ji}\right)^2$$

$$S_3 = \frac{n^{-1}\sum\limits_{i=1}^{n}(x_i - \bar{x})^4}{\left(n^{-1}\sum\limits_{i=1}^{n}(x_i - \bar{x})^2\right)^2}, \quad S_4 = (n^2 - 3n + 3)S_1 - nS_2 + 3\left(\sum\limits_{i=1}^{n}\sum\limits_{j=1}^{n}w_{ij}\right)^2$$

$$S_5 = (n^2 - n)S_1 - 2nS_2 + 6\left(\sum\limits_{i=1}^{n}\sum\limits_{j=1}^{n}w_{ij}\right)^2$$

对 I 值进行显著性检验，在 5% 的显著水平下，若 $Z(I)$ 大于 1.96，则表示研究范围内某现象的分布显著关联，亦即研究范围内存有空间单元彼此的空间自相关性；若 $Z(I)$ 介于 1.96 与 -1.96 之间，则表示研究范围内某现象分布的关联性不明显，空间自相关性亦较弱；若 $Z(I)$ 小于 -1.96，则表示研究范围内某现象的分布呈现负的空间自相关性。

这里以美国 48 个州各个城市的高程数据作为例子，看看是否具有空间自相关的性质。如图 11-19 所示，空间自相关的莫兰指数为 0.256 743，Z 得分为 66.774 615，这说明美国 48 个州各个城市的高程数据呈现显著的空间正相关关系。

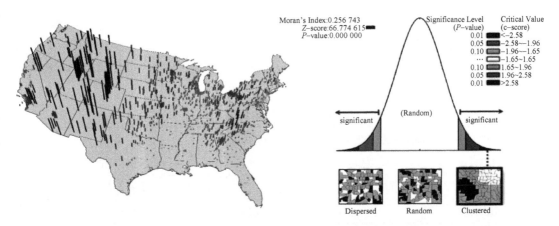

图 11-19　美国 48 个州各个城市的高程空间自相关性质

2) 局部莫兰指数(Local Moran's I)

全局莫兰指数只是把整个区域的空间自相关性质以一个指数来表达,如果想了解区域内局部的空间自相关情况,就需要用到一个所谓的**空间联系的局部指标**(Local Indicators of Spatial Association,LISA),这就是局部莫兰指数,或者称为 Anselin Local Moran's I。

Anselin 是美国亚利桑那州立大学的地理与规划学院院长,在空间统计学方面著名的 GeoDa 软件就是 Anselin 教授领导的地理空间分析和计算中心开发出来的。Anselin 在 2008 年当选为美国科学院院士。

Anselin Local Moran's I 计算公式如下

$$I_i = \frac{x_i - \bar{x}}{S_i^2} \sum_{j=1, j \neq i}^{n} w_{ij}(x_j - \bar{x})$$

其中

$$S_i^2 = \frac{\sum_{j=1, j \neq i}^{n} (x_j - \bar{x})^2}{n-1} - \bar{x}^2$$

Z 得分为

$$Z(I_i) = \frac{I_i - E(I_i)}{\sqrt{\text{Var}(I_i)}}$$

其中,$E(I_i) = -\dfrac{\sum\limits_{j=1, j \neq i}^{n} w_{ij}}{n-1}$,$\text{Var}(I_i) = E(I_i^2) - (E(I_i))^2$,$E(I_i^2) = A_i - B_i$

$$A_i = \frac{(n - b_{2_i}) \sum_{j=1, j \neq i}^{n} w_{ij}^2}{n-1}, \quad B_i = \frac{(2b_{2_i} - n) \sum_{k=1, k \neq i}^{n} \sum_{h=1, h \neq i}^{n} w_{ik} w_{ih}}{(n-1)(n-2)}$$

$$b_{2_i} = \frac{\sum_{j=1, j \neq i}^{n} (x_j - \bar{x})^4}{\left(\sum_{j=1, j \neq i}^{n} (x_j - \bar{x})^2 \right)^2}$$

为每一个空间要素计算其局部莫兰指数时,同时也计算出了它的 Z 得分。这样,每一个空间要素都有一个局部莫兰指数和 Z 得分的组合,根据局部莫兰指数和 Z 得分的数值所处的区间,可以划分出四种不同的组合形式,即 HH、LL、HL 和 LH,通常把这四种形式叫做**空间集聚/分散类型**(Cluster/Outlier Type),如表 11-3 所示。

表 11-3 空间集聚/分散类型

类型	局部莫兰指数	Z 得分	说明
HH	>0	>0 的高值	显著高值的集聚
LL	<0	>0 的高值	显著低值的集聚
HL	<0	<0 的低值	高值周围是低值环绕
LH	>0	<0 的低值	低值周围是高值环绕

从表 11-3 可以看出,若 Z 得分是正数,则表示数值集聚;若 Z 得分是负数,则表示数值分散,有高有低。当然,Z 得分和对应的置信度 P 值必须符合要求,比如 95% 的置信度要求 P 值小于 0.05。在满足这样的条件下,才能使用局部莫兰指数和 Z 得分组合来确定不同分布模式。

下面用一个实例来说明局部莫兰指数的作用,比如这里有美国 48 个州 1996 年各个县的人口统计,如图 11-20(a)所示。经计算得(b)是各个县的局部莫兰指数,(c)是各个县的 Z 得分,(d)是集聚/分散类型。从图中可以看出,西海岸的加利福尼亚州、西北华盛顿州、东海岸的新英格兰地区以及迈阿密的一些县是人口高值集聚(HH)的地方。还有一些零星分布的被人口低值围绕的高值(HL)县,其他的大部分县都是不满足 P 值小于 0.05 即 95% 置信度的地区,人口都是随机分布。

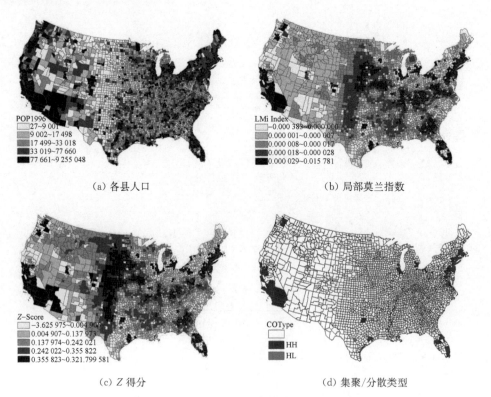

(a) 各县人口　　　　　　　　　　　(b) 局部莫兰指数

(c) Z 得分　　　　　　　　　　　(d) 集聚/分散类型

图 11-20 美国分县人口的局部莫兰指数分析

11.5.2 高/低值集聚分析（G 统计量）

当我们使用全局莫兰指数分析出某个区域具有集聚的分布后，还想进一步分析出是存在高值的集聚还是低值的集聚。但只使用莫兰指数是不够了，还要使用一种新的空间统计方法，即判断高/低值集聚的方法。这种用于判定高/低值集聚的方法，最早是由美国乔治敦大学麦克多诺商学院的 J. Keith Ord 和圣地亚哥州立大学地理系的 Arthur Getis 两人提出的，所以，这个算法通常又被称为 Getis-Ord General G 分析。

对全局空间相关进行计算的**总体 G 统计量**（General G Statistic）公式如下

$$G = \frac{\sum_{i=1}^{n}\sum_{j=1}^{n} w_{ij} x_i x_j}{\sum_{i=1}^{n}\sum_{j=1}^{n} x_i x_j}, \ j \neq i$$

其中，x_i 和 x_j 是要素 i 和 j 的属性值，w_{ij} 是要素 i 和 j 之间的空间权重，n 是要素的总个数，$j \neq i$ 表示 i 和 j 是不同的两个要素。

该 G 统计量的 Z 得分为

$$Z_G = \frac{G - E(G)}{\sqrt{\mathrm{Var}(G)}}$$

其中

$$E(G) = \frac{\sum_{i=1}^{n}\sum_{j=1}^{n} w_{ij}}{n(n-1)}, \ \forall j \neq i, \ \mathrm{Var}(G) = E(G^2) - (E(G))^2, \ E(G^2) = \frac{A+B}{C}$$

$$A = D_0 \left(\sum_{i=1}^{n} x_i^2\right)^2 + D_1 \sum_{i=1}^{n} x_i^4 + D_2 \left(\sum_{i=1}^{n} x_i\right)^2 \sum_{i=1}^{n} x_i^2$$

$$B = D_3 \sum_{i=1}^{n} x_i \sum_{i=1}^{n} x_i^3 + D_4 \left(\sum_{i=1}^{n} x_i\right)^4$$

$$C = \left[\left(\sum_{i=1}^{n} x_i\right)^2 - \sum_{i=1}^{n} x_i^2\right]^2 \times n(n-1)(n-2)(n-3)$$

$$D_0 = (n^2 - 3n + 3)S_1 - nS_2 + 3W^2, \ D_1 = -\left[(n^2 - n)S_1 - 2nS_2 + 6W^2\right]$$

$$D_2 = -\left[2nS_1 - (n+3)S_2 + 6W^2\right], \ D_3 = 4(n-1)S_1 - 2(n+1)S_2 + 8W^2$$

$$D_4 = S_1 - S_2 + W^2, \ W = \sum_{i=1}^{n} \sum_{j=1, j \neq i}^{n} w_{ij}$$

$$S_1 = \frac{1}{2} \sum_{i=1}^{n} \sum_{j=1, j \neq i}^{n} (w_{ij} + w_{ji})^2, \ S_2 = \sum_{i=1}^{n} \left(\sum_{j=1, j \neq i}^{n} w_{ij} + \sum_{j=1}^{n} w_{ij}\right)^2$$

高/低值集聚的 G 统计量可计算出四个值：General G 观测值、General G 期望值、Z 得分及 P 值（概率）。高/低值集聚是一种推论统计，即计算结果将在零假设的情况下进行解释，该零假设规定不存在空间要素值的集聚，即分布完全是随机的。如果计算出的 P 值较小且在统计学上显著，则可以拒绝零假设。这时，Z 得分值为正数，则 General G 观测值会比 General G 期望值大，表明属性的高值将在研究区域中聚类。如果 Z 得分值为负数，则

General G 的观测值会比 General G 期望值小,表明属性的低值将在研究区域中聚类。

如图 11-21 所示,是澳大利亚各行政区按面积的高低值集聚情况,G 统计量为 0.064 898,Z 得分为 51.785 357,这表明澳大利亚的行政区是显著的高面积数值的集聚,即面积大的行政单元空间上集聚在一起。与莫兰指数只能发现相似值(正关联)或非相似性观测值(负关联)的空间集聚模式相比,该方法具有能够探测出区域单元属于高值集聚还是低值集聚的空间分布模式。

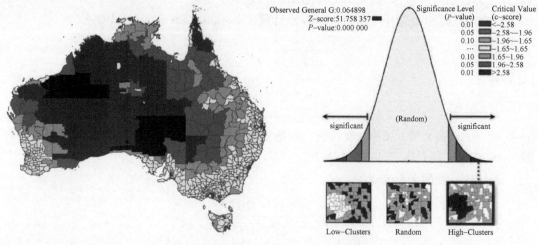

图 11-21　Getis-Ord General G 分析实例

当存在完全均匀分布的值并且要查找高值的异常空间峰值时,首选高/低值集聚方法。遗憾的是,当高值和低值同时聚类时,它们倾向于彼此相互抵消。如果在高值和低值同时聚类时测量空间聚类,则使用空间自相关莫兰指数。

高/低值集聚和空间自相关莫兰指数的零假设都具有完全空间随机性,在数据集的要素中值是随机分布的,将在运行时反映随机空间过程。不过,高/低值集聚的 Z 得分的解释与莫兰指数的 Z 得分的解释有很大的差别,总结如下表 11-4 所示。

表 11-4　高/低值集聚的 G 统计量和空间自相关莫兰指数的结果对比

计算结果	零假设	高/低值集聚的 G 统计量	空间自相关莫兰指数
P 值不具有统计学上的显著性	不能拒绝	要素属性值的空间分布可能是随机空间过程的结果,即要素属性值的空间模式可能是完全空间随机性的众多可能结果之一	
P 值具有统计学上的显著性,且 Z 得分为正值	可以拒绝	数据中高值的空间分布比空间过程完全随机形成的预期空间分布在空间上集聚程度更高	数据中高值和/或低值的空间分布比空间过程完全随机形成的预期空间分布在空间上集聚程度更高
P 值具有统计学上的显著性,且 Z 得分为负值	可以拒绝	数据中低值的空间分布比空间过程完全随机形成的预期空间分布在空间上集聚程度更高	数据中高值和低值的空间分布在空间上离散的程度要高于空间过程完全随机形成的预期空间分布集聚程度。离散的空间模式通常反映某种竞争过程:具有高值的要素排斥其他高值要素;类似,具有低值的要素排斥其他低值要素

Anselin 在 1995 年归纳研究了各种空间关联的局部指标(LISA),发现大多指标可以用下列公式表达

$$\Gamma = \sum w_{ij} y_{ij}$$

其中,w_{ij} 即 i 与 j 的空间关系,即前面提到过的空间相邻权重矩阵,而 y_{ij} 则是 i 与 j 的观测值。对 y_{ij} 的假设不同,可发展出不同的空间集聚研究方法。例如:$y_{ij} = (x_i - \bar{x})(x_j - \bar{x})$ 便成为 Moran's I 式的内涵;若 $y_{ij} = x_i$ 或是 $(x_i + x_j)$,则就是 Getis 的统计式内涵。而全局 Getis 的公式如下

$$G(d) = \frac{\sum_{j=1}^{n} w_{ij}(d) x_i x_j}{\sum_{j=1}^{n} x_j}, \ j \neq i$$

其中,$w_{ij}(d)$ 为在 d 距离内的空间相邻权重矩阵。同样地,若 i 与 j 相邻,则 $w_{ij}(d)$ 为 1,不相邻为 0。此式的功用与全局的 Moran's I 相似。

局部 Getis 是量测每一个 i,在距离为 d 的范围内,与每个 j 的相关程度,其公式如下

$$G_i(d) = \frac{\sum_{j=1}^{n} w_{ij}(d) x_j}{\sum_{j=1}^{n} x_j}, \ j \neq i$$

若将 i 本身亦列入计算范围内,则此时公式可改写为

$$G_i * (d) = \frac{\sum_{j=1}^{n} w_{ij}(d) x_j}{\sum_{j=1}^{n} x_j}$$

对统计量的检验与局部莫兰指数相似,其检验值为

$$Z(G_i) = \frac{G_i - E(G_i)}{\sqrt{\mathrm{Var}(G_i)}}$$

11.6 热点分析

热点分析是专门探索和发现局部空间聚类分布特征的方法,它能够标识出相应空间集聚程度的高值和低值。高值往往就是问题的爆发点,比如疾病暴发传染的核心,犯罪率特别高的地区,行人特别拥挤的区域等。热点分析是将空间要素类以及和要素类相关的属性与随机分布的地理特征进行对比,即和零假设完全空间随机性的分布进行对比,发现异常高值(热点)和低值(冷点)的所在。

热点分析从理论上来讲,是在对每个要素进行分析的同时,对其周边邻近要素进行分

析。如果一个要素的分析结果是 Z 得分高且 P 值（概率）小，则这可能只是一个偶然。如果其周边要素的分析结果也是相同情况，那么这片区域便是我们寻求的热点。

热点分析工具的零假设值是在研究区域中各个要素随机分布，也就是完全的空间随机性。分析结果可以告诉我们哪些要素或区域是拒绝零假设的。同时分析完成后每个要素会得到 Z 得分。非常高的 Z 得分和非常低的 Z 得分都分布在正态分布曲线的尾部，得到这样的值明显偏离零假设，换句话说，得到这样的结果，我们可以拒绝零假设。我们可以进一步分析某类事物形成这种具有统计学上显著聚类的原因是什么。

热点分析使用 Getis-Ord Gi* 统计量（Getis 和 Ord 于 1992 提出了全局 G 系数）。为数据集中的每个要素返回的 Gi* 统计就是 Z 得分。对于在统计学上的呈显著性正 Z 得分，也就是 Z 得分越高，高值（热点）的聚类就越显得密集；对于统计学上的呈显著性负 Z 得分，也就是 Z 得分越低，低值（冷点）的聚类就越显得密集。

进行热点分析除了要计算每一个要素的 Z 得分，还要计算 P 值（概率）。这个 Z 得分和 P 值代表了要素在局部空间聚类关系上的统计含义，是对空间关系以及分析区域的概念化。Z 得分越高且 P 值越小，说明此要素空间集聚度越高。Z 得分越低且 P 值越小，说明此要素空间离散度越高。Z 得分与 P 值接近零值，表明 Z 得分和 P 值是不拒绝零假设的，说明此要素没有明显的空间分布聚类，是完全的空间随机性分布。

Getis-Ord Gi* 统计量的计算公式为

$$G_i^* = \frac{\sum\limits_{j=1}^{n} w_{ij} x_j - \bar{x} \sum\limits_{j=1}^{n} w_{ij}}{S \sqrt{\dfrac{n \sum\limits_{j=1}^{n} w_{ij}^2 - \left(\sum\limits_{j=1}^{n} w_{ij}\right)^2}{n-1}}}$$

其中，G_i^* 是要素 i 的局部 G 统计量，x_j 是要素 j 的属性值，w_{ij} 是要素 i 和 j 之间的空间权重，n 是要素的个数。

$$\bar{x} = \frac{\sum\limits_{j=1}^{n} x_j}{n}$$

$$S = \sqrt{\frac{\sum\limits_{j=1}^{n} x_j^2}{n} - \bar{x}^2}$$

由此可见，G_i^* 本身就是 Z 得分。

图 11-22 是以澳大利亚的行政区面积为例计算的热点和冷点。ArcGIS 通常会给出三个不同置信区间所得到的热点和冷点结果，即 99%、95% 和 90% 置信区间的热点和冷点结果。

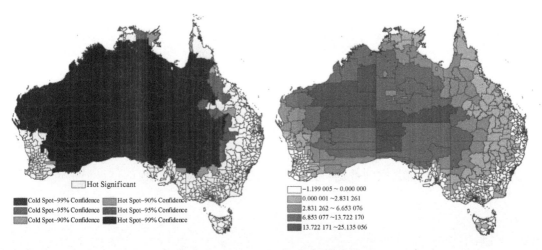

图 11-22　行政区面积的热点分析和 Z 得分

第 12 章　GIS 应用模型

前面的章节介绍了 GIS 中的数据处理、查询和分析等方法,这些方法最终被用来解决实际的地理空间问题时,还需要建立 GIS 应用模型。这个建立 GIS 应用模型的过程就叫做 GIS 建模,有的地方也被称为**制图建模**(Cartographic Modeling)。之所以叫制图建模,是因为模型中运算的数据都是空间数据,可以表示成地图的形式,且建模的结果通常也是可视化的空间数据。

12.1　制图建模

制图建模的概念和方法是 Dana Tomlin 于 1983 年在他的博士论文中提出的,他还提出了前面章节介绍过的"地图代数"的概念和方法。最早的时候,制图建模通常是指利用地图代数的方法把某个地区各个相关要素的空间数据(图层)叠加在一起进行计算,从而得到对某一地理应用问题的空间解决方案。现在,制图建模通常被认为是采用 GIS 的建模工具,对相关的空间数据分析方法和分析过程进行集成,形成一套可以模拟空间分析过程或评估预测应用结果的计算机分析模型。

因此,GIS 应用模型就是为了解决某个具有代表性的空间应用问题,进而设计出的一系列空间分析方法的流程。该应用问题常常是一个**空间多指标分析**(Spatial Multi-Criteria Analysis)问题,也就是在决策分析中需要考虑对该问题起作用的多种空间因素,全面评判这些因素对问题的影响程度,由此得出综合性的结论。GIS 中一个很好的空间多指标分析的例子就是**选址适宜性建模**(Site Suitability Modeling)。

例如,为了要在山区进行房屋工程建设而进行选址工作,找出那些适宜建设房屋的地点,通常要考虑地形的高程、坡度、坡向和距道路的距离等因素。对这些因素建立空间数据,并进行**加权叠加**(Weighted Overlay)分析,就可以生成一个针对山区进行房屋选址适宜性分析的 GIS 应用模型。

这个模型从输入的空间数据(例如 DEM、道路分布等)开始,运用一系列的空间分析方法(例如坡度分析、坡向分析、自然距离计算、栅格数据重分类、加权叠加等)生成一系列的中间数据,最终得到一个输出的空间数据结果(选址适宜性指标)。该模型可以应用到不同地区相似的选址应用中,只要引入不同地区的空间数据,就可以为应用问题提供解决方案。

12.1.1　GIS 应用模型的构成

GIS 应用模型的构成主要有四个方面,即空间数据、空间分析方法、分析流程和模型参数。下面分别加以说明。

1) 参与 GIS 应用模型计算的空间数据

这些空间数据对应应用中需要考虑的各个空间因素,它们既可以是应用模型中的输入数据,也可以是在应用模型中通过对输入数据进行数据处理和变换得到的派生数据。例如上面所述的建房选址适宜性模型中,栅格 DEM 可以作为数字地形的输入数据,如图

12-1(a)所示,而该地区的道路矢量数据是另一个输入空间数据,如图12-1(b)所示。而模型分析中需要的地形坡度、坡向数据,以及距道路的距离数据,则是在模型中派生出的中间数据。

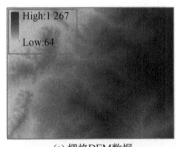 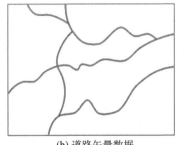

(a) 栅格DEM数据　　　　　　　(b) 道路矢量数据

图 12-1　选址模型的输入数据

2) GIS 应用模型的空间分析方法

这部分内容可以包括前面章节所介绍的各种 GIS 空间分析方法。根据 GIS 应用模型的目标需求,运用这些空间分析方法,可以对 GIS 应用模型的输入数据进行适当的空间和属性计算,从而得到模型分析的结果。例如上面所述的选址模型中,就需要用到数字地形分析中的坡度、坡向计算,以及道路的欧氏距离(自然距离)计算等空间分析方法。

3) GIS 应用模型的分析流程

分析流程是指模型中各种空间分析步骤及中间数据生成的过程和次序,即在模型中要确定先进行哪些空间数据的处理和分析,再执行哪些数据的处理和分析步骤。这些步骤既可以是串行的关系,也可以是并行的关系。例如上述选址模型中的地形坡度、坡向计算和道路欧氏距离计算可以首先并行执行,而接下来的栅格数据重分类则必须是在坡度、坡向及欧氏距离等中间数据的基础上才能进行,所以和其前序的空间分析是串行的关系。分析流程总是从输入数据开始,一步一步执行到最终得到模型分析的结果而结束。

4) GIS 应用模型的模型参数

这一部分包含两个方面的参数,一方面的参数是模型总体的参数,比如模型中所有空间数据采用的空间坐标系统,通过设置这个参数,可以把模型中不同坐系的空间数据统一到相同的坐标系中。再比如可以设置一种叫做**分析掩模**(Analysis Mask)的栅格数据,把分析的空间范围限制在掩模所限定的区域范围内。还可以设置栅格分析时的栅格单元大小,模型中凡是不符合这一栅格单元大小设定的栅格数据,都会在参与分析前被转换成设定单元大小的栅格数据。

另一方面的参数是各个具体的空间分析方法所需要的特定计算参数,比如上述选址模型中的坡度分析,就需要设置坡度分析的结果是以度数的形式存储,还是以坡度百分比的形式存储。同样,在进行栅格数据重分类时,要设置各个不同数值分类的对照表。此外,所有空间分析方法的输入数据和输出数据的名称和存储位置也要预先设置好。

12.1.2　GIS 模型的建模工具

要想运用 GIS 软件进行建模工作,需要使用 GIS 软件所提供的建模工具。一般而言,GIS 软件系统中所实现的功能基本上都可以通过软件提供的建模工具被用户调用。这些功能包括了空间数据的处理、分析、输入、输出和地图显示等。用户在建立 GIS 应用模型时，可以借助 GIS 软件提供的建模工具，把特定应用所需要的 GIS 功能集成为一个可以运行的软件工具。

GIS 建模工具一般有两种形式，一种是使用特定的建模语言，比如 C＋＋、Java 或 Python 等编程语言来调用 GIS 软件提供的功能。另一种就是提供可视化的建模工具。例如，在 ArcGIS 软件中，就分别提供了支持 Python 编程的 ArcPy 和支持可视化建模的 ModelBuilder。

1) 建模语言 Python

以前 GIS 软件通常会提供类似 C 语言或 Java 语言等编程接口供用户调用，但相对而言比较复杂，使用起来不是特别方便。自从 Python 语言出现以后，局面就有了很大的改观。Python 语言的优势是简单易学，兼具跨平台的能力，又是开源的编程语言，且有很多各个领域开发的软件包能够直接运用。Python 作为**脚本语言**（Script），能够把各种软件的功能像胶水一样粘合起来，所以得到了广泛的应用和支持。

很多 GIS 软件系统都提供了 Python 语言编程接口，例如 QGIS 中有 PyQGIS 的 Python 编程模块，ArcGIS 也提供了自己的 Python 编程模块，组织成包的形式叫做 ArcPy。它具备了 ArcGIS 进行空间数据分析、管理和地图可视化的功能。下面这个例子是运用 ArcPy 编写的计算栅格 DEM 坡度和坡向的 Python 代码。

```
①   # 输入 ArcPy 模块
②   import arcpy

③   DEM = "C:\\workspace\\dem"
④   Slope_Raster = "C:\\workspace\\Slope_Raster"
⑤   Aspect_Raster = "C:\\workspace\\Aspect_Raster"

⑥   # 计算坡度栅格数据
⑦   arcpy.Slope_3d(DEM, Slope_Raster, "DEGREE", "1")

⑧   # 计算坡向栅格数据
⑨   arcpy.Aspect_3d(DEM, Aspect_Raster)
```

上述代码中第 2 行 import 的作用是在 Python 中输入 ArcPy 编程模块，也就是把 ArcPy 模块载入内存以供使用。第 3 行代码设置了输入栅格 DEM 数据的名称和存储位置，第 4 行和 5 行代码分别设置了输出坡度栅格和坡向栅格的名称和存储位置。第 7 行和第 9 行代码直接调用 ArcPy 提供的生成坡度栅格的函数 Slope_3d 和坡向栅格的函数 Aspect_3d。函数的参数"DEGREE"表示按角度记录坡度数据，参数"1"表示水平和垂直方向长度单位的比例。

2) 可视化建模工具

上述的建模语言编写代码的方式可以高效地实现 GIS 的应用模型建模，但是对于用户而言要求还是比较高的。用户既要熟悉 Python 语言本身的各种功能，又要熟悉 ArcPy 里面各种类、各种函数的用法，还要会使用具体的 Python 编程工具，所以 Python 编程方法不太适合不同专业的应用人员普遍使用。各个不同专业领域的应用人员应该把注意力更好地集中在应用问题本身，而不是花在怎么编写和调试程序代码上面。因此，GIS 软件通常也会提供一种可视化的建模工具,例如 QGIS 中有图形建模器,ArcGIS 则有ModelBuilder。

以 ArcGIS 为例,ModelBuilder 通过在计算机屏幕上用鼠标直接绘制流程图的方式来建立应用模型。如图 12-2 所示,它把应用模型用各种流程图符号表达出来。例如,圆角矩形表示空间数据,如图 12-2 中的 DEM、Slope_Raster 和 Aspect_Raster,它们又可以根据不同的颜色区分为输入数据和派生输出数据;椭圆形表示对空间数据所做的空间分析,如图 12-2 中的坡度分析 Slope 和坡向分析 Aspect。所有 ArcGIS 工具箱中的分析工具都可以在模型流程图中使用。模型的执行流程用单方向的箭头表示,输入数据的箭头指向空间分析,而分析的结果通过箭头指向输出数据。具体来说,这个模型流程图表达的是把一个栅格 DEM 数据作为坡度和坡向分析的输入数据,而坡度和坡向分析的结果栅格数据分别被输出且保存在名为 Slope_Raster 和 Aspect_Raster 的两个栅格数据文件内。

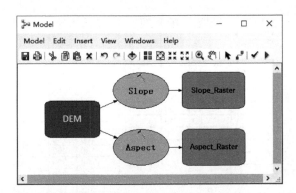

图 12-2　ArcGIS 的可视化建模工具 ModelBuilder 窗口及工具箱窗口

有了可视化的建模工具,GIS 应用人员的建模能力就可以大为提高。只要能够用这些流程图符号把模型需要做的空间分析和输入的空间数据合理地组织起来,就可以设计出复杂的 GIS 应用模型了,甚至不需要了解 Python 和 ArcPy 的编程细节。应用人员可以在图形窗口上设计好模型流程图之后,直接让软件自动对模型流程图进行错误检查,排除错误后,也可以直接运行模型流程图,GIS 软件就会根据流程图的顺序,逐个加载输入的空间数据,进行空间分析并最终输出模型的结果。

其实可视化建模工具的实质就是我们前面看到的 Python 代码的可视化或图形化表达。它可以让应用人员直接通过鼠标拖放在模型中添加各种数据和功能,这样就极大地简化了建模的复杂性,使得任何一个应用人员都可以容易地建立模型。而通过流程图建立的 GIS 应用模型还可以直接转化成对应的 Python 代码。

12.2　建模实例

下面举几个简单的 GIS 建模实例来说明 GIS 建模的方法和过程。通常,在应用模型建模之初,GIS 的应用人员需要明确了解应用的具体需求和目标,才能设计出符合要求的模型。同样,在建立模型的过程中,也可能对各种不同的建模方案和分析的参数进行各种尝试和试验,最终才能取得合理的结果。

12.2.1 选址适宜性模型

假设需要在某山地区域建设一个避暑山庄,选址的需求有:地形海拔在山地的 1 000 m 左右最为适宜,地形的坡度越平缓越适宜,地形的坡向朝南最适宜,朝北最不适宜,且距已有的道路距离越近越适宜。对于这样的选址适宜性应用,GIS 通常采用栅格分析的方法,给该地区所有的地点进行选址适宜性评估,也就是给该区域的每一个栅格单元计算出一个评价的指标,该指标数值越大,表示对于建设选址的需求条件越符合,即选址适宜性越高。最后就可以把指标数值最大的那些区域找出来,作为选址的备选方案。

假设对应选址的需求,可以分别考虑 4 个因素的影响,即高程、坡度、坡向和距道路的距离。给每个因素按照应用需求设定不同的评价指标,通常可以设为从 1 到 9 的不同指标值,值 1 表示最不适合选址的情况,值 9 表示最适合选址的情况。这样,对于 4 个因素,假设可以分别生成 4 个不同的评分指标表,如图 12-3 所示。

(a) 距道路距离评分

FROM	TO	OUT
0	250	9
250	500	8
500	750	7
750	1000	6
1 000	1250	5
1 250	1500	4
1 500	1750	3
1 750	2000	2
2 000	2250	1

(b) 高程评分

FROM	TO	OUT
0	200	1
200	300	2
300	400	3
400	500	4
500	600	5
600	750	6
750	850	7
850	950	8
950	1050	9
1050	1150	8
1150	1300	7

(c) 坡度评分

FROM	TO	OUT
0	5	9
5	10	8
10	15	7
15	20	6
20	30	5
30	40	4
40	50	3
50	70	2
70	90	1

(d) 坡向评分

FROM	TO	OUT
-1	-1	9
0	20	1
20	40	2
40	60	3
60	80	4
80	100	5
100	120	6
120	140	7
140	160	8
160	180	9
180	200	9
200	220	8
220	240	7
240	260	6
260	280	5
280	300	4
300	320	3
320	340	2
340	360	1
340	360	1

道路距离和高程单位都是米
坡度和坡向单位都是度,坡向-1表示平地
FROM和TO是各分级的最小、最大值,OUT是评分

图 12-3　选址适宜性模型的 4 个因素评分指标

在图 12-3 中的评分指标表里,FROM 项是每个评分级别的最小值,TO 项是每个评分级别的最大值,OUT 项是对 [FROM,TO) 这一数值区间的评分值。例如,距离道路 0 到 250 m 最适合,评分就是 9。一般在设置评分时,要针对应用的目标进行仔细的分析,使得各个评分数值针对应用目标都是一致的,也就是对于高程、坡度、坡向、距道路的距离这 4 个因素,如果它们的数值都是相同的评分值,则说明它们对于选址适宜性方面的考量是一样的。

有了因素评分指标,就可以建立相应的模型了,以 ArcGIS 的 ModelBuilder 为例,建立的选址适宜性模型如图 12-4 所示。输入的两个空间数据分别是栅格 DEM 和道路的矢量线数据,栅格 DEM 经过栅格数据的重分类 Reclassify 得到高程评分栅格数据,该栅格数据就是按照上述的评分指标进行划分的,如图 12-5(a) 所示。DEM 先分别经过坡度计算 Slope 和坡向计算 Aspect,得到坡度和坡向栅格数据,再根据评分指标进行相应的重分类,得到坡度和坡向的评分栅格数据,如图 12-5(b) 和 (c) 所示。道路线状矢量数据先经过欧式距离计算 Euclidean Distance,生成道路欧氏距离栅格,再根据评分指标重分类,生成道路距离评分栅格,如图 12-5(d) 所示。

关键的一步是图 12-4 中的加权叠加 Weighted Overlay,该方法是将栅格单元中 4 个因

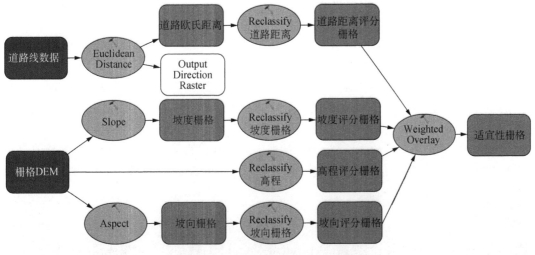

图 12-4　选址适宜性的可视化模型

素的评分值按照不同的权重相乘以后求和,到最终得到结合了 4 个因素的适宜性评分。这 4 个权重相加的和为 100%,这里假设对于选址而言,坡度因素的贡献是 10%,高程的贡献是 35%,坡向是 10%,道路距离是 45%,如图 12-5 所示。当然,这些权重在不同的地区、不同的模型中是不同的,可以采用适当的方法来确定。这里的权重值是假定的,仅仅是为了说明加权叠加方法。

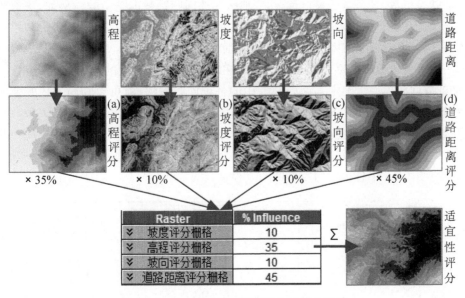

图 12-5　选址适宜性模型中的加权叠加计算

12.2.2　回归分析模型

回归分析(Regression Analysis)模型是 GIS 中一种非常简单常用的分析建模方法,当我们对某个现象感兴趣时,比如研究某个城市不同区域的房产价格的分布情况,我们希望得到一个应用模型,来估算任意一处的房产价格。这就需要考虑房价与哪些因素有关,也就是哪些因素会对房价高低产生影响,且这些因素的数值是可以直接观测得到的。建立这样的模型，就能够通过一个地方的这些因素的数值，估算当地的房价了。回归分析模型就可以被用于这种情况。

GIS中比较常用的回归分析模型有两种，一种是全局性质的**普通最小二乘**（Ordinary Least Squares，OLS）回归模型，另一种是局部性质的**地理加权回归**（Geographically Weighted Regression，GWR）模型。前者是给整个研究区域建立一个回归模型，而后者是给研究区域内不同的地点分别建立不同的回归模型。具体使用哪一种回归模型，需要具体分析。

回归分析的思想很简单，就是认为某种现象的数值高低和其他若干种现象的数值存在某种线性的关系（如果不是线性的关系，也可以先通过变换转化为线性的关系）。线性回归分析通常可以写成如下公式

$$y = \beta_0 + \beta_1 x_1 + \beta_2 x_2 + \cdots + \beta_k x_k + \varepsilon$$

其中，y 在回归分析中叫做**因变量**（Dependent Variable），就是需要建模或预测的变量，例如前面提到的房价。x_1，x_2，$\cdots$，x_k 是 k 个**解释变量**（Explanatory Variable），就是我们认为和房价有关系的变量，它们共同起作用，决定了房价的高低。例如，可能会对房价有影响的因素即解释变量有：人口数 x_1、收入水平 x_2、环境质量 x_3、配套设施 x_4……距市中心的距离 x_k 等。

β_0，β_1，$\cdots$，β_k 是各个因素的回归**系数**（Coefficient），它们分别反映了各因素和因变量房价之间的关系以及影响的强度。如果某个解释变量和因变量是正相关的关系，那么它的回归系数就是正数。反之，如果是负相关，那么它的回归系数就是负数。例如，房价和人口数呈正相关，人口密集的地区房价高，所以人口数变量的回归系数为正数；房价和距市中心的距离是负相关，所以距市中心的距离变量的回归系数为负数。

回归分析就是通过一系列已知的因变量和对应的解释变量的数值，求出这些回归系数，从而建立回归模型。确定了回归模型中的各个回归系数，就可以利用上述的公式来预测因变量的数值了。当然，各个解释变量和因变量之间必须具有某种线性的关系，否则，也不能直接作为解释变量来建立回归模型。这些关系可以用散点图来检查，如图12-6所示。

公式中的 ε 是模型的**残差**（Residual），这是因变量中不能用回归模型解释的那部分，也可以看作是图12-6中各个数值点到回归方程直线的差值。

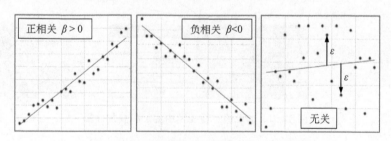

图 12-6　解释变量与因变量的关系散点图

在建立回归分析模型时，由于一开始可能并不清楚对于因变量而言，哪些因素可以作为解释变量参与建模，而又有哪些因素和因变量无关。所以，回归模型建模的过程，通常是一个反复尝试迭代的过程，直到模型符合要求为止。这些要求表现为各种统计指标，在后面将会逐一介绍。

1) 普通最小二乘回归

OLS 回归分析是利用所有的已知数据,来建立一个全局的回归模型。建模的方法就是利用最小二乘法的原理,求出的结果就是对应所有解释变量的回归系数,以及相应的统计值。因变量只有一个,如果只有一个解释变量,则 OLS 叫做一元 OLS 回归;如果有多个解释变量,则叫做多元 OLS 回归。OLS 回归的原理是通过设定残差的平方和最小的条件来建立**法方程**(Normal Equation),进而求得所有的回归系数。

设 OLS 回归的残差为因变量的实际值减去估计值,由于实际值可能大于估计值,也可能小于估计值,所以残差有正有负,而计算残差的平方,则所有的结果就全是正值。假设要求残差的平方和最小,即残差平方和对各个估计回归系数的偏导数为 0,则有

$$Q = \sum_{i=1}^{n} (y_i - \hat{y}_i)^2 = \sum_{i=1}^{n} \left[y_i - (\beta_0 + \beta_1 x_{i1} + \cdots + \beta_k x_{ik}) \right]^2$$

$$\begin{cases} \dfrac{\partial Q}{\partial \beta_0} = -2 \sum_{i=1}^{n} (y_i - \beta_0 - \beta_1 x_{i1} - \cdots - \beta_k x_{ik}) = 0, \\ \dfrac{\partial Q}{\partial \beta_1} = -2 \sum_{i=1}^{n} (y_i - \beta_0 - \beta_1 x_{i1} - \cdots - \beta_k x_{ik}) x_{i1} = 0, \\ \vdots \\ \dfrac{\partial Q}{\partial \beta_k} = -2 \sum_{i=1}^{n} (y_i - \beta_0 - \beta_1 x_{i1} - \cdots - \beta_k x_{ik}) x_{ik} = 0 \end{cases}$$

其中,k 为回归系数的个数,n 为样本点数。解此方程组,即可求得所有的回归系数 β_k,β_0 又叫做**截距**(Intercept)。上述方程组写成矩阵的形式就是

$$\begin{bmatrix} \sum\limits_{i=1}^{n} 1 & \sum\limits_{i=1}^{n} x_{i1} & \cdots & \sum\limits_{i=1}^{n} x_{ik} \\ \sum\limits_{i=1}^{n} x_{i1} & \sum\limits_{i=1}^{n} x_{i1} x_{i1} & \cdots & \sum\limits_{i=1}^{n} x_{i1} x_{ik} \\ \vdots & \vdots & \ddots & \vdots \\ \sum\limits_{i=1}^{n} x_{ik} & \sum\limits_{i=1}^{n} x_{ik} x_{i1} & \cdots & \sum\limits_{i=1}^{n} x_{ik} x_{ik} \end{bmatrix} \begin{bmatrix} \beta_0 \\ \beta_1 \\ \vdots \\ \beta_k \end{bmatrix} = \begin{bmatrix} \sum\limits_{i=1}^{n} y_i \\ \sum\limits_{i=1}^{n} x_{i1} y_i \\ \vdots \\ \sum\limits_{i=1}^{n} x_{ik} y_i \end{bmatrix}$$

设 $\boldsymbol{X} = \begin{bmatrix} 1 & x_{11} & \cdots & x_{1k} \\ 1 & x_{21} & \cdots & x_{2k} \\ \vdots & \vdots & \ddots & \vdots \\ 1 & x_{n1} & \cdots & x_{nk} \end{bmatrix}$, $\boldsymbol{\beta} = \begin{bmatrix} \beta_0 \\ \beta_1 \\ \vdots \\ \beta_k \end{bmatrix}$, $\boldsymbol{Y} = \begin{bmatrix} y_1 \\ y_2 \\ \vdots \\ y_n \end{bmatrix}$, 则 $\boldsymbol{X}^{\mathrm{T}} = \begin{bmatrix} 1 & 1 & \cdots & 1 \\ x_{11} & x_{21} & \cdots & x_{n1} \\ \vdots & \vdots & \ddots & \vdots \\ x_{1k} & x_{2k} & \cdots & x_{nk} \end{bmatrix}$, 上述的

方程组可以写成

$$\boldsymbol{X}^{\mathrm{T}} \boldsymbol{X} \boldsymbol{\beta} = \boldsymbol{X}^{\mathrm{T}} \boldsymbol{Y}$$

所需要求出的回归系数为

$$\boldsymbol{\beta} = (\boldsymbol{X}^{\mathrm{T}} \boldsymbol{X})^{-1} \boldsymbol{X}^{\mathrm{T}} \boldsymbol{Y}$$

当建立了模型,得到了所有的回归系数之后,还要通过一些统计量来判断建立的模型是否合理。首先,要判断的是这些回归系数是不是符合我们理论上判断的结果。例如,房价和人口数是正相关的,则人口数的回归系数就应该是正数。而房价和距市中心的距离是

负相关的,则距市中心的距离的回归系数应该是负数。

其次,通常要计算并检验各个回归系数的**方差膨胀因子**(Variance Inflation Factor, VIF)。VIF 是指解释变量之间存在**多重共线性**(Multicollinearity)时的方差与不存在多重共线性时的方差之比。所谓多重共线性,就是指两个解释变量之间具有相关性,它们不是彼此独立的,这样就造成了信息的冗余。例如,房价的解释变量中如果再加上一个道路网络的**中介中心性**(Betweeness Centrality)指标,我们知道中介中心性和距市中心的距离是相关的,所以就会和距市中心的距离解释变量产生多重共线性的问题。VIF 数值越大,表示共线性越严重。所以,根据经验,对于 VIF 数值大于 7 的解释变量,则可以从模型中排除掉。

然后,还要对各个回归系数进行统计的**显著性检验**(Significant Test),通常是考虑零假设的情况,即假设某个回归系数等于 0,检验其**概率**(Probability)。如果概率值很小,则说明通过显著性检测,该回归系数对估算因变量是重要的,不能舍弃。如果概率值很大,则说明该回归系数对应的因素对因变量没有作用。

最后,**R 平方**(R^2,R-squared)和**调整的 R 平方**(Adjusted R-squared)是用来衡量回归模型拟合优度的指标,前者用于一元的回归模型,后者用于多元的回归模型。其数值在 0 到 1 之间,数值越大,则说明回归模型建立的效果越好。例如,数值如果为 0.8,则说明模型可以描述因变量 80% 的情况。如果 R 平方数值过低,则说明模型中选取的解释变量不能用来解释因变量的变化,必须再进一步考虑还有哪些因素会对因变量造成影响,并添加新的解释变量到模型中。

OLS 回归模型是对整个区域的数据进行的回归分析,它有一个前提就是认为分析出来的规律是适合整个区域的,也就是整个区域在性质上都是一致的、平稳的。但现实并不总是如此,某些现象具有空间自相关性,它们在空间上的规律并不是处处均匀的,从而造成 OLS 模型的回归系数也在空间上不均匀分布,这种现象叫做**空间异质性**(Spatial Heterogeneity)。空间异质性的存在严重地限制了 OLS 回归模型在全局范围内的应用。

我们可以通过检测使用 OLS 回归模型后得到的残差分布情况来判断是否有这种状况存在,也就是可以对 OLS 回归模型每个样本点上的模型拟合残差进行**莫兰指数**(Moran's I)的空间自相关分析。经过回归分析后,理想的状况是残差应该在整个区域的空间上随机分布。而如果有残差空间集聚的现象,则说明存在空间自相关性。如果空间自相关性比较强,则就不能只用 OLS 回归来建模了,而要使用下面介绍的地理加权回归(GWR)模型。

例如,假设这里有一个城市房产价格的回归分析例子,一共有 234 个房产交易样本点的数据,每个样本点都有三个属性,即该点所在居民区的人口数 Popu1、距市中心的距离 Dis1、交易的房产每平方米的价格 Value,如图 12-7(a)所示。选择房价作为因变量,人口数和距市中心的距离作为两个解释变量,建立 OLS 回归模型,得到如图 12-7(b)所示的回归系数。

首先从得到的回归系数看,人口数的系数是正数,说明人口数对房价的影响确实是正相关的,而距市中心距离的系数为负数,说明距离和房价是负相关的,这与我们一开始对此的认识是一致。从人口数和房价的散点图(如图 12-7(c)所示)以及距市中心距离和房价的散点图(如图 12-7(d)所示),都可以比较明显地看出各自回归系数的正负关系。

其次可以看 OLS 回归模型的 VIF 数值,发现 VI 数的值都比较小,且远小于 7,这说明模型中的两个解释变量之间几乎没有什么信息的冗余。

UsrID	Value	Popu1	Dis1
43	2 467.478 917	1 968	14.203 445
44	14 935.127 83	3 795	6.140 067
45	20 745.297 76	4 487	4.142 502
46	20 673.740 72	4 255	0.741 056
47	20 424.731 62	5 339	7.012 841
48	11 999.259 27	3 570	12.549 39
49	17 368.385 37	4 025	11.570 384
50	19 733.705 5	4 378	10.470 273
51	14 363.246 58	3 618	11.317 735
52	6 698.465 241	2 726	9.130 125

|◀ ◀   0   ▶ ▶| ▤ ▭ (0 out of 234 Selected)

(a)

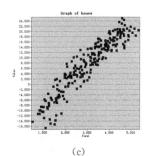

(c)

Variable	Coefficient	Probability	VIF
Intercept	−9 357.28	0.000 000*	
Popu1	6.84	0.000 000*	1.571 086
Dis1	−410.36	0.000 000*	1.571 086

(b)

(d)

图 12-7　OLS 回归分析实例的数据和结果(部分)

　　然后看 OLS 回归模型调整的 R 平方数值是 0.903 227,该值说明用 OLS 方法生成的回归模型的拟合优度非常好,即能够通过人口数和距市中心的距离这两个变量来解释 90% 的房价变化。当然,这种非常理想的情况在现实中一般还是比较难得的。

　　最后还可以通过 OLS 回归模型的样本点**标准化残差**(Standardized Residual)直方图(如图 12-8(a)所示)和标准化残差正态 QQ 图(如图 12-8(b)所示)来判断残差是不是接近理想的正态分布。标准化残差指的是每个样本点残差相对于残差标准差的比值,如果是非常理想的 OLS 回归模型,其得出的残差应该是随机分布,即应该具有标准化残差呈正态分布的情况。这里的例子可以看出标准化残差与正态分布很接近。

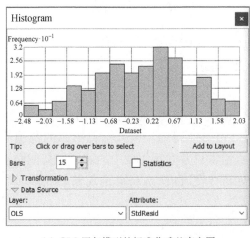

(a) OLS 回归模型的标准化残差直方图　　　　(b) OLS 回归模型的标准化残差正态 QQ 图

图 12-8　OLS 回归模型的标准化残差统计图

进一步可以作样本点的估计值与标准化残差的散点图(如图 12-9 所示),这里的估计值就是使用拟合好的 OLS 回归模型再计算样本点的数值,也就是用模型计算样本点的房价,把计算出来的样本点房价和它的标准化残差作散点图。如果从图中看不出存在任何结构,而是呈现随机分布,则说明该回归模型拟合效果好。反之,从呈现的特殊结构可以看出某种端倪。

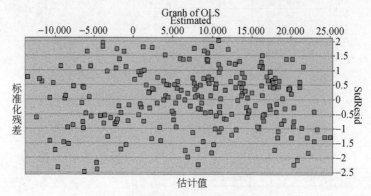

图 12-9　估计值与标准化残差散点图

另外,如果要认定 OLS 回归模型效果比较好,我们还需要排除残差的空间自相关性,这可以通过计算样本点残差的莫兰指数来判断。如果呈现随机分布,如图 12-10(a)所示,则说明残差没有空间自相关性,我们可以放心使用 OLS 回归模型。反之,如图 12-10(b)所示,残差呈现集聚分布,则说明存在空间自相关性,这就要考虑进一步使用地理加权回归模型来解决空间自相关性问题。

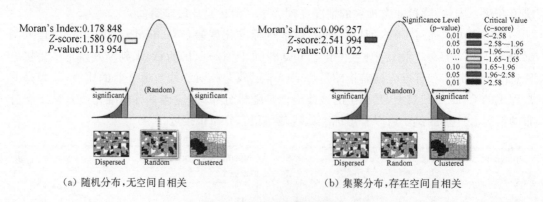

(a) 随机分布,无空间自相关　　　　　　(b) 集聚分布,存在空间自相关

图 12-10　残差的莫兰指数

2) 地理加权回归

GWR 是 A. Stewart Fotheringham 等人在 20 世纪 90 年代开创的局部回归分析方法,用来解决回归分析中因变量和解释变量的空间自相关性问题。该方法将回归的范围从 OLS 回归的全局缩小到局部区域,对每一个样本点通常只考虑其邻域中的若干个其他样本点,建立局部的回归模型,用来反映现象的局部空间特性,也就是获得该现象的局部回归系数。

GWR 模型的回归方程可以写成如下的形式

$$y(u) = \beta_0(u) + \beta_1(u)x_1 + \beta_2(u)x_2 + \cdots + \beta_k(u)x_k$$

其中,u 是一个坐标位置矢量,可以是地图投影坐标系里面的(x, y),也可以是地理坐标系里面的(λ, φ)。在求每一个样本点局部的回归系数 $\boldsymbol{\beta}$ 时,都是通过其周围一定邻域内的其他样本点来建模计算的,公式如下

$$\boldsymbol{\beta}(u) = (\boldsymbol{X}^{\mathrm{T}}\boldsymbol{W}(u)\boldsymbol{X})^{-1}\boldsymbol{X}^{\mathrm{T}}\boldsymbol{W}(u)\boldsymbol{Y}$$

其中,$\boldsymbol{W}(u)$ 是邻域中所有样本点对位置 u 的**地理权重**(Geographical Weight)形成的方阵,主对角线上的元素为地理权重,其他非对角线元素为 0,如下式所示,$w_1(u)$ 是 u 的邻域中第一个相邻样本点对 u 的地理权重,一共有 n 个邻近样本点,组成 $n \times n$ 的权重矩阵。地理权重反映了两个要素在相隔一定距离上彼此的相互影响程度,通常遵循 Tobler 的地理学第一定律,总体上和距离成反比的关系。

$$\boldsymbol{W}(u) = \begin{bmatrix} w_1(u) & 0 & 0 & 0 \\ 0 & w_2(u) & 0 & 0 \\ \vdots & \vdots & \ddots & \vdots \\ 0 & 0 & 0 & w_n(u) \end{bmatrix}$$

地理权重通常采用某种核(Kernel)函数计算,例如常见的**高斯**(Gauss)核函数,如下所示 $w_i(u)$ 是邻域中第 i 个样本点对地理位置 u 的地理权重:

$$w_i(u) = \mathrm{e}^{-0.5\left(\frac{d_i(u)}{h}\right)^2}$$

其中,$d_i(u)$是第 i 个样本点到 u 的距离,可以是欧氏距离、测地线距离等;h 是核函数的**带宽**(Bandwidth),通常可以理解为回归邻域的大小,带宽与距离采用相同的测度。如果带宽设置得越来越大,则局部的 GWR 模型会逐渐趋向全局的 OLS 回归模型。

上述的高斯核函数可以计算任意距离上的地理权重,但有时候我们并不希望在趋于无穷远的距离上还可以有很小的权重影响,而是认为地理权重的影响在到达一定的有限距离以后就等于零。通常这个有限的距离就是我们设定的带宽,超出带宽距离,则由地理权重造成的影响就认为等于零。这个时候,我们还可以选择和高斯核函数形状相似的**双平方**(Bi-square)核函数来计算地理权重。分段的双平方核函数公式如下所示

$$w_i(u) = \begin{cases} \left[1 - \left(\dfrac{d_i(u)}{h}\right)^2\right]^2, & d_i(u) \leqslant h, \\ 0, & d_i(u) > h \end{cases}$$

相比于使用什么样的核函数,带宽对地理权重的影响更大。带宽可以采用一个适宜的固定数值,这对于样本点相对均匀分布的情况比较合适。具体带宽选择多少要根据实际情况来分析。但是如果样本点的空间分布是不均匀的,则采用固定数值的带宽就可能不太合适了。这个时候,通常可以采用**自适应**(Adaptive)带宽,也就是不人为指定带宽,而是通过一定的统计算法来判定带宽设置为多少比较合适。

GWR 模型中自适应带宽的确定通常有两种方法,一种叫做**交叉验证**(Cross Validation,CV),另一种是**修正的 Akaike 信息准则**(Corrected Akaike Information Criterion,AICc)。这两种统计方法都可以对各种模型的表现进行评价,在这里,也就是说采用一系列不同的带宽进行拟合,然后计算各种不同带宽方案的 CV 或 AICc 评价指标,把其中表现最好的那个带宽(或者邻域中的样本点数)用来作为最终的带宽标准,从而作用于

模型拟合。

下面再用另外一个建模的例子来说明 GWR 模型的建模过程,这次选择了和上述 OLS 回归建模区域不同的另一个区域的房价作为因变量,还是以人口数以及距市中心的距离作为解释变量。样本点的分布如图 12-11 所示,图中圆形符号的位置是房产所处的空间位置,叠加的圆形符号的大小是房价高低的分级表示。从图中可以较为明显地看出房价的分布具有空间集聚现象,一些地方房价高,另一些地方房价低。

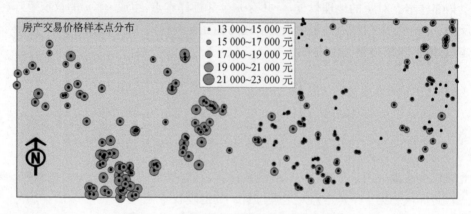

房产交易价格样本点分布

- 13 000~15 000 元
- 15 000~17 000 元
- 17 000~19 000 元
- 19 000~21 000 元
- 21 000~23 000 元

图 12-11　某地房产交易价格样本点分布图

首先还是采用上述的 OLS 回归模型进行分析,经过 OLS 回归分析以后,发现拟合优度不太理想,其次计算残差的莫兰指数,发现如图 12-10(b)所示的残差分布集聚现象,说明回归模型和空间位置有关,不能使用与空间位置无关的全局 OLS 回归模型,所以要尝试使用局部 GWR 模型。

GWR 模型通常在这种情况下可以提供比 OLS 回归模型更高的拟合优度。同时,GWR 模型还可以根据样本点拟合得到的回归系数,通过空间插值的方法生成整个研究区域内的任意位置的回归系数。如图 12-12 所示,是房价 GWR 建模得到的三个回归系数的空间连续分布模式。

从图 12-12 所示的回归系数空间分布模式中,可以看到人口数的回归系数的空间分布、截距的回归系数的空间分布以及距市中心距离的回归系数的空间分布模式不尽相同,甚至差异很大。当回归系数的数值较高时,说明在那个高值区域该解释变量的作用比较显著。反之,则影响较弱。例如,人口数的回归系数有三个较为明显的高值区域,说明处在那个区域的房产价格受人口数的影响较大;而在距市中心的距离的回归系数分布中,低值区域的房产价格受到市中心距离的影响较小。

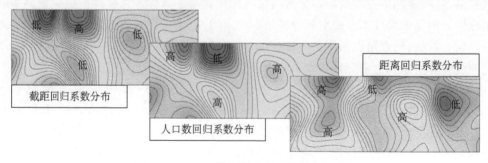

图 12-12　GWR 模型的回归系数的空间分布

有了 GWR 模型的各个回归系数的空间分布数据,我们就可以进一步对因变量的数值进行预测了。例如,给定该区域中任意一个地点的人口数数据和距市中心的距离数据,就可以用该点所在位置的局部回归系数来估算它的房价了。

原香港中文大学的黄波在 GWR 的基础上,进一步开创性地提出了**地理时态加权回归**(Geographically and Temporally Weighted Regression,GTWR)的思想和方法,也有叫做时空地理加权回归的。该方法把空间和时间都进行加权来建立回归模型,借以解决复杂的时空模拟和预测等方面的问题。例如,可以用来预测任意一个空间位置在未来某一特定时间点的房价。GTWR 的提出把 GWR 模型的应用提高到了一个新的更高的层次。

第 13 章　GIS 可视化

前面一章介绍了 GIS 应用模型的建模，也叫制图建模。因此我们知道 GIS 空间分析和应用模型中的地理空间数据都可以形象化地表达成地图的形式。地理空间数据以地图等形式表达通常被称为**地理可视化**（Geovisualization），也可以称为 GIS 可视化。GIS 可视化涉及的内容相当广泛，本章主要介绍一些最为基本的内容，涉及地图中的颜色模型以及 GIS 的二维、三维图形学相关技术。

13.1　颜色模型

无论是在 GIS 软件的屏幕窗口中显示地理空间数据，或者将地理空间数据以地图的形式输出到纸张，通常地图上的符号和图形都是彩色的。从人类历史上看，早期如古罗马的地图和中国汉代的地图都是使用彩色颜料绘制的。不同的颜色可以很好地表达地图上空间要素不同的质量和数量特征，所以，Arthur H. Robinson 等地图学家在经典的《地图学原理》（*Elements of Cartography*）一书中把颜色称作是地图上主要的**视觉变量**（Visual Variable）之一。

颜色现象通常十分复杂，既有物理学方面可见光谱的波长作为外界产生颜色的因素，又有人眼中不同感光细胞在光子作用下产生的神经脉冲信号之间复杂的交互传导生理机制，还有人类大脑皮层视觉中枢形成的颜色心理感受等，所有这一切，让我们看到了不同的颜色。正是由于颜色与主观感受相联系，难怪瑞士著名的地图学家 Eduard Imhof 曾经说过，人们对于颜色的偏好各不相同。

因此，在 GIS 中如何运用颜色，首先要求我们能够在计算机系统中客观地定义并实现颜色显示，也就是能把各种颜色放在一个系统中进行描述，这就导致了各种颜色模型的出现。其中，有基于**加色法**（Additive Color）原理用于计算机屏幕显示的 RGB 模型，有基于**减色法**（Subtractive Color）原理的四色印刷 CMYK 模型，也有基于人类直观感受的 HSV 和 HSL 模型。此外，还可以参考上述《地图学原理》中介绍的 CIE 颜色系统、自然颜色系统和 Munsell 颜色系统等。

13.1.1　RGB 模型

RGB 模型就是**红**（Red）、**绿**（Green）和**蓝**（Blue）颜色模型的简称，它似乎最早来自著名的苏格兰物理学家 James Clerk Maxwell 对制作彩色照片所做的研究，他于 19 世纪提出了**三原色**（Trichromatic）理论，把物体反射的白光分解成红、绿、蓝三个波段分别记录，也就是用前面分别加了红、绿、蓝滤光镜的三个镜头拍摄同一物体，形成三个波段的黑白灰度影像。在合成彩色照片的时候，所做的工作和分解光的过程相反，就是用前面分别加了红、绿、蓝滤光镜的三个投影仪进行投影，并把三个影像重叠在一起，又合成原先的彩色影像。

RGB 颜色模型把可见光的颜色分解成 RGB 三个坐标分量，其数值分别都是从 0 到 255 的整型数。任何一种该模型表现的可见光颜色都是由三个 RGB 数值组合形成的。例如，

RGB(0，0，0)表示黑(不发光)，RGB(255，0，0)表示红色的光，RGB(0，0，255)表示蓝色
光，RGB(255，255，255)表示白色的光等。三个 RGB 分量一共可以表达 256^3 约 1 678 万
种不同颜色的光。RGB 颜色模型形成一个立方体的颜色空间，如图 13-1(a)所示。

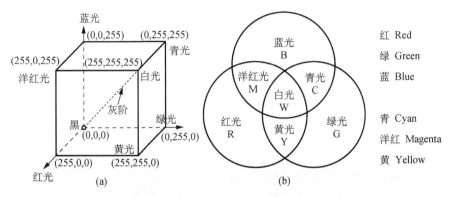

图 13-1　RGB 颜色模型和加色法原理

　　RGB 颜色模型主要是针对各种发光或感光设备的，例如 GIS 中使用的各种计算机显示
器、投影仪以及各种遥感使用的相机，扫描地图使用的扫描仪等，这些硬件设备显示或记录
的图像都是采用 RGB 颜色模型。加色法中 RGB 三原色的色光等量混合形成的颜色如图
13-1(b)所示。当然，这里的 RGB 颜色模型只是颜色的坐标表达，具体某个设备如何实现
三原色混合显示或记录各种色彩，还要考虑各种硬件方面的不同设计，这通常会产生各种
RGB 模型，例如各种消费类电子产品中广泛采用的 sRGB 和色域更广的 Adobe RGB 等。

13.1.2　CMYK 模型

　　RGB 模型是在黑色背景上通过发出不同强度的红、绿、蓝光来叠加出各种颜色，而
CMYK 模型的原理正相反，是在白色背景上通过减去不同颜色的光来得到所需的颜色。这
里 CMYK 分别指青(Cyan)、**洋红**(Magenta，又称品红)、**黄**(Yellow)和黑(Key Color)四种
印刷颜色。CMYK 模型是彩色打印机和印刷机使用的颜色模型，通常可以见到打印机中有
这四种颜色的墨盒，以及印刷用的这四种颜色的印刷版。

　　彩色印刷通常都是采用一种**网屏**(Screen)的方法来混合非常细小的 CMYK 墨点，从而产
生各种印刷色彩。网屏就是由不同大小的墨点形成的点阵，由于墨点大小不同，占据整个白纸
表面的面积也不相同，从而在人的视觉上产生出不同深浅的效果。把不同大小墨点的 CMYK
四色网屏按一定的角度叠加，就可以混合出不同的色彩。这里，不同墨点的大小用占据白色印
刷面积的百分比表示，所以，CMYK 模型四个颜色分量的数值都是从 0 到 100。

　　CMYK 模型是基于减色法的原理，如图 13-2 所示，青色是从白光中减去红光得到的，
洋红色是从白光中减去绿光得到的，黄色是从白光中减去蓝光得到的。所以，当青色和黄
色的印刷颜料混合成绿色时，相当于从白光中减去了红光和蓝光，就剩下了绿色；当青色和
洋红色的印刷颜料混合成蓝色时，相当于从白光中减去了红光和绿光，就剩下了蓝色；当洋
红色和黄色颜料混合成红色时，相当于从白光中减去了蓝光和绿光，就剩下了红色。当青
色、洋红色和黄色三色混合时，相当于从白光中减去了红光、绿光和蓝光，就没有光了，剩下
了黑色。

　　虽然可以用青色、洋红色和黄色三种颜料混合成黑色，但是一来这样得到的黑色不太

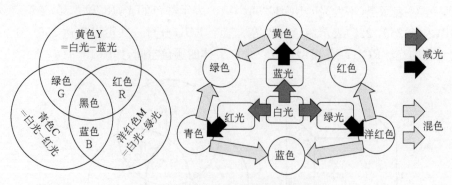

图 13-2　CMYK 模型和减色法原理

黑,有点发灰,二来用彩色合成黑色太浪费颜料,所以,印刷中直接加入了黑色颜料,而不用青色、洋红色和黄色三种颜料混合成黑色。这就是 CMYK 模型是四色而不是三色的缘故。例如,地图上的文字注记一般都是用黑色表示的,所以,直接使用黑色印刷比使用彩色颜料混合有效得多。

13.1.3　HSL 和 HSV 模型

RGB 模型用于发光和感光设备,CMYK 模型用于彩色打印和印刷设备,但这两个模型中对颜色的坐标表示都不太适合人类对颜色的理解。例如,我们不能只通过看坐标 RGB(27,79,103)就知道它是哪种颜色,同样也不能通过只看坐标 CMYK(76,30,8,56)就知道它是哪种颜色。所以,需要定义一种便于人类理解和使用的颜色系统,其中两个最常用的就是 HSL 和 HSV 模型。

HSL 和 HSV 是十分相似的两个颜色模型,它们被设计作为 RGB 颜色模型的替代方案,以便容易被人使用。也就是说,HSL 和 HSV 是针对 RGB 模型设计的,这两个模型的颜色坐标数值可以容易地转换成 RGB 模型的坐标,但比 RGB 模型更易于人对颜色的理解和使用。

HSL 分别是**色相**(Hue)、**色饱和度**(Saturation)和**亮度**(Lightness)的缩写。而 HSV 中前两个字母和 HSL 前两个字母表示的单词完全一样,只是用**明度**(Value)代替了 HSL 中的亮度。这两个颜色系统都是用三个分量来描述颜色的,其中色相有的地方也翻译成色调或色别,用来指某种纯色;色饱和度指的是颜色的鲜艳程度;亮度或明度用来指颜色的深浅程度。颜色的这三个分量结合在一起,可以指定 RGB 颜色模型中的各种颜色,同时也符合人对颜色的感性认知。例如前面提到的 RGB(27,79,103),可以表示深海水体的暗深蓝色。

HSL 和 HSV 模型的 Hue 设置是一样的,都是用角度表示某种纯色,即用 0°表示 RGB 中的红,用 120°表示 RGB 中的绿,用 240°表示 RGB 中的蓝,旋转一圈到 360°又回到红,如图 13-3(a)所示。在红、绿、蓝之间,按照线性插值混合两种颜色的光得到中间各种颜色,例如红、绿等比例混合得到 60°的黄,绿、蓝等比例混合得到 180°的青,蓝、红等比例混合得到300°的洋红。其他的角度代表了各种其他的混合色。这样就形成了一个色环,相对 180°的两种颜色称为互补色。

HSL 和 HSV 模型的颜色空间通常可以看作一个圆柱体,如图 13-3(b)所示,其色饱和度定义是从色环的中心沿径向到达色环的边缘,中心色饱和度最小为 0,色环边缘最大为 1。亮度和明度则是圆柱体的高,从最低处的 0 到最高处的 1。

　　　　　　　　　　　　　　　　　　　地理信息系统基础原理与关键技术

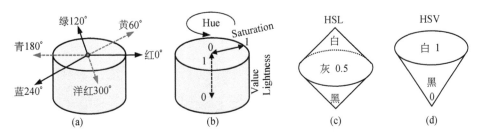

图 13-3　HSL 和 HSV 模型

HSL 和 HSV 的区别在于对色饱和度和亮度（明度）的不同设置。HSL 可以表示成一个双圆锥，其色环处在中间亮度 0.5 处，如图 13-3(c)所示。而 HSV 可以表示成一个倒圆锥，其色环处在最高明度 1 处，如图 13-3(d)所示。因此，在 HSL 中，中间色环外边缘的纯色饱和度最大，逐渐沿径向到色环的圆心饱和度减小形成灰色。而在 HSV 中，顶部的色环也是外边缘的纯色饱和度最大，逐渐沿径向到色环的圆心饱和度减小形成白色。HSV 中白色是饱和度最低的这一性质和我们的感受有点不符，所以，通常 HSL 比 HSV 更接近人的颜色感受。

13.1.4　颜色模型的转换

GIS 中一般都是使用 HSL 或 HSV 颜色模型来设置地图显示的颜色。因此，需要将 HSL 和 HSV 模型转换成 RGB 模型。同样，在使用绘图或印刷设备进行地图输出的时候，还需要将 RGB 模型转换成 CMYK 模型。

1) HSL 转 RGB

设色相 $H \in [0°, 360°]$，饱和度 $S_{HSL} \in [0, 1]$，亮度 $L \in [0, 1]$，$C = (1 - |2L - 1|) \times S_{HSL}$，$X = C \times (1 - |(H/60°) \bmod 2 - 1|)$，则

$$(R', G', B') = \begin{cases} (C, X, 0), & 0° \leqslant H < 60°, \\ (X, C, 0), & 60° \leqslant H < 120°, \\ (0, C, X), & 120° \leqslant H < 180°, \\ (0, X, C), & 180° \leqslant H < 240°, \\ (X, 0, C), & 240° \leqslant H < 300°, \\ (C, 0, X), & 300° \leqslant H < 360° \end{cases}$$

再设 $m = L - C/2$，则

$$(R, G, B) = ((R' + m) \times 255, (G' + m) \times 255, (B' + m) \times 255)$$

2) RGB 转 HSL

设 $R' = R/255$，$G' = G/255$，$B' = B/255$，$C_{max} = \max(R', G', B')$，$C_{min} = \min(R', G', B')$，$\Delta = C_{max} - C_{min}$，则

$$H = \begin{cases} 0°, & \Delta = 0, \\ 60° \times \left(\dfrac{G' - B'}{\Delta} + 6\right), & C_{max} = R', \\ 60° \times \left(\dfrac{B' - R'}{\Delta} + 2\right), & C_{max} = G', \\ 60° \times \left(\dfrac{R' - G'}{\Delta} + 4\right), & C_{max} = B' \end{cases}$$

$$S_{HSL} = \begin{cases} 0, & \Delta = 0, \\ \dfrac{\Delta}{1 - |2L - 1|}, & \Delta \neq 0 \end{cases}$$

$$L = (C_{max} + C_{min})/2$$

3) HSV 转 RGB

设色相 $H \in [0°, 360°]$，饱和度 $S_{HSV} \in [0, 1]$，明度 $V \in [0, 1]$，$C = V \times S_{HSV}$，$X = C \times (1 - |(H/60°) \bmod 2 - 1|)$，则 (R', G', B') 的计算方法和 HSL 转 RGB 中完全一样。再令 $m = V - C$，则

$$(R, G, B) = ((R' + m) \times 255, (G' + m) \times 255, (B' + m) \times 255)$$

4) RGB 转 HSV

RGB 转 HSV 时，色相 H 的计算方法与上述的 RGB 转 HSL 中计算色相 H 的方法完全一样，区别仅在于计算色饱和度 S_{HSV} 和明度 V 的方法不同。

$$S_{HSV} = \begin{cases} 0, & C_{max} = 0, \\ \dfrac{\Delta}{C_{max}}, & C_{max} \neq 0 \end{cases}$$

$$V = C_{max}$$

5) RGB 和 CMYK 的相互转换

由于 RGB 颜色模型和 CMYK 颜色模型的形成机制完全不同，它们所能表达的颜色在色域空间里面也不完全重叠，部分 RGB 颜色超出了 CMYK 能够表达的区域，同样也有部分 CMYK 颜色超出了 RGB 能够表达的区域，所以，RGB 和 CMYK 两者之间很难精确地转换，只能通过近似的方法来实现。下面是一种 RGB 到 CMYK 的近似转换方法。

设 $R' = 1 - R/255$，$G' = 1 - /255$，$B' = 1 - B/255$，$K' = \min(R', G', B')$，则

$$C = 100 \times (R' - K')/(1 - K')$$
$$M = 100 \times (G' - K')/(1 - K')$$
$$Y = 100 \times (B' - K')/(1 - K')$$
$$K = 100 \times K'$$

同样地，下面的公式是 CMYK 到 RGB 的近似转换方法。

$$R = 255 \times (100 - C) \times (100 - K)/10\,000$$
$$G = 255 \times (100 - M) \times (100 - K)/10\,000$$
$$B = 255 \times (100 - Y) \times (100 - K)/10\,000$$

13.1.5 GIS 颜色序列

通常可用**颜色序列**（Hue Progression）在 GIS 中表达地理要素数量的多少，常见的颜色序列有**单色**（Single Hue）序列、**双端色**（Bi-Polar）序列、**互补色**（Complementary Hue）序列、**部分光谱色**（Partial Spectral Hue）序列、**全光谱**（Full Spectral）序列、**明度**（Value）序列和**混合色**（Blended Hue）序列等。

1) 单色序列

用户指定一种特定颜色作为显示某种属性的最大值的颜色，而最小值的颜色为白色。

形成的序列是根据数量从最小值到最大值的逐渐变化而对应从白色到指定颜色的逐渐变化。通常地图学的原则是浅色表示数量少,深色表示数量多。生成单色序列颜色的方法是:找出指定颜色和白色在 HSL 模型中的坐标,通过线性插值指定颜色和白色之间的亮度值就可以形成单色序列,如图 13-4(a)所示。

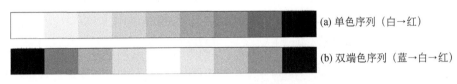

(a) 单色序列（白→红）

(b) 双端色序列（蓝→白→红）

图 13-4　GIS 颜色序列

2) 双端色序列

该序列是用来表示有正负数值的地理要素的,比如温度有零上和零下,人口变化有增加和减少等。通常地图学中用冷色调的蓝色表示负值、数量减少或低于平均值的数值,用暖色调的红色表示正值、数量增加或高于平均值的数值,而白色表示中间的 0 值或平均值。在蓝色区域亮度越低数值越小,在红色区域亮度越低数值越大。我们可以采用 HSL 模型的线性插值来生成双端色序列,如图 13-4(b)所示。

3) 互补色序列

该序列可以看成是双端色序列的一个特例,互补色可以用来表示相互对立的现象。比如美国大选中,各州选举人票是投给民主党还是共和党,以及各州选举人票的数量多少就可以采用互补色序列来显示。其中一种颜色表示民主党获得某州的选举人票,而该颜色的互补色表示某州选举人票投给了共和党。两种颜色的色饱和度表示选举人票数量的多少。互补色序列可以在 HSL 模型中获得,一种颜色的互补色在 HSL 色环上是和它呈 $180°$ 角的颜色。通过保持亮度值,线性插值色饱和度值,就可以形成互补色序列。

4) 部分光谱色和全光谱序列

这两种序列指的是按照可见光波长数值从小到大排列的颜色序列,前者只包含可见光的一部分,而后者包含从蓝紫光到红光的完整可见光光谱颜色。这种颜色序列可用于表达地形的高程变化,例如海域使用蓝色,平原丘陵使用绿色,中山使用黄色,高山高原使用红色等。光谱色序列还常常用在表达温度的空间变化上,高温地区使用红色,低温地区使用蓝色。除了高程和温度,地图学家一般不建议用光谱色序列表达数量的空间变化。光谱色序列可以在 HSL 模型的色环上按照角度值进行线性插值。

5) 明度序列

该序列通常是在我们制作**单色地图**(Monochrome Map)时使用的颜色序列,明度序列是从**灰阶**(Grayscale)得到的,在 RGB 模型中可以让 R、G 和 B 三个分量数值相等,并采用不同的数值即可得到灰阶。例如,RGB(0, 0, 0)表示黑色,RGB(127, 127, 127)表示灰色,RGB(255, 255, 255)表示白色等。而在 HSL 和 HSV 模型中,可以把色饱和度设为 0,然后通过改变亮度或明度来得到明度序列。

在使用 RGB 或 HSL、HSV 模型生成明度序列时,得到的明度值 V 常常需要进行**伽马校正**(Gamma Correction),这是因为 RGB 等颜色模型生成的明度值 V 与计算机显示器的亮度值 V' 并不是线性关系,而是一种幂函数关系,即 $V'=V^\gamma$。所以,生成各种线性明度等级的 RGB 数值需要使用这个幂函数进行校正,才能在显示器上得到视觉上线性的亮度变化。如图 13-5 所示是伽马校正前后的明度效果。

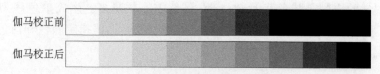

伽马校正前

伽马校正后

图 13-5　伽马校正形成的明度序列

图 13-5 中的伽马校正使用小于 1 的数值作为幂函数的指数 γ，效果是压缩了低亮度的区域，所以称为**伽马压缩**（Gamma Compression）。相反，如果使用大于 1 的数值作为幂函数的指数 γ，则可以造成对低亮度区域的**伽马扩展**（Gamma Expansion）效果。通常在我们使用的计算机显示器上，伽马数值一般是 0.45 左右。图 13-5 中就是使用 0.45 作为指数值进行了伽马校正以后的情况。从图中可以看出校正以后，明度变化更符合视觉上等差变化的效果。

6) 混合色序列

该序列是指任意指定两种颜色作为两端的颜色，中间的颜色变化则采用插值的方法实现。混合色序列可以在不同的颜色模型中实现，即在不同的颜色模型中使用线性插值方法在两个指定颜色坐标之间进行插值。因此不同的颜色模型进行插值得到的混合色序列在视觉上略有差别。

13.2　GIS 图形学

要在 GIS 软件的**图形用户界面**（Graphical User Interface，GUI）上的**视窗**（Window）中显示各种地理空间要素，通常需要解决将地理空间要素的坐标系转换成屏幕上视窗的坐标系的问题。GIS 显示地理空间要素一般有几种不同的显示方法，常见的是二维平面地图的显示形式。但随着三维 GIS 特别是**数字地球**（Digital Earth）等技术的普遍采用，GIS 的可视化逐渐形成了三维趋势，地球表层的地理空间数据也大都能以三维的方式存储和表达。下面就从 GIS 三维图形学的角度来论述其相关的显示技术，二维的显示其实可以当作三维的一个特例在统一的技术框架下实现。

GIS 图形学还涉及三维空间数据模型的问题，前面的章节主要论述了 GIS 中常规的二维地理空间要素的数据模型，主要有矢量数据模型和栅格数据模型。这一部分将主要论述 GIS 中常用的三维空间数据模型。

13.2.1　地球参考椭球体方程

目前大多数地理空间数据都采用 WGS84（World Geodetic System 1984）椭球体坐标系的测量数据，我国新采用的大地坐标系 CGCS2000（China Geodetic Coordinate System 2000）和 WGS84 坐标系基本相同。所以，GIS 中首要建立基于 WGS84 或 CGCS2000 的**地心地固**（Earth-Centered Earth-Fixed，ECEF）坐标系下的椭球体方程。设椭球体表面点 S 的坐标为 (x_s, y_s, z_s)。由于地球属于旋转椭球体，设 a 是赤道半径，b 是极半径，所以，WGS84 坐标系中的虚拟地球表面在 ECEF 坐标系中的方程可以表示为

$$\frac{x_s^2}{a^2} + \frac{y_s^2}{a^2} + \frac{z_s^2}{b^2} = 1$$

有了这个椭球体方程，就可以求出椭球体表面上某点 $S(x_s, y_s, z_s)$ 的大地测量法矢

量 n_{gs}，也就是该点垂直于椭球面的法矢量，如图 13-6(a)所示。

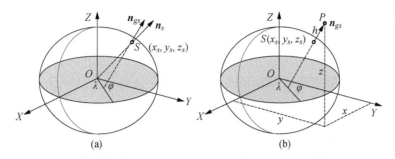

图 13-6　WGS84 和 CGCS2000 的椭球体坐标系(a)及大地测量坐标转 ECEF 坐标(b)示意图

设 $\boldsymbol{n}_g = \left(\dfrac{x_s}{a^2}, \dfrac{y_s}{a^2}, \dfrac{z_s}{b^2}\right)$，则大地测量法矢量为 $\boldsymbol{n}_{gs} = \dfrac{\boldsymbol{n}_g}{|\boldsymbol{n}_g|}$

相应地，地心法矢量是地球质心指向点 S 的矢量，其公式为

$$\boldsymbol{n}_s = \frac{\boldsymbol{S}}{|\boldsymbol{S}|}$$

13.2.2　地理空间坐标转换

三维 GIS 中的坐标系转换包括一系列的大地测量坐标和 ECEF 坐标之间的转换，下面分别加以论述。

1) 大地测量坐标转换为 ECEF 坐标

设点 P 的大地测量坐标为 (λ, φ, h)，要转换成 ECEF 坐标 (x, y, z)，如图 13-6(b)所示。椭球体表面大地测量法矢量为

$$\boldsymbol{n}_{gs} = \boldsymbol{n}_x + \boldsymbol{n}_y + \boldsymbol{n}_z = \cos\varphi\cos\lambda\,\boldsymbol{i} + \cos\varphi\sin\lambda\,\boldsymbol{j} + \sin\varphi\,\boldsymbol{k}$$

点 P 在椭球体表面的投影点 $S = (x_s, y_s, z_s)$ 的非归一化的法矢量为

$$\boldsymbol{n}_g = \frac{x_s}{a^2}\boldsymbol{i} + \frac{y_s}{a^2}\boldsymbol{j} + \frac{z_s}{b^2}\boldsymbol{k}$$

所以，设 γ 为标量，则有

$$\boldsymbol{n}_{gs} = \gamma \cdot \boldsymbol{n}_g = \gamma\left(\frac{x_s}{a^2}\boldsymbol{i} + \frac{y_s}{a^2}\boldsymbol{j} + \frac{z_s}{b^2}\boldsymbol{k}\right)$$

写成标量方程，为

$$n_x = \gamma\frac{x_s}{a^2},\ n_y = \gamma\frac{y_s}{a^2},\ n_z = \gamma\frac{z_s}{b^2}$$

整理可得

$$x_s = \frac{a^2 n_x}{\gamma},\ y_s = \frac{a^2 n_y}{\gamma},\ z_s = \frac{b^2 n_z}{\gamma}$$

代入椭球体方程，可得

$$\frac{\left(\dfrac{a^2 n_x}{\gamma}\right)^2}{a^2} + \frac{\left(\dfrac{a^2 n_y}{\gamma}\right)^2}{a^2} + \frac{\left(\dfrac{b^2 n_z}{\gamma}\right)^2}{b^2} = 1$$

整理可得

$$a^2 n_x^2 + a^2 n_y^2 + b^2 n_z^2 = \gamma^2$$

则

$$\gamma = \sqrt{a^2 n_x^2 + a^2 n_y^2 + b^2 n_z^2}$$

椭球体表面点 S 的空间直角坐标求出来以后,再考虑椭球高程 h,设高程矢量为 $\boldsymbol{h} = h\boldsymbol{n}_{gs}$,则最终的地心空间直角坐标为 $(x_s + hn_x,\ y_s + hn_y,\ z_s + hn_z)$。

也可以直接通过下面的公式计算地心空间直角坐标

$$N = \frac{a^2}{\sqrt{a^2 - (a^2 - b^2)\sin^2\varphi}}$$

$$\begin{cases} x = (N + h)\cos\varphi\cos\lambda \\ y = (N + h)\cos\varphi\sin\lambda \\ z = ((b^2/a^2)N + h)\sin\varphi \end{cases}$$

2) 椭球面上点的大地测量法矢量转换为大地测量坐标

如图 13-7(a) 所示,设椭球面上某点 P 的大地测量法矢量为 $\boldsymbol{n}_{gs} = \boldsymbol{n}_x + \boldsymbol{n}_y + \boldsymbol{n}_z$,则该点大地测量坐标为

$$\lambda = \arctan\frac{n_y}{n_x},\ \varphi = \arcsin\frac{n_z}{|\boldsymbol{n}_{gs}|}$$

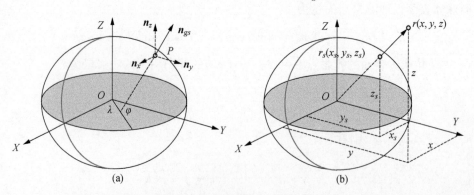

图 13-7　椭球表面大地测量法矢量转大地测量坐标和 ECEF 坐标转地心连线椭球表面坐标示意图

3) 任意点 ECEF 坐标转换为连接到地心的椭球体表面坐标

如图 13-7(b) 所示,设任意空间点 r,其地心矢量为 $\boldsymbol{r} = (x,\ y,\ z)$,地心投影到椭球体表面点矢量为 $\boldsymbol{r}_s = (x_s,\ y_s,\ z_s)$,则 $\boldsymbol{r}_s = \alpha\boldsymbol{r}$,标量 α 可以通过矢量 α 和椭球体表面的交点来求得,即

$$\alpha = \frac{1}{\sqrt{\dfrac{x^2}{a^2} + \dfrac{y^2}{a^2} + \dfrac{z^2}{b^2}}}$$

所以

　　　　　　　　　　　　　　　　　　　　地理信息系统基础原理与关键技术

$$x_s = \alpha x, \quad y_s = \alpha y, \quad z_s = \alpha z$$

4) 任意点 ECEF 坐标投影到椭球体表面的大地测量坐标

如图 13-8 所示,设任意空间点矢量 $\boldsymbol{r} = (x, y, z)$,对应的椭球体表面点矢量为 $\boldsymbol{r}_s$,椭球高矢量为 $\boldsymbol{h}$,则 $\boldsymbol{r} = \boldsymbol{r}_s + \boldsymbol{h}$。因此非标准化的椭球表面矢量为

$$\boldsymbol{n}_g = \frac{x_s}{a^2}\boldsymbol{i} + \frac{y_s}{a^2}\boldsymbol{j} + \frac{z_s}{b^2}\boldsymbol{k}$$

设 α 为标量,则椭球高矢量 $\boldsymbol{h}$ 为

$$\boldsymbol{h} = \alpha \boldsymbol{n}_g$$

所以

$$\boldsymbol{r} = \boldsymbol{r}_s + \alpha \boldsymbol{n}_g$$

写成标量方程则为

$$x = x_s + \alpha \frac{x_s}{a^2}, \quad y = y_s + \alpha \frac{y_s}{a^2}, \quad z = z_s + \alpha \frac{z_s}{b^2}$$

所以

$$x_s = \frac{x}{\left(1 + \dfrac{\alpha}{a^2}\right)}, \quad y_s = \frac{y}{\left(1 + \dfrac{\alpha}{a^2}\right)}, \quad z_s = \frac{z}{\left(1 + \dfrac{\alpha}{b^2}\right)}$$

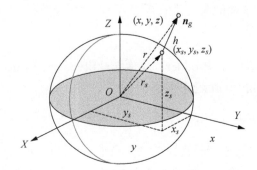

图 13-8　任意点 ECEF 坐标投影到椭球体表面的大地测量坐标示意图

因为椭球体方程可以写成

$$S = \frac{x_s^2}{a^2} + \frac{y_s^2}{a^2} + \frac{z_s^2}{b^2} - 1 = 0$$

代入上式得

$$S = \frac{x^2}{a^2\left(1 + \dfrac{\alpha}{a^2}\right)^2} + \frac{y^2}{a^2\left(1 + \dfrac{\alpha}{a^2}\right)^2} + \frac{z^2}{b^2\left(1 + \dfrac{\alpha}{b^2}\right)^2} - 1 = 0$$

解此方程可以使用**牛顿迭代法**(Newton's Method),初值使用椭球体表面地心投影位置,即

$$\beta = \frac{1}{\sqrt{\dfrac{x^2}{a^2} + \dfrac{y^2}{a^2} + \dfrac{z^2}{b^2}}}$$

$$x_s = \beta x , \ y_s = \beta y , \ z_s = \beta z$$

该椭球体表面的地心投影点矢量为

$$\vec{m} = \left(\frac{x_s}{a^2}, \frac{y_s}{a^2}, \frac{z_s}{b^2} \right), \ \vec{n}_s = \frac{\vec{m}}{|m|}, \ \alpha_0 = (1 - \beta) \frac{|r|}{|\vec{n}_s|}$$

S 方程对 α 的微分为

$$\frac{\partial S}{\partial \alpha} = -2 \left[\frac{x^2}{a^4 \left(1 + \dfrac{\alpha}{a^2} \right)^3} + \frac{y^2}{a^4 \left(1 + \dfrac{\alpha}{a^2} \right)^3} + \frac{z^2}{b^4 \left(1 + \dfrac{\alpha}{b^2} \right)^3} \right]$$

迭代上述方程,直到 S 接近于 0。否则,按照

$$\alpha = \alpha - \frac{S}{\dfrac{\partial S}{\partial \alpha}}$$

进一步迭代。

5) 任意 ECEF 坐标转换为大地测量坐标

首先使用上述方法将任意点矢量 $r = (x, y, z)$ 投影到椭球体表面,得到椭球体表面点矢量 $r_s = (x_s, y_s, z_s)$,再用 r_s 求出大地测量坐标。而椭球高矢量 h 可以通过 $h = r - r_s$ 求出,则高于或低于椭球体表面的高度值 h 为

$$h = \text{sign}(h \cdot r) |h|$$

其中,$h \cdot r$ 是矢量的**点积**(Dot Product),或称**标量积**(Scalar Product),反映了两个矢量之间的角度余弦;sign()是符号(取正负号)函数。

13.2.3 图形坐标转换

上面讨论了把大地测量坐标转换成 ECEF 三维直角坐标的方法,要在计算机的显示器上显示地理要素的图形,无论是二维的平面地图,还是三维的地理场景或地球场景,都要进一步把 ECEF 坐标转换成图形坐标。这些变换在计算机支持的图形库中都需要实现。特别是现在,无论是使用 OpenGL 或者 Vulkan 进行二维或三维的图形显示,在**着色器**(Shader)编程中都需要处理一系列的图形坐标变换。这些图形变换包括模型变换、视图变换、投影变换和视口变换等。

1) 模型变换

模型变换(Model Transformation)一般是当场景中存在三维模型时需要进行的第一步变换,GIS 中的三维模型通常包括三维建筑模型、三维道路设施模型(如路灯)、三维交通模型(如车辆)、三维植物模型(如树木)等。这些模型一般都是按照自身**对象空间**(Object Space)坐标系建立的,需要通过模型变换,把对象空间坐标变换成场景的**世界空间**(World Space)坐标或地球的 ECEF 坐标,即

$$\begin{bmatrix} x_{world} & y_{world} & z_{world} & w_{world} \end{bmatrix}^T = M_{Model} \cdot \begin{bmatrix} x_{obj} & y_{obj} & z_{obj} & w_{obj} \end{bmatrix}^T$$

其中,x_{world}、y_{world}、z_{world} 和 w_{world} 是三维世界坐标的**齐次**(Homogeneous)形式,以 4×1 的

矩阵表示；x_{obj}、y_{obj}、z_{obj} 和 w_{obj} 是三维模型的对象坐标，也以齐次坐标的形式表示为 4×1 的矩阵；$\boldsymbol{M}_{Model}$ 是 4×4 的模型变换矩阵。

　　三维空间的模型变换一般是三维的平移、旋转和缩放三个变换的不同组合。对于平移和缩放，其变换比较简单。设在 x、y、z 方向的平移量分别为 T_x、T_y 和 T_z，在 x、y、z 方向的缩放倍数分别为 S_x、S_y 和 S_z，则平移变换矩阵和缩放变换矩阵分别为

$$\boldsymbol{M}_{translation} = \begin{bmatrix} 1 & 0 & 0 & T_x \\ 0 & 1 & 0 & T_y \\ 0 & 0 & 1 & T_z \\ 0 & 0 & 0 & 1 \end{bmatrix}, \quad \boldsymbol{M}_{scale} = \begin{bmatrix} S_x & 0 & 0 & 0 \\ 0 & S_y & 0 & 0 \\ 0 & 0 & S_z & 0 \\ 0 & 0 & 0 & 1 \end{bmatrix}$$

　　旋转变换相对复杂，绕 x 轴旋转 θ 角、绕 y 轴旋转 θ 角和绕 z 轴旋转 θ 角的旋转变换矩阵分别是

$$\boldsymbol{M}_{rotate\_x} = \begin{bmatrix} 1 & 0 & 0 & 0 \\ 0 & \cos\theta & -\sin\theta & 0 \\ 0 & \sin\theta & \cos\theta & 0 \\ 0 & 0 & 0 & 1 \end{bmatrix}, \quad \boldsymbol{M}_{rotate\_y} = \begin{bmatrix} \cos\theta & 0 & \sin\theta & 0 \\ 0 & 1 & 0 & 0 \\ -\sin\theta & 0 & \cos\theta & 0 \\ 0 & 0 & 0 & 1 \end{bmatrix},$$

$$\boldsymbol{M}_{rotate\_z} = \begin{bmatrix} \cos\theta & -\sin\theta & 0 & 0 \\ \sin\theta & \cos\theta & 0 & 0 \\ 0 & 0 & 1 & 0 \\ 0 & 0 & 0 & 1 \end{bmatrix}$$

　　对于模型变换矩阵，通常是根据实际要进行的平移、缩放和旋转形成各自的变换矩阵，将这些变换矩阵按照执行的顺序从右向左依次相乘，就得到最终的模型变换矩阵。所以，在模型变换矩阵生成的过程中，变换矩阵相乘的顺序和变换的顺序相反。得到总的模型变换矩阵后，再用模型变换矩阵左乘三维模型中坐标点的对象空间齐次坐标矢量，就可以得到三维对象的世界空间齐次坐标。对象空间和世界空间如图 13-9(a)所示。

图 13-9　三维图形坐标变换中的模型变换和视图变换

2) 视图变换

　　视图变换(View Transformation)有时也叫做观察变换，是假想我们从世界空间中的某个地方观察世界空间中的三维模型，在眼里所看到的场景的坐标空间，这个空间叫做**眼空间**(Eye Space)，如图 13-9(a)所示。要显示三维模型，就需要把世界坐标系中的坐标进一步变换到眼坐标系中。这一步变换可以采用与模型变换相似的平移、缩放和旋转来实现，但更为直观的方式是采用观察位置的世界坐标矢量、观察位置的右矢量、上矢量和前矢量

来确定变换矩阵,如图 13-9(b)所示。视图变换矩阵为

$$\boldsymbol{M}_{view} = \begin{bmatrix} x_{right} & y_{right} & z_{right} & -\boldsymbol{e} \cdot \boldsymbol{r} \\ x_{up} & y_{up} & z_{up} & -\boldsymbol{e} \cdot \boldsymbol{u} \\ -x_{forth} & -y_{forth} & -z_{forth} & \boldsymbol{e} \cdot \boldsymbol{f} \\ 0 & 0 & 0 & 1 \end{bmatrix}$$

其中,观察点的右矢量就是指从观察点出发,指向右侧方向的单位矢量,记为 $\boldsymbol{r} = (x_{right}, y_{right}, z_{right})$;上矢量是指从观察点出发,指向上方的单位矢量,记为 $\boldsymbol{u} = (x_{up}, y_{up}, z_{up})$;前矢量指的是从观察点出发,指向世界空间中某个点的单位矢量,也就是从观察点看世界空间中目标点的视线方向,记为 $\boldsymbol{f} = (x_{forth}, y_{forth}, z_{forth})$;世界坐标系中观察点位置的矢量为 $\boldsymbol{e} = (x_e, y_e, z_e)$ 而 $\boldsymbol{e} \cdot \boldsymbol{r}, \boldsymbol{e} \cdot \boldsymbol{u}, \boldsymbol{e} \cdot \boldsymbol{f}$ 是矢量点积。世界坐标经过视图变换,可得到如下眼坐标

$$\begin{bmatrix} x_{eye} & y_{eye} & z_{eye} & w_{eye} \end{bmatrix}^{\mathrm{T}} = \boldsymbol{M}_{view} \cdot \begin{bmatrix} x_{world} & y_{world} & z_{world} & w_{world} \end{bmatrix}^{\mathrm{T}}$$

3) 投影变换

第三步变换是从眼空间变换到投影空间,也就是把眼空间中的三维模型按照投影的法则,投射到从观察点观察的平面上,得到投影后的坐标。投影的法则有两种,一种是**透视投影**(Perspective Projection),另一种是**平行投影**(Parallel Projection)。投影的确定是通过一个**视见体**(View Frustum)来设置的,如图 13-10 所示。视见体是一个从观察点看过去的空间范围,落在其中的三维物体是可见的,处于其外的三维物体是不可见的。所以,通过投影变换,可以把不需要显示的三维模型即落在视见体之外的三维模型**裁剪**(Clip)掉。因此,这一步变换得到的坐标空间又叫做裁剪空间。透视投影的视见体是一个四棱锥去掉尖头剩下的部分,而平行投影的视见体是一个长方盒子。

经过透视投影,可以产生近大远小的透视效果,这主要用在三维场景显示的时候,而平行投影则是二维地图显示的主要方法。所以,在 GIS 中,对同一个地理空间要素的图形,只要在平行投影和透视投影之间进行切换,就可以用几乎相同的机制来实现二维和三维的不同显示。

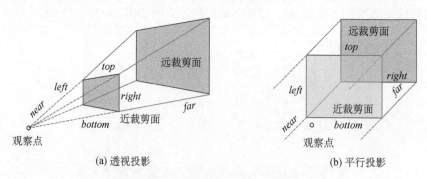

(a) 透视投影　　　　　　　　(b) 平行投影

图 13-10　投影变换视见体及其 6 个参数

透视投影和平行投影的视见体都是用 6 个参数来设置的,分别是观察点到近裁剪面的距离 $near$,到远裁剪面的距离 far,以视线穿过近裁剪面的点为原点,近裁剪面上、下的 y 坐标分别为 top 和 $bottom$,左、右的 x 坐标分别为 $left$ 和 $right$,如图 13-10 所示。通过这 6 个参数,可以写出如下左边的透视投影通用变换矩阵和右边的对称视见体简化透视投影矩阵,每个参数在公式中用首字母代替。

$$M_{perspective} = \begin{bmatrix} \dfrac{2n}{r-l} & 0 & \dfrac{r+l}{r-l} & 0 \\ 0 & \dfrac{2n}{t-b} & \dfrac{t+b}{t-b} & 0 \\ 0 & 0 & \dfrac{-(f+n)}{f-n} & \dfrac{-2fn}{f-n} \\ 0 & 0 & -1 & 0 \end{bmatrix} \text{和} \begin{bmatrix} \dfrac{n}{r} & 0 & 0 & 0 \\ 0 & \dfrac{n}{t} & 0 & 0 \\ 0 & 0 & \dfrac{-(f+n)}{f-n} & \dfrac{-2fn}{f-n} \\ 0 & 0 & -1 & 0 \end{bmatrix}$$

如果是平行投影,则通用和对称的投影变换矩阵分别为

$$M_{parallel} = \begin{bmatrix} \dfrac{2}{r-l} & 0 & 0 & -\dfrac{r+l}{r-l} \\ 0 & \dfrac{2}{t-b} & 0 & -\dfrac{t+b}{t-b} \\ 0 & 0 & \dfrac{-2}{f-n} & -\dfrac{f+n}{f-n} \\ 0 & 0 & 0 & 1 \end{bmatrix} \text{和} \begin{bmatrix} \dfrac{1}{r} & 0 & 0 & 0 \\ 0 & \dfrac{1}{t} & 0 & 0 \\ 0 & 0 & \dfrac{-2}{f-n} & -\dfrac{f+n}{f-n} \\ 0 & 0 & 0 & 1 \end{bmatrix}$$

使用上述的透视投影或平行投影,可以把眼坐标变换成裁剪空间坐标,其变换公式为

$$\begin{bmatrix} x_{clip} & y_{clip} & z_{clip} & w_{clip} \end{bmatrix}^{\mathrm{T}} = M_{projection} \cdot \begin{bmatrix} x_{eye} & y_{eye} & z_{eye} & w_{eye} \end{bmatrix}^{\mathrm{T}}$$

投影过后的裁剪坐标再经过一个**透视除法**(Perspective Division)得到处于[−1, 1]区间的**归一化设备坐标**(Normalized Device Coordinate,NDC),其公式为

$$\begin{bmatrix} x_{ndc} & y_{ndc} & z_{ndc} \end{bmatrix}^{\mathrm{T}} = \begin{bmatrix} \dfrac{x_{clip}}{w_{clip}} & \dfrac{y_{clip}}{w_{clip}} & \dfrac{z_{clip}}{w_{clip}} \end{bmatrix}^{\mathrm{T}}$$

4) 视口变换

归一化的设备坐标还要最后转换成屏幕上的窗口坐标,才能在窗口上绘制显示,这一步变换叫做**视口**(Viewport)变换。设屏幕上显示窗口的左下角(设为窗口坐标原点)设备坐标为(0,0)像素,视口的左下角相对于窗口原点为(x,y)像素坐标,而视口的宽度为 width 像素,视口的高度为 height 像素,也可以设置视口的深度在 near 和 far 之间,则归一化的设备坐标通过仿射变换,对应转换成视口像素坐标(x_{view},y_{view},z_{view}),其变换公式如下

$$\begin{bmatrix} x_{view} \\ y_{view} \\ z_{view} \end{bmatrix} = \begin{bmatrix} x + (x_{ndc} + 1)\dfrac{width}{2} \\ y + (y_{ndc} + 1)\dfrac{height}{2} \\ \dfrac{far + near}{2} + z_{ndc}\dfrac{far - near}{2} \end{bmatrix}$$

13.2.4　GIS 三维数据模型

前面的章节主要介绍了 GIS 二维空间数据模型,而 GIS 三维数据模型在二维的基础上进行了相应的拓展,下面做一个简要的介绍。

1) 三维地理空间要素

常规二维 GIS 中的地理空间要素通常是二维的,而三维地理空间要素可以在二维要素上通过增加一维的高程信息来得到。二维地理空间要素一般以矢量数据模型表示为点要素、线要素、面要素(多边形),因此,相应可以得到三维矢量数据模型中的三维点要素、线要素、面要素,如图 13-11 所示。

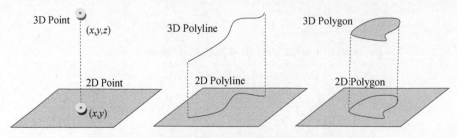

图 13-11　二维地理空间要素与三维地理空间要素

除了简单扩展 z 值得到三维点线面要素外,三维 GIS 中还有一类更常见的要素,就是三维体要素,GIS 中常把这种体要素称为**多面体**(Multipatch),它用于表示在三维空间中占用一定区域或具有体积的要素的表面。例如我们常见的建筑物就可以用多面体表示成三维模型的形式。如图 13-12 所示,就是一个简单的建筑三维模型以顶面、侧面和底面等多面体要素面的形式表达和存储的。

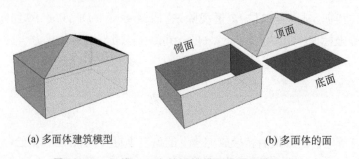

(a) 多面体建筑模型　　　　　　　　　(b) 多面体的面

图 13-12　三维 GIS 中的三维模型及其多面体表示

在 ArcGIS 的 Shapefile 和 Geodatabase 中都支持三维矢量形式的点线面和多面体数据类型。多面体数据包含组成多面体要素的各种三维表面,主要分为三种形式:一是三角形;二是**三角条带**(Triangle Strip);三是**三角扇**(Triangle Fan)。如图 13-13 所示,一个建筑物的多面体要素可以由组成底面的 2 个三角形、组成四周墙面的三角条带和组成顶面的三角扇构成。图中的数字是各个多面体组成部分的三维顶点坐标的顺序。

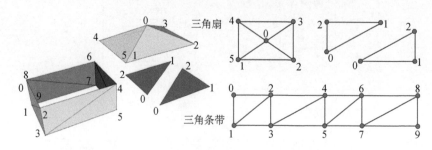

图 13-13　组成多面体要素的三角形、三角条带和三角扇

三角条带是由一系列三角形组成的,每三个顶点组成一个三角形,除了最前面的两个顶点外,后面每个顶点都和它之前的两个顶点组成三角形。例如图 13-13 中的三角条带,顶点 2 和顶点 0、1 组成三角形,顶点 3 和顶点 1、2 组成三角形,等等。而三角扇除了最前面的两个顶点外,后面每个顶点都和它之前一个顶点以及第一个顶点组成三角形。例如图 13-13 中的三角扇,顶点 2 和顶点 0、1 组成三角形,顶点 3 和顶点 0、2 组成三角形,等等。

2) 常用的三维数据文件格式

GIS 中常用的三维数据文件格式有 ESRI 的 Shapefile,主要以 Multipatch 形式存储三维空间要素,另一种常用的三维数据格式是 KML 格式。Shapefile 是二进制文件,而 KML 是基于 XML 形式的文本文件,比较适合在不同的 GIS 软件系统以及建筑领域常用的 **BIM** (Building Information Model)软件系统之间进行数据共享和交换。此外,还有在建立虚拟三维城市时常用的 CityGML 文件格式,它也是基于 XML 形式的文本文件。

Shapefile 中的一个多面体 Multipatch 是由若干个 Part 组成的,每个 Part 的类型可以是一串坐标构成的三角条带(类型编码为 0)、一串坐标构成的三角扇(类型编码为 1)、一串坐标构成的多边形环(Ring)。一个多面体的结构如下所示,用户可以通过编写程序来读取二进制 Shapefile 文件中的多面体结构。

```
Multipatch
{
    Double[4]              Box           // 包围盒
    Integer               NumParts      // Part 的个数
    Integer               NumPoints     // 所有 Part 的顶点总数
    Integer[NumParts]     Parts         // 每个 Part 的第一个顶点的位置索引
    Integer[NumParts]     PartTypes     // 每个 Part 的类型编码
    Point[NumPoints]      Points        // 所有 Part 的顶点坐标
    Double[2]             Z Range       // Z 值的范围
    Double[NumPoints]     Z Array       // 所有顶点的 Z 值
    // ......
}
```

KML 是 Keyhole Markup Language 的缩写,最初由 Keyhole 公司研发,后来 Google 公司收购了 Keyhole,并接手开发谷歌地球软件,而 KML 就是谷歌地球及谷歌地图所采用的表达地理空间要素的数据文件结构。最终,Google 公司将 KML 的开发和维护转给 OGC,使 KML 成为开放地理信息编码国际标准。

KML 是基于 XML 的标记语言,它使用 XML 语法格式来描述点、折线、线环、多边形、组合和三维模型等。XML 的好处是既有利于人类直接阅读数据,又比较方便计算机采用统一的方法解析数据,是一个人机两相宜的数据格式。例如,使用 KML 来表达一个点,可以使用<Point>标签以及<coordinates>标签记录点的坐标如下:

```
<Point>
    <coordinates>118.95641,32.11442,30</coordinates>
</Point>
```

同样,使用 KML 可以表达折线和多边形,折线使用<LineString>标签,多边形使用<Polygon> 标签,但是多边形的结构比折线要多嵌套两层,这两层分别使用了<outerBoundaryIs>标签和<LinearRing>标签,它们表示下面将要出现的坐标形成的线环是多边形的外边界。如下所示:

```
<LineString>
    <coordinates>
        118.95144,32.10876,15    118.95128,32.10863,0
        118.95060,32.11121,0     118.95579,32.11210,0
        118.95551,32.11427,0     118.95640,32.11443,30
    </coordinates>
</LineString>
```

```
<Polygon>
    <outerBoundaryIs>
        <LinearRing>
            <coordinates>
                118.95305,32.11274,0 118.95303,32.11281,0
                118.95286,32.11282,0 118.95290,32.11273,0
                118.95305,32.11274,0
            </coordinates>
        </LinearRing>
    </outerBoundaryIs>
</Polygon>
```

使用 KML 可以表达定位于地球表面某一位置的三维模型,模型的数据存储采用另一个基于 XML 的 3D 模型数据交换标准 COLLADA 来实现。COLLADA 是由制定 OpenGL 和 Vulkan 等著名 3D 标准的 Khronos Group 制定的 3D 数据交换标准,几乎所有著名的 3D 建模软件包括 GIS 软件都支持该数据的输入输出。COLLADA 是 COLLAborative Design Activity 的简写,旨在促进各种 3D 建模软件的数据成果共享,使得使用不同 3D 建模软件的设计师可以进行合作。

COLLADA 存储的 3D 模型数据保存在扩展名为 dae 的文件里。在 COLLADA 文件里,3D 模型的信息包括模型的坐标、纹理、法矢量等。主要的坐标信息存储在<geometry>标签下的<mesh>标签里,如下所示是一个 COLLADA 文件中的一部分数据:

```
<geometry id="ID1">
    <mesh>
        <source id="ID2">
            <float_array id="ID4" count="48">
                -22.83465 413.2898 -1.968504
                -21.65354 413.2898 -17.12598 ...
            </float_array>
            <technique_common>
                <accessor count="16" source="#ID4" stride="3">
                    <param name="X" type="float" />
                    <param name="Y" type="float" />
                    <param name="Z" type="float" />
                </accessor>
            </technique_common>
        </source>
        <vertices id="ID3">
            <input semantic="POSITION" source="#ID2" />
        </vertices>
        <triangles count="8" material="Material1">
            <input offset="0" semantic="VERTEX" source="#ID3" />
            <p>0 1 2 1 0 3 4 5 6 5 4 7 ... </p>
        </triangles>
    </mesh>
</geometry>
```

其中，<source>标签存储的是坐标数值及其语义说明，<float_array>标签里是具体的坐标数组和坐标个数信息，<technique_common>、<accessor>和<param>标签说明了顶点的个数、坐标的维数以及坐标 x、y、z 的数值类型和排列顺序。<vertices>标签说明坐标数值的作用是位置还是法矢量，<triangles>标签说明了三角形的个数以及三角形每个顶点在坐标数组中的索引。

KML 文件里对 COLLADA 模型 dae 文件采用外部链接的形式，如下所示的代码为 KML 文件的一部分，3D 模型用地标<Placemark>标签中的<Model>标签表示。在<Location>标签中存储了模型定位点的地理坐标<longitude>、<latitude>和<altitude>。在<Orientation>标签中通过<heading>、<tilt>和<roll>三个量来定义模型相对局部世界坐标的模型旋转变换角度，分别对应围绕局部世界坐标的 z 轴、x 轴和 y 轴的旋转。如果是在虚拟地球的表面，还要进行针对 ECEF 坐标系的模型变换。

KML 文件里此时的<Link>标签和超链接<href>标签用来指向具体的 dae 文件位置。所以在应用 KML 文件时，为了便于网络传输，通常把扩展名为 kml 的 KML 文件与和它链接的 dae 等文件一起打包压缩成一个 zip 文件，以 kmz 为扩展名。谷歌地球等可以直接使用 kmz 压缩形式的 KML 文件来显示点状的地标、线状和面状的要素，以及 3D 模型。用户也可以使用 SketchUp 等三维建模软件生成 KML 和 COLLADA 表示的三维建筑模型，并上传给谷歌地球。

```
<Placemark>
    <name>如琴湖饭店</name>
    <Model id="model_1">
        <Location>
            <longitude>115.9707461271348</longitude>
            <latitude>29.56854939469091</latitude>
            <altitude>1040</altitude>
        </Location>
        <Orientation>
            <heading>-94.44862082412337</heading>
            <tilt>0</tilt>
            <roll>0</roll>
        </Orientation>
        <Scale>
            <x>1.00000011939281</x>
            <y>0.9414386841290885</y>
            <z>0.9707194017609493</z>
        </Scale>
        <Link>
            <href>files/如琴湖饭店.dae</href>
        </Link>
    </Model>
</Placemark>
```

参 考 文 献

［1］Andy Mitchell. The ESRI guide to GIS analysis, volume 1：geographic patterns and relationships［M］. Redland：ESRI Press，1999.

［2］Andy Mitchell. The ESRI guide to GIS analysis, volume 2：spatial measurements and statistics［M］. Redland：ESRI Press，1999.

［3］Christopher Jones. Geographical information systems and computer cartography［M］. Edinburgh： Addison Wesley Longman，1997.

［4］Mark Monmonier. Computer-assisted cartography：principles and prospects［M］. Englewood Cliffs： Prentice-Hall，1982.

［5］Michael Sherman. Spatial statistics and spatio-temporal data：covariance functions and directional properties［M］. New Jersey：John Wiley & Sons，2011.

［6］Michael Zeiler. Modeling our world：the ESRI guide to geodatabase concepts［M］. 2nd ed. Redland： ESRI Press，2010.

［7］Paul Bolstad. GIS fundamentals：a first text on geographic information systems［M］. 3rd ed. White Brar Lake：Eider Press，2008.

［8］Paul Longley，Michael Goodchild，David Maguire，et al. Geographic information systems and science ［M］. 3rd ed. New Jersey：John Wiley & Sons，2011.

［9］Albert Yeung，Brent Hall.空间数据库系统设计、实施和项目管理［M］.孙鹏，曾涛，朱效民，等译.北京：国防工业出版社，2013.

［10］John Jensen，Ryan Jenson.地理信息系统导论［M］.王淑晴，孙翠羽，郑新奇，等译.北京：电子工业出版社，2016.

［11］Michael DeMers.地理信息系统基本原理［M］.2 版.武法东，付宗堂，王小牛，等译.北京：电子工业出版社，2001.

［12］Michael Ward，Kristian Skrede Gleditsch.空间回归模型［M］.宋曦，译.上海：格致出版社，2012.

［13］Peter Diggle.空间统计学［M］.吴良，译.北京：机械工业出版社，2017.

［14］Roger Tomlinson.地理信息系统规划于实施［M］.蒋波涛，译.北京：测绘出版社，2010.

［15］Shashi Shekhar，Sanjay Chawla.空间数据库［M］.谢昆青，马修军，杨冬青，等译.北京：机械工业出版社，2004.

［16］华瑞林.遥感制图［M］.南京：南京大学出版社，1990.

［17］黄杏元，马劲松.地理信息系统概论［M］.3 版.北京：高等教育出版社，2008.

［18］侯景儒，尹镇南，李维明，等.实用地质统计学(空间信息统计学)［M］.北京：地质出版社，1998.

［19］胡友元，黄杏元.计算机地图制图［M］.北京：测绘出版社，1987.

［20］刘爱利，王培法，丁园圆.地统计学概论［M］.北京：科学出版社，2012.

［21］马永立.地图学教程［M］.南京：南京大学出版社，1998.

［22］孙达，蒲英霞.地图投影［M］.南京：南京大学出版社，2005.

［23］王政权.地统计学及在生态学中的应用［M］.北京：科学出版社，1999.

［24］张文忠，谢顺平.微机地理制图［M］.北京：高等教育出版社，1990.

后　记

西方人著书,常要写上将书献给某某亲朋挚爱,而中国人似乎没有这个传统。不过我这本书句句都是西方舶来的东西,所以免不了也有了此种想法。至于究竟应该奉献于何人,却让我陷入对既往的追思。

我1987年从南京金陵中学毕业后,考入了金陵中学北面马路对面的南京大学,也就是历史上美国教会创建的金陵大学的旧址。那一年恰巧是南京大学地理系地图学专业成立三十周年,专业名称也正式改为地理信息系统与地图学。所以,我算是南京大学首届地理信息系统的学生。自此以后凡三十年,我一直没离开过这一领域。

当年的地理系址在东大楼,这座古建筑曾经是金陵大学嵯峨三院之一的理学院所在,高耸于南京城中心的鼓楼岗上,恢宏轩敞的中国式歇山大屋顶,西洋常青藤攀附的青砖外墙,迄今已历百年风雨。在这一个世纪的时间里,最后的二十五年是属于我的记忆。我在这座曾经叫做Swasey Hall的中西合璧的大楼里,完成了从本科到博士到教师的人生角色转变。如今,南京大学整体搬迁到仙林大学城,这座百年学术的殿堂也已人去楼空。

不过,青春的记忆总是难以磨灭。午夜梦回之际,一幕幕陈年的往事、一张张鲜活的面容,有时也会从记忆深处历历浮现,使我仿佛又回到了东大楼,耳边回响起黄杏元老师熟悉的声音,他在讲解着多边形拓扑编辑的左转算法、右转算法;忽而又好像听到了笔式绘图机在我编写的程序控制下嗒嗒嗒地书写着制图字体,而孙亚梅老师就站在我身旁微笑着注视着我;转眼又看到胡友元老师手里拿着打印出来的程序源代码,指导我修改绘制线段的插补算法;突然之间王瑞林老师又在用他那唱昆曲一样的声音婉转地念白道:"子午圈曲率半径、卯酉圈曲率半径"……

当然,我也会怀念东大楼里我的师兄高文老师的音容笑貌,他算是地理信息系统界的翘楚。记得还是在20世纪90年代初,高文老师就用Pascal编写出支持体视模型的三维空间分析和计算机显示软件。同样,我也深刻地记得在1990年的东大楼实验室里,徐寿成老师用C语言编写了带有图形用户界面、使用菜单作功能选择的栅格分析软件,供我们学生上机实习使用。那个年代,国内还没有Windows操作系统。

再后来,在王颖院士和朱大奎老师的支持下,在东大楼逼仄且阴暗的机房里,徐寿成老师和我历时两年用C++开发了"数字南海"软件系统。徐老师从底层设计实现了对象空间数据库,编写了服务器端的数据库引擎,设计实现了空间数据的网络传输协议。我编写了与谷歌地球功能相似的三维显示客户端,从而真正实现了一个完全自主知识产权的客户—服务器二三维一体化地理信息系统软件。

回想在东大楼里曾经发生过的和地理信息系统相关的往事实在是很多很多,而时代的发展却又如此迅速,向之所欣,俯仰之间,已为陈迹。呜呼!胜地不常,盛筵难再。兰亭已矣,梓泽丘墟。我这本书,就奉献给那个渐行渐远的时代,奉献给那座行将荒芜的危楼,也奉献给那些在历史的深处闪烁过智慧的光辉、照亮过我生命之路的人们。

马劲松